高等教育应用型本科人才培养系列教材

计算机应用技术

范智鹏　主　编
刘　微　副主编

HEUP 哈尔滨工程大学出版社

内容简介

本书对计算机的软/硬件体系结构、工作原理和几种主流的应用开发平台（开发方法、开发工具）的使用有较全面的介绍，使读者掌握其中共性的、通用的方法论，为后续课程的学习，进一步掌握计算机应用及开发技术打下基础。本书适合应用型人才培养院校教学选用。

图书在版编目(CIP)数据

计算机应用技术/范智鹏主编. —哈尔滨：哈尔滨工程大学出版社，2018.7

ISBN 978-7-5661-2009-0

Ⅰ.①计… Ⅱ.①范… Ⅲ.①电子计算机-高等学校-教材 Ⅳ.①TP3

中国版本图书馆 CIP 数据核字(2018)第 150954 号

选题策划 夏飞洋
责任编辑 夏飞洋
封面设计 刘长友

出版发行 哈尔滨工程大学出版社
社　　址 哈尔滨市南岗区南通大街 145 号
邮政编码 150001
发行电话 0451-82519328
传　　真 0451-82519699
经　　销 新华书店
印　　刷 哈尔滨市石桥印务有限公司
开　　本 787 mm×1 092 mm 1/16
印　　张 16
字　　数 400 千字
版　　次 2018 年 7 月第 1 版
印　　次 2018 年 7 月第 1 次印刷
定　　价 48.00 元
http://www.hrbeupress.com
E-mail:heupress@hrbeu.edu.cn

前　言

本书是根据全国高等教育自学考试指导委员会制定的计算机信息管理专业《计算机应用技术自学考试大纲》编写的自考教材。本教材旨在让学生对计算机学科有一个整体的认识，掌握计算机软硬件的基础知识，以及操作系统、数据库、应用软件、计算机网络、信息安全、多媒体的基本原理与相关技术，熟悉典型的计算机操作环境及工作平台，了解常用计算机开发平台和软件的基本使用方法。

本书力求既符合计算机技术教育的基础性、广泛性和理论性，又兼顾计算机教育的实践性、实用性和更新发展性。另外，针对学生计算机基础参差不齐的情况，本书在内容的选取方面还尽量兼顾不同基础学生的需求。

为方便学生系统掌握计算机应用基础知识，本书分为6章，每章后均配有习题。第1章介绍计算机及其应用，包括计算机的发展历史、计算机系统的组成、计算机中信息的表示、计算机技术的应用。第2章介绍计算机系统软件，包括基本输入输出系统(BIOS)、操作系统、编译系统、数据库管理系统(DBMS)及Android操作系统。第3章介绍应用软件开发工具，包括程序设计语言、软件开发工具、Visual Studio 2010、Linux编程环境、版本控制工具。第4章介绍计算机网络，包括计算机网络的形成与发展、计算机网络的定义与分类、计算机网络的拓扑结构、计算机网络的体系结构、计算机网络的传输介质、计算机网络的连接设备、计算机网络的常用服务。第5章介绍信息系统安全，包括系统攻击技术、系统防御手段。第6章介绍多媒体技术，包括多媒体计算机系统中的信息表示、多媒体处理软件简介、图像处理软件Photoshop CS6、多媒体作品开发。本书由哈尔滨商业大学范智鹏担任主编，刘微担任副主编，具体编写分工如下：范智鹏编写第2至5章，刘微编写第1章、第6章，高泽、高野参与了本书部分案例编写。

由于编者的水平所限，加之时间仓促，书中不当之处敬请读者批评指正。

编　者

2018年7月

目　录

第1章　计算机及其应用概述

计算机是一种能对各种信息进行存储和高速处理的现代化电子设备。计算机的出现是20世纪人类最伟大的科技发明之一,是人类科学技术发展史的里程碑。计算机科学与技术的发展和广泛应用,正深刻地改变着人类的社会生产方式和生活方式,成为信息社会的重要支柱。在21世纪,掌握计算机知识并具备较强的计算机应用能力和计算思维能力,是当代大学生必备的基本素质之一。

1.1　计算机的发展历史

现代计算机的历史开始于20世纪40年代后期。一般认为,第一台真正意义上的电子计算机是1946年在美国宾夕法尼亚大学诞生的名为ENIAC的计算机。但是应该看到,计算机的诞生并不是一个孤立事件,它是几千年人类文明发展的产物,是长期的客观需求和技术准备的结果。

1.1.1　计算、算法的概念

计算机是当代最伟大的发明之一。自从人类制造出第一台电子数字计算机,迄今已70余年。经过这么多年的发展,现在计算机已经几乎应用到社会、生活的每一个方面。人们用计算机上网冲浪、写文章、打游戏或听歌、看电影,用计算机管理企业、设计制造产品或从事电子商务,大量机器被计算机控制,手机与电脑之间的差别越来越难以区分,计算机似乎无处不在、无所不能。

我们来看一个常见任务——用计算机写文章是如何解决的。为了解决这个问题,首先需要编写具有输入、编辑、保存文章等功能的程序,例如微软公司的Word程序。如果这个程序已经存入我们计算机的次级存储器(磁盘),通过双击Word程序图标等方式可以启动这个程序,使该程序从磁盘被加载到主存储器中。然后CPU逐条取出该程序的指令并执行,直至最后一条指令执行完毕,程序即宣告结束。在执行过程中,有些指令会建立与用户的交互,例如用户利用键盘输入或删除文字,利用鼠标点击菜单进行存盘或打印等。就这样,通过执行成千上万条简单的指令,最终解决了用计算机写文章的问题。针对一个问题,设计出解决问题的程序(指令序列),并由计算机来执行这个程序,这就是计算(Computation)。通过计算,使得只会执行简单操作的计算机能够完成神奇的复杂任务,这就是算法。算法(Algorithm)是指对解题方案准确而完整的描述,是一系列解决问题的清晰指令,算法代表着用系统的方法描述解决问题的策略机制。也就是说,能够对一定规范的输入,在有限时间内获得所要求的输出。如果一个算法有缺陷,或不适合于某个问题,执行这个算法将不会解决这个问题。不同的算法可能用不同的时间、空间或效率来完成同样的任务。一个算法的优劣可以用空间复杂度与时间复杂度来衡量。

1.1.2 计算机体系结构及主要功能

计算机是由各种电子元器件组成的,是能够自动、高速、精确地进行算术运算、逻辑控制和信息处理的现代化设备。自从其诞生以来,已被广泛应用于科学计算、数据(信息)处理和过程控制等领域。

计算机的诞生过程,离不开英国数学家艾兰·图灵和匈牙利科学家冯·诺依曼,他们是现代计算机的奠基者,对现代计算机的发展有着深远的影响。

1. 图灵机

英国数学家艾兰·图灵(Alan Mathison Turing,1912—1954年,图1-1)是世界上公认的计算机科学奠基人,他的主要贡献有两个:一是建立图灵机(Turing Machine,TM)模型,奠定了可计算理论的基础;二是提出图灵测试,阐述了机器智能的概念。为纪念图灵对计算机科学的贡献,美国计算机学会在1966年创立了“图灵奖”,每年颁发给在计算机科学领域的领先研究人员,堪称计算机业界的诺贝尔奖。

图1-1 艾兰·图灵

“图灵机”想象使用一条无限长度的纸带子,带子划分成许多格子。如果格子里画条线,就代表“1”;空白的格子则代表“0”。想象这个“计算机”还具有读写功能,既可以从带子上读出信息,也可以往带子上写信息。计算机仅有的运算功能是每把纸带子向前移动一格,就把“1”变成“0”,或者把“0”变成“1”。“0”和“1”代表着在解决某个特定数学问题中的运算步骤,“图灵机”能够识别运算过程中的每一步,并且能够按部就班地执行一系列的运算,直到获得最终答案。

“图灵机”是一个虚拟的“计算机”,完全忽略硬件状态,考虑的重点是逻辑结构。图灵在他的文章里,还进一步设计出被人们称为“万能图灵机”的模型,它可以模拟其他任何一台解决某个特定数学问题的“图灵机”的工作状态,他甚至还想象在带子上存储数据和程序,“万能图灵机”实际上就是现代通用计算机的最原始的模型。图灵的文章从理论上证明了制造出通用计算机的可能性。美国的阿坦纳索夫在1939年研究制造了世界上的第一台可计算的机器ABC,其采用了二进制,电路的开与合分别代表数字0与1,运用电子管和电路执行逻辑运算等。而冯·诺依曼在20世纪40年代研制成功了功能更好、用途更为广泛的电子计算机,并且为计算机设计了编码程序,还实现了运用纸带存储与输入。至此,图灵在1936年发表的科学预见和构思得以完全实现。

图1-2 冯·诺依曼

2. 冯·诺依曼机

从20世纪初,物理学和电子学科学家们就在争论制造可以进行数值计算的机器应该采用什么样的结构,人们被十进制这个人类习惯的计数方法所困扰。20世纪30年代中期,冯·诺依曼(图1-2)大胆地提出,抛弃十进制,采用二进制作为数字计算机的数制基础。同时,他还提出预先编制计算程序,然后由计算机来按照人们事前制定的计算顺序来执行数值计算工作。

1945年6月,冯·诺依曼提出了在数字计算机内部的存储器中存放程序的概念(Stored Program Concept),这是所有现代电子计算机的模板,被称为“冯·诺依曼结构”,按照这一结构建造的计算机称为存储程序计算机(Stored Program Computer),又称为通用计算机。

世界上第一台电子计算机ENIAC(Electronic Numerical Integration And Calculator,电子数字积分计算机)于1946年2月在美国宾夕法尼亚大学研制成功,如图1-3所示。在ENIAC的研制过程中,冯·诺依曼针对它存在的问题,提出一个全新的通用计算机方案。在这个方案中,冯·诺依曼提出了三个重要设计思想。

图1-3 世界上第一台电子计算机ENIAC

(1)计算机由五个基本部分组成:运算器、控制器、存储器、输入设备和输出设备。

(2)采用二进制形式表示计算机的指令和数据。

(3)“存储程序”原理:计算机在执行程序前须先将要执行的相关程序和数据放入内存储器中,计算机启动时,CPU自动从存储器中取出指令,分析后执行指令,然后再取出下一条指令并执行,如此循环下去直到程序结束指令时才停止执行。

我们知道,现代计算机硬件系统主要由运算器、控制器、存储器、输入及输出控制系统和各种输入及输出设备等功能部件组成。每个功能部件各尽其责、协调工作。

(1)运算器:实现算术运算、关系运算和逻辑运算。

(2)控制器:用来实现对整个运算过程的协调控制,控制器和运算器一起组成了计算机核心,称为中央处理器(Central Processing Unit,CPU)。

(3)存储器:用来存放程序和参与运算的各种数据。使用时,可以从存储器中取出信息,不破坏原有的内容,这种操作称为存储器的读操作;也可以把信息写入存储器,原来的内容被覆盖,这种操作称为存储器的写操作。

(4)输入设备:负责将程序和数据输入计算机中。

(5)输出设备:负责将程序、数据、处理结果和各种文档从计算机中输出。

中央处理器和主存储器构成了计算机主体,称为主机;把输入及输出设备(I/O设备)和外存储器称为外部设备,简称外设。外设与主机之间的信息交换是通过I/O接口实现的。也可以说,计算机硬件是由主机和外设组成的。

现代计算机多遵循冯·诺依曼计算机体系结构,各部件之间的数据流、控制流和反馈流如图1-4所示。在图中,将控制流和反馈流使用一种符号描述出来。

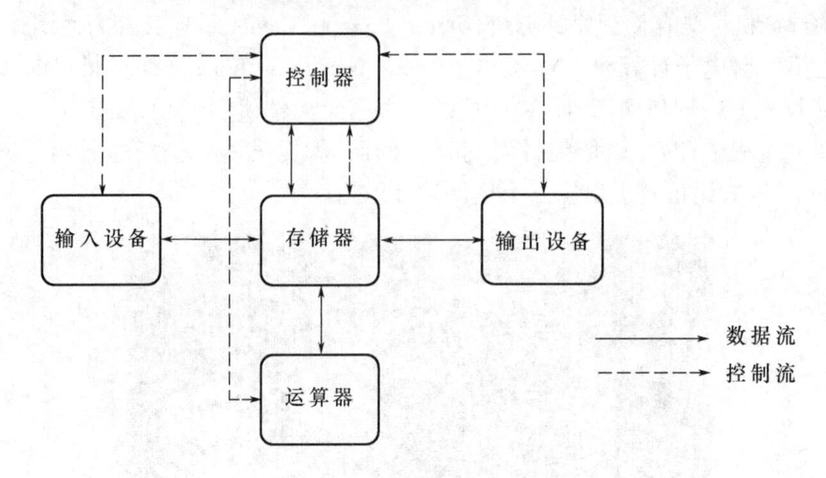

图1-4 现代计算机体系结构

冯·诺依曼机的主要思想是存储程序和程序控制。其工作原理是:程序由指令组成,并和数据一起存放在存储器中,计算机一经启动,就能按照程序指定的逻辑顺序把指令从存储器中读取并逐条执行,自动完成指令规定的操作。

根据存储程序的原理,计算机解题过程就是不断引用存储在计算机中的指令和数据的过程。只要事先存入不同的程序,计算机就可以实现不同的任务,解决不同的问题。

后来,根据冯·诺依曼机的工作原理,人们将计算机的工作过程归纳为输入、处理、输出和存储四个过程,在程序的指挥下,计算机根据需要决定执行哪一个步骤。

3. 冯·诺依曼机结构的局限性

早期的计算机是以数值计算为目的开发的,所以基本上是以冯·诺依曼理论为基础的冯·诺依曼机,其工作方式是顺序的。当计算机越来越广泛地应用于非数值计算领域,处理速度成为人们关心的首要问题时,冯·诺依曼机的局限性就逐渐显露出来了。

冯·诺依曼机结构的最大局限就是存储器和中央处理器之间的通路太狭窄,每次执行一条指令,所需的指令和数据都必须经过这条通路。由于这条狭窄通路的阻碍,单纯地扩大存储器容量和提高CPU速度的意义不大,因此人们将这种现象称为“冯·诺依曼瓶颈”。

冯·诺依曼机本质上采取的是串行顺序处理的工作机制,即使有关数据已经准备好,也必须逐条执行指令序列,而提高计算机性能的根本方向之一是并行处理。因此,近年来人们在谋求突破传统冯·诺依曼瓶颈的束缚,这种努力被称为非冯·诺依曼化。

1.1.3 不同时代计算机采用的电子器件

计算机的发展,从一开始就和电子技术,特别是微电子技术密切相关。人们通常按照构成计算机所采用的电子器件,划分若干“代”来标志计算机的发展。计算机的发展经历了四代:电子管计算机、晶体管计算机、集成电路计算机和大规模或超大规模集成电路计算机,见表1-1。目前,各国正加紧研制和开发下一代“非冯·诺依曼”计算机。

表1-1　计算机发展史

时间	代别	主要逻辑原件	使用的软件
1946~1957年	一	电子管	机器语言、汇编语言
1958~1964年	二	晶体管	高级语言、监控程序、简单操作系统
1965~1970年	三	集成电路	功能较强的操作系统、会话式语言
1970年至今	四	大规模或超大规模集成电路	软件工程的研究与应用、数据库、语言编译系统和网络软件

现代计算机的发展方向主要有两个：一是向着巨型化、微型化、多媒体化、网络化和智能化五种趋势发展；二是朝着非冯·诺依曼结构模式发展。

下面是计算机发展的五种趋势。

(1)巨型化是指计算机向高速度、高精度、大容量、功能强方向发展。主要应用于航空航天、气象、人工智能等科学领域。

(2)微型化是指计算机向功能齐全、使用方便、体积微小、价格低廉方向发展。在医疗诊断、手术、仪器设备的“智能化”等方面都有具体应用。

(3)多媒体化是指以数字技术为核心的图像、声音与计算机、通信等融为一体的信息环境，实质就是使人们利用计算机以更接近自然的方式交换信息。主要应用领域有知识学习、电子图书、商业及家庭应用、远程医疗、视频会议等。

(4)网络化是指用通信线路把各自独立的计算机连接起来，形成各计算机用户之间可以相互通信并使用公共资源的网络系统。计算机连接成网络，可以实现信息交流、资源共享。

(5)智能化是指使计算机具有人的智能，能够像人一样思考。智能化是新一代计算机要实现的目标。

另外一个发展方向，非冯·诺依曼结构计算机主要是指生物计算机、量子计算机、人工神经网络计算机等。

生物计算机是将生物工程技术产生的蛋白质分子作为原材料制成生物芯片，该芯片具有存储能力巨大、处理速度极快、能量消耗极小的特点。由于蛋白质分子具有自我组合能力，所以生物计算机具有自调节、自修复、自再生能力，易于模拟人脑的功能。生物计算机是人类期望在21世纪完成的伟大工程，目前的研究方向大致是两个：一是研制分子计算机，即制造有机分子元件去替代半导体逻辑元件和存储元件；另一方面是深入研究人脑结构和思维规律，再构想生物计算机的结构。科学家们普遍认为，由于成千上万个原子组成的生物大分子非常复杂，其难度非常大，因此要研制出实用化的生物计算机还有很长的路要走。

量子计算机是一类遵循物理系统的量子力学规律进行高速数学和逻辑计算、存储及处理量子信息的物理装置。当某个装置处理和计算的是量子信息，运行的是量子算法时，它就是量子计算机。量子计算机具有天然的“大规模并行计算”的能力，并行规模随芯片上集成量子位数目的增加呈指数增加，因此量子计算的并行规模实际上是不受限制的。美国国防部高级研究计划署制定了“量子信息科学和技术发展规划”的研究计划，该计划中，美国陆军计划到2020年在武器上装备量子计算机。同时，欧洲和日本也在量子计算机方面进行了大量的研究。

光子计算机是利用光子代替电子、光互联代替导线互联的数字计算机。具有传播速度快、无须物理连接等优点。

1.2 计算机系统的组成

计算机系统包括硬件系统和软件系统两大部分。计算机硬件系统包括组成计算机的所有电子、机械部件和设备,是计算机工作的物质基础。计算机软件系统包括所有在计算机上运行的程序以及相关的文档资料,只有配备完善而丰富的软件,计算机才能充分发挥其硬件的作用。

1.2.1 计算机的特点和功能

计算机的形式、配置多种多样,但都具有数据处理、数据存储及数据传输的基本功能。计算机的产生及发展为人类社会的进步及快速发展奠定了一定基础,也为人类信息化的发展注入了润滑剂。计算机之所以能够快速发展,除了具有体积小、质量轻、耗电少等特点,还有如下重要的特点。

1. 自动运行程序

计算机可以在特定的程序下,自动控制连续地高速运算。用户只要根据应用的需要,事先编制好程序并输入计算机即可。

2. 运算速度快

现在普通的微型计算机每秒可执行几十万条指令,而巨型机的运算速度则达到每秒千万亿次以上。例如,天气预报,由于需要分析大量的气象数据,单靠手工完成计算是不可能的,而用巨型计算机只需几分钟即可完成。

3. 运算精度高

计算机采用二进制数字进行计算,因此可以用增加表示数字的设备和运用计算技巧等手段,使数值计算的精度越来越高,可根据需要获得千分之一到几百万分之一甚至更高的精度。

4. 具有记忆能力

计算机的存储器类似于人的大脑,可记忆大量的数据和计算机程序。现代计算机的内存储器容量已达到几千兆字节甚至更大,而外存储器也有惊人的容量。

5. 具有逻辑判断能力

逻辑判断是计算机的又一重要特点,是计算机能实现信息处理自动体的重要原因。冯·诺依曼型计算机就是将程序预先存储在计算机中。在程序执行过程中,计算机根据处理结果,能运用逻辑判断能力自主决定应该执行哪一条指令。

6. 可靠性高

随着微电子技术和计算机技术的发展,现代电子计算机连续无故障运行时间可达到几十万小时,具有极高的可靠性。

7. 支持人机交互

计算机具有多种输入输出设备,配上适当的软件后,可支持用户进行方便的人机交互,当这种交互性与声像技术结合形成多媒体用户界面时,可使用户的操作自然、方便、丰富多彩。

8. 通用性强

计算机可以将任何复杂的信息处理任务分解成一系列的基本算术运算和逻辑运算，放置在计算机的指令操作中。按照各种规律要求的先后次序把它们组织成各种不同的程序，存入存储器中。也可以将这些程序放置在不同的操作系统或者计算机中执行。

1.2.2　计算机硬件

微型计算机硬件系统通常被封装在主机箱内。计算机硬件主要包括主板、总线微处理器(CPU)、存储器系统、外部设备等部分。

1. 主板

主板又称为系统主板，是位于主机箱内的一块大型多层印制电路板，其上有 CPU 插槽、内存槽、高速缓存、控制芯片组、总线扩展(ISA、PCI、AGP)槽、外设接口(键盘口、鼠标口、COM 口、LPT 口、GAME 口)、CMOS 和 BIOS 控制芯片等部件，主要部件如图 1-5 所示。

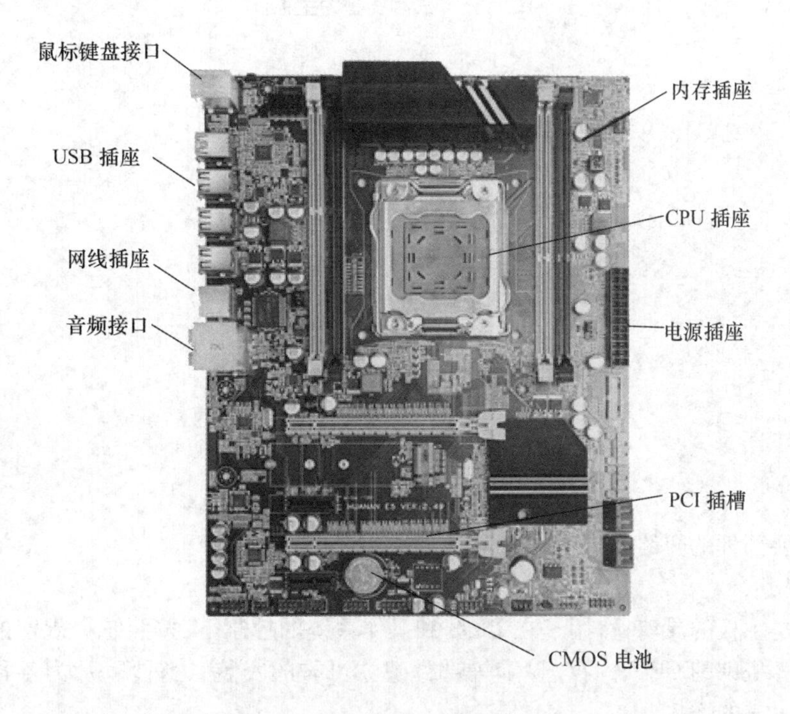

图 1-5　主板的主要组成部件

主板的主要功能是：提供安装 CPU、内存条和各种功能卡的插槽；提供常用外部设备的通用接口。

目前，主板整合技术是发展趋势，其原理是将一般单独配置的显卡、声卡、调制解调器(Modem)、网卡、IEEE1394 等设备接口集成在主板上，以提高产品的兼容性和性能价格比。

目前，主板结构有三种：ATX、Micro-ATX 和 Mini-ATX。ATX 通常称为大板，插槽、做工、用料都比较多，占用面积大，功能强。Micro-ATX 通常称为小板，Micro-ATX 规格被推出的最主要目的是为了降低个人计算机系统的总体成本与减少计算机系统对电源的需求量。ATX 主板和 Micro-ATX 主板需要配置不同尺寸的机箱，还需要考虑机箱的接口位置是否合适。Mini-ATX 是一种结构紧凑的主板，它是用来支持小空间、低成本的计算机，如用在一体机、家庭影院、汽车、机顶盒以及网络设备中的计算机。三种主板的大小比较如图1-6所示，安装了定制主板的一体机如图1-7所示。

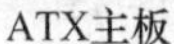

ATX主板　　Micro-ATX主板　　Mini-ATX主板

图1-6　三种类型的主板

图1-7　一体机

主板主要部件的介绍如下所述：

(1)芯片组。

芯片组是主板的灵魂，作用是在BIOS和操作系统的控制下，按照统一规定的技术标准和规范为计算机中的CPU、内存、显卡等部件建立可靠的安装、运行环境，为各种接口的外部设备提供可靠的连接。

(2)BIOS和CMOS。

BIOS的全称是ROM-BIOS，意思是只读存储器基本输入/输出系统，主要负责对基本I/O系统进行控制和管理，用户可以利用BIOS对微机的系统参数进行设置。CMOS是用电池供电的可读写的RAM芯片，用来保存当前系统的硬件配置和用户对某些参数的设定。

(3)扩展插槽。

扩展插槽是主板上用于固定扩展卡并将其连接到系统总线上的插槽，主要有CPU插槽、内存插槽、ISA插槽、PCI插槽、AGP插槽、Wi-Fi插槽，以及便携式计算机专用的PCMCIA插槽等。

PCI插槽可插接显卡、声卡、网卡以及其他种类繁多的扩展卡，AGP插槽专门用于图形显示卡，Wi-Fi插槽可以实现无线网络的功能。

扩展插槽是一种添加或增强计算机特性及功能的方法。例如，如不满意主板整合显卡的性能，可以添加独立显卡以增强显示性能；如果不满意板载声卡的音质，可以添加独立声卡以增强音效。

(4)输入/输出接口。

接口是指不同设备为实现与其他系统或设备连接和通信而具有的对接部分，如图1－8所示。微型计算机接口的作用是使主机系统能与外部设备、网络以及其他的用户系统进行有效连接，以便进行数据和信息交换。例如，鼠标采用串行方式与主机交换信息，扫描仪采用并行方式与主机交换信息。

图1－8　微型计算机接口

输入及输出接口简称I/O接口，是CPU与外部设备之间交换信息的连接电路。CPU与外部设备的工作方式、速度和信号类型各有不同，通过I/O接口电路的变换作用就可以将二者匹配起来。

I/O接口分为总线接口和通信接口两类。当CPU需要与外部设备或用户电路之间进行数据、信息交换以及控制操作时，应使用微型计算机总线把外部设备和用户电路连接起来，这时就需要使用微型计算机总线接口；当微型计算机系统与其他系统直接进行数字通信时则使用通信接口。

总线接口是一种总线插槽，供用户插入各种功能卡，实现外部设备或用户电路与系统总线的连接。

通信接口通常分为串行接口和并行接口。

串行接口的特点是传输稳定、可靠，传输距离长，但数据传输速率较低。串行接口标准是RS－232C标准，用来外接低速的鼠标或调制解调器(Modem)的COM1、COM2接口。

并行接口的特点是传输距离短、数据传输速率较大、协议简单、易于操作。并行接口用来外接高速的打印机、扫描仪等设备，标记为LPT1或PRN。

近年出现了许多新的接口标准，如USB接口，是一种通用串行总线接口，最多支持127个外设。目前可以通过USB接口连接的设备有扫描仪、打印机、鼠标、键盘、移动硬盘、数码相机、音箱，甚至还有显示器。

(5)供电电路。

主板的供电部分主要是指CPU供电电路、内存供电电路、芯片组供电电路等，也可连接电源插座。

2. 总线

总线是计算机内部传输指令、数据和各种控制信息的高速通道。总线是一种内部结构,它是 CPU、内存、输入设备和输出设备传递信息的公用通道,主机的各个部件通过总线相连接,外部设备通过相应的接口电路再与总线相连接,从而形成了计算机硬件系统。总线结构的发展是与 CPU 的发展相关联的,其目的是为了让数据传输率与 CPU 的速度相匹配。

按总线传送信息的类别,总线可分为地址总线(Address Bus,AB)、数据总线(Data Bus,DB)和控制总线(Control Bus,CB),分别用来传输数据、数据地址和控制信号。

现代微型计算机总线结构示意如图 1-9 所示。

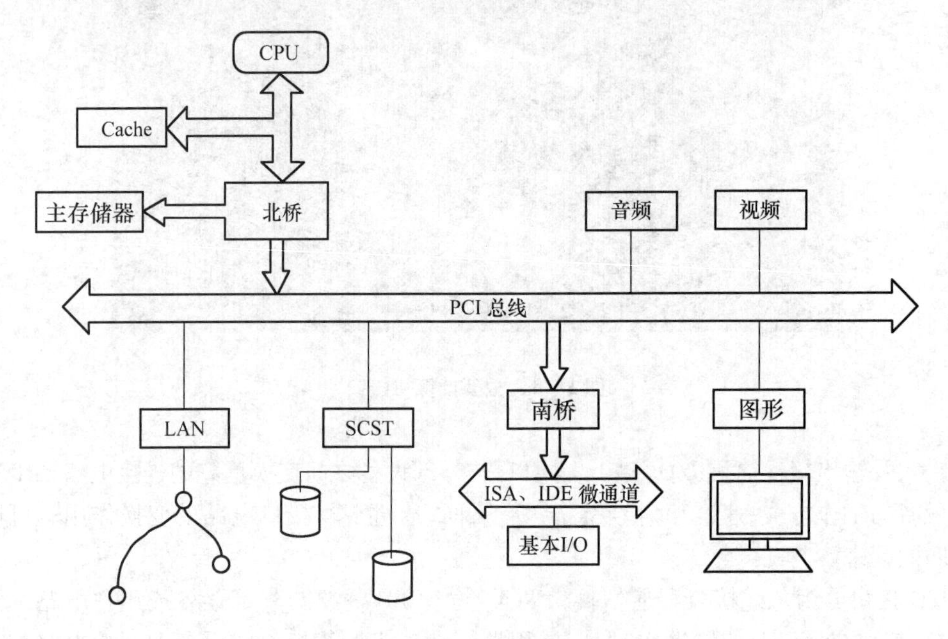

图 1-9　现代微型计算机总线结构示意图

3. 微处理器 CPU

(1)CPU 的定义。

CPU(Central Processing Unit)的中文名称是中央处理器,由运算器和控制器组成。CPU 负责系统的算术运算和逻辑运算等核心工作,并将运算结果分送到内存或其他部件,以控制计算机的整体运作。CPU 主要工作过程为,CPU 从存储器或高速缓冲存储器中取出指令,放入指令寄存器,并对指令译码执行指令。

(2)CPU 的主要性能指标。

CPU 的主要性能指标有时钟频率和字长。CPU 的标准工作频率就是人们常说的"主频",以兆赫兹(MHz)为单位计算,CPU 的主频表示 CPU 内数字脉冲信号振荡的速度,与 CPU 实际的运算能力是没有直接关系的。外频是 CPU 的基准频率,单位也是 MHz,代表 CPU 与主板之间同步运行的速度。倍频是指 CPU 主频与外频之间的相对比例关系。在相同的外频下,倍频越高则 CPU 的频率也越高。CPU 的主频、外频和倍频之间的关系为

主频 = 外频 × 倍频

(3)Intel公司与AMD公司。

Intel公司的CPU在PC市场占有主导地位,例如2005年至今的产品——酷睿(Core)系列微处理器。2012年4月,第三代智能酷睿处理器发布,在这个融合的平台上可以提供更快的数据传输能力。

AMD公司是Intel公司的竞争对手,AMD公司通过技术革新,从提出"双核"概念一直到将CPU与GPU整合为APU,不断锐意创新。AMD公司的产品质量高、价格合理,市场占有率稳步提升。2012年10月,AMD公司升级AMDFX系列处理器,全新架构专为诸如内容创建、视频和音频编码、游戏等多线程应用程序而设计,使用户获得极高速的响应能力和高负载处理性能。

(4)CPU、GPU与APU。

CPU英文全称Central Processing Unit,中文名称是"中央处理器",如图1-10所示。GPU英文全称Graphic Processing Unit,中文名称为"图形处理器"。GPU相当于专用于图像处理的CPU,在处理图像时它的工作效率远高于CPU。但是CPU是通用的数据处理器,处理数值计算是它的强项,它能完成的任务是GPU无法代替的,所以不能用GPU来代替CPU。在GPU方面领先的是NVIDIA和AMD两家厂商。

图1-10　CPU插槽

APU英文全称Accelerated Processing Unit,中文名称为"加速处理器"。APU是AMD"融聚未来"理念的产品,它第一次将中央处理器和独显核心置于同一个芯片上,它同时具有高性能处理器和最新独立显卡的处理性能,支持DX游戏和最新应用的"加速运算",大幅提升了计算机运行效率,实现了CPU与GPU真正的融合。2011年1月,AMD率先推出了一款革命性的产品AMDAPU,是AMD Fusion技术的首款产品。图1-11所示是AMD公司和Intel公司的CPU产品。

4.存储器系统

(1)内存储器与外存储器。

计算机系统中的存储器总体上可分为两大类:内存和外存。内存储器也称为主存储器,位于主板上,可以同CPU直接交换信息,运行速度较快,容量相对较小,电源断开后其内部存放的信息会丢失。外存储器也称为辅助存储器,安装在主机箱中,属于外部设备,它与CPU之间通过接口电路才能交换信息。外存的主要特点是存储容量大,存取速度相对较

(a)

(b)

图 1－11　常见 CPU 处理器

(a)一款 Intel CPU;(b)一款 AMD CPU

慢,电源断开后信息依然保存。

(2)内存储器。

内存储器主要用来存储程序和处理中的数据,可与 CPU 或高速外部设备直接交换数据。通常,内存储器分为只读存储器、随机读/写存储器和高速缓冲存储器三类。

只读存储器(Read Only Memory,ROM)中的数据是由设计者和制造商事先编制好固化在里面的一些程序,用户不能随意更改,主要用于检查计算机系统的配置情况并提供最基本的 I/O 控制程序。ROM 的特点是计算机断电后存储器中的数据仍然存在。

随机读/写存储器(Random Access Memory,RAM)是计算机工作的存储区,一切要执行的程序和数据都要先装入该存储器内。RAM 主要有两个特点:一是存储器中的数据可以反复使用,只有向存储器写入新数据时存储器中的内容才被更新;二是计算机断电后,存储器中的信息自然消失。目前微型计算机中的 RAM 基本上是以内存条的形式存在,使用时只要将内存条插在主板的内存插槽上即可,扩展方便。根据主板上内存插槽类型的不同,又可分为 SDRAM、DDR 和 RDRAM 三种类型,DDR 内存是主流内存,如图 1－12 所示是 8 GB DDR3 内存条。购买内存条时主要考虑存取容量、存取速度、存储器的可靠性和性能价格比四个指标。

高速缓冲存储器(Cache),是 CPU 与内存之间设置的一级或两级高速小容量存储器。设置高速缓冲存储器的目的是解决快速的 CPU 与慢速的 RAM 之间速度不匹配问题。在计算机工作时,系统先将数据由外存读入 RAM 中,再将一部分即将执行的程序由 RAM 读入 Cache 中,然后 CPU 直接从 Cache 中读取指令或数据进行操作。

图 1－12　8GB 容量的 DDR3 内存条

(3)存储器系统。

计算机技术的发展使存储器的地位不断得到提升,同时对存储器技术也提出了更高的要求。人们希望通过硬件、软件或软硬件结合的方式将不同类型的存储器组合在一起,从而获得更高的性价比,这就是存储系统。

常见的微型计算机存储系统有两类:一类是由主存储器和高速缓冲存储器构成的

Cache存储系统;另一类是由主存储器和磁盘存储器构成的虚拟存储系统。前者的主要目标是提高存储器的速度,而后者则主要是为了增加存储器的存储容量。

5.外部设备

外部设备简称外设,根据功能及特点的不同,可以分为输入设备、输出设备、外部存储设备和数据通信设备四大类。

(1)输入设备。

输入设备是负责将用户程序和数据输入主机的外部设备。常用的输入设备有鼠标、键盘、扫描仪、触摸屏、数码相机等。

① 鼠标。

按鼠标的工作原理划分,目前市场上的鼠标主要包括机械鼠标、光电鼠标和无线鼠标。机械鼠标内部有一个滚动球,除了有两个按键外,通常还有一个滚轮。这种鼠标原理简单、成本低,但是沾染灰尘后会影响移动速度,机械装置容易磨损。

光电鼠标有一个光电探测器,需要在反光板上移动才能使用,适用于CAD制图等精度要求比较高的场合。目前光电鼠标是市场主流。

无线鼠标内置发射器,通过接收器将数据传送到计算机,适用于远距离使用,如图1-13所示。无线鼠标需要安装电池才能使用,可与光电鼠标同时使用。

图1-13　无线鼠标

② 键盘。

计算机键盘的功能就是及时发现被按下的键,并将该按键的信息送入计算机。键盘中有发现按下键位置的键扫描电路,产生被按下键代码的编码电路,将产生代码送入计算机的接口电路。根据该键的扫描码,可在BIOS的扫描码表中找到对应的按键,然后将按键字符送入键盘缓存,并在屏幕上输出。

目前用户使用较多的是PS/2接口的键盘和USB接口的键盘。键盘的发展方向是方便、舒适、防水、耐用。现在已经出现了多媒体键盘、手写键盘、无线键盘和人体工程学键盘等多种类型,如图1-14和图1-15所示。

图1-14　人体工程学键盘

图1-15　专业游戏键盘

③ 扫描仪。

扫描仪是将传统的图片、文字转化为数字影像的设备之一,它将光信息转化为数字信息,并以数字化的方式存储在文件中,如图1-16所示。通常,扫描仪采用USB接口,需要专用软件配合使用。

④ 数码相机。

数码相机不是使用胶卷作为成像介质，而是使用电子芯片作为成像器件，将景物以数字形式记录在自己的存储器中，也可以将数字图像传输给计算机，如图 1－17 所示。

图 1－16　自动进纸扫描仪

图 1－17　数码相机

(2)输出设备。

输出设备负责将计算机处理的结果通过接口电路以用户或机器能识别的信息形式显示或打印出来。常用的输出设备有显示器、打印机、投影机、绘图仪、音箱等。

① 显示器与显示卡。

计算机的显示系统由显示器和显示适配卡组成。显示器是实现用户和计算机交流的常用设备，需要配合显示适配卡使用。

显示器有多种类型，按照显示管对角线的尺寸可将显示器分为 22 英寸(1 英寸 = 0.025 4 m)、24 英寸、27 英寸或更大的显示器。按照显示管分类，又分为阴极射线管(CRT)显示器、液晶(LCD)显示器、等离子(PDP)显示器等。LCD 显示器的优点是机身小、质量轻、低辐射、环保、节能等；缺点是色彩、视觉、屏幕响应速度、分辨率一般不能随便调节。目前市场上的新产品主要是多点触控显示器、具有 3D 功能的广视角显示器、无框超薄显示器等。图 1－18 所示是具有 3D 功能的广视角显示器，机身支持升降旋转功能，同时拥有超窄边框设计。

显示适配卡又称为显卡，如图 1－19 所示，是显示器和主机通信的控制电路的接口，主板上有安放显卡的扩展槽。显卡的作用是用于主机与显示器数据格式的转换、处理图形数据和加速图形显示。

图 1－18　具有 3D 功能的广视角显示器

图 1－19　显卡

显卡分为集成显卡、独立显卡和核芯显卡。

集成显卡是将显示芯片、显存及其相关电路都集成在主板上，显示效果与处理性能相对较弱,不能对显卡进行硬件升级,但可以通过 CMOS 调节频率或刷入新 BIOS 文件实现软件升级来挖掘显示芯片的潜能。

独立显卡是指将显示芯片、显存及其相关电路单独做在一块电路板上,需占用主板的扩展插槽。独立显卡的优点:单独安装有显存,一般不占用系统内存,比集成显卡能够得到更好的显示效果和性能,容易进行显卡的硬件升级。独立显卡的缺点:系统功耗有所加大,发热量也较大,需额外购买。

核芯显卡是 Intel 产品新一代图形处理核芯,Intel 凭借其在处理器制造上的先进工艺以及新的架构设计,将图形核芯与处理核芯整合在同一块基板上,构成一个完整的处理器。需要注意的是,核芯显卡和传统意义上的集成显卡并不相同。核芯显卡的优点:低功耗、高性能。核芯显卡的缺点:配置核芯显卡的 CPU 通常价格较高,同时其难以胜任大型游戏。

购买显卡时主要考虑的性能指标有显卡芯片制造工艺、核芯频率、显存频率、显存容量、显存速度、彩数、分辨率、功能扩展接头等。

②打印机。

打印机是计算机的基本输出设备之一,衡量打印机好坏的指标有三项:打印分辨率、打印速度和噪声。

按照工作原理分类,打印机可分为击打式和非击打式两类。常见的非击打式打印机包括激光打印机、喷墨打印机和热敏打印机。其中,喷墨打印机主要用于家庭,热敏打印机已在 POS 终端系统、银行系统、医疗仪器等领域得到广泛应用。

按照用途分类,打印机可分为办公和事务通用打印机、商用打印机、专用打印机、家用打印机、网络打印机和便携式打印机。其中,专用打印机一般是指各种微型打印机、存折打印机、平推式票据打印机、条形码打印机、热敏印字机等用于专用系统的打印机。网络打印机用于网络系统,要为多数人提供打印服务,因此要求这种打印机具有打印速度快、能自动切换仿真模式和网络协议。

另外,这里介绍一下热升华打印机。随着数码相机的普及,热升华打印机(照片打印机)越来越吸引用户的目光。热升华打印机主要是通过利用热能将颜料转印至打印介质上的仪器,它可以通过半导体加热器件调节出的不同温度来控制色彩的比例和浓淡程度。它具有连续色阶的特点,打印出的图像如喷雾般细腻润滑,特别适合人像等精致细腻的皮肤质感要求,同时也有长久保存不褪色的特点。

当然,现在家用或小型企业办公也可选择激光一体机或喷墨一体机(图 1-20),方便用户进行打印、扫描、复印和传真的操作。

打印机与计算机的连接通常采用并行接口。近年流行具有 USB 接口的激光打印机。打印机与计算机连接后,必须安装相应的驱动程序才能使用。安装操作系统的同时可以安装多种型号打印机的驱动程序,使用时再根据所配置的打印机型号进行设置。

③投影仪。

投影仪(图 1-21)又称投影机,是一种可以将图像或视频投射到幕布上的设备,可以通过不同的接口同计算机、VCD、DVD、BD、游戏机、DV 等相连接播放相应的视频信号。投影仪广泛应用于家庭、办公室、学校和娱乐场所。

投影仪根据应用环境分类,主要分为以下几种类型:家庭影院型、便携商务型、教育会议型、主流工程型、专业剧院型投影仪和测量投影仪。其中,家庭影院型投影仪的投影画面宽高比多为 16:9,各种视频端口齐全,适合播放电影和高清晰电视,适于家庭用户使用。教育会议型投影仪一般定位于学校和企业应用，采用主流的分辨率，质量适中，散热和防尘效果好，适合安装和短距离移动，功能接口比较丰富，容易维护，性能价格比相对较高，适合大批量采购普及使用。

图1-20 喷墨一体机

图1-21 投影仪

(3)外部存储设备。

外部存储设备具有存储容量大、长久保存信息的特点。当CPU需要执行某部分程序和数据时，需要将相应的程序和数据由外存调入内存以供CPU访问。目前最常用的外存有硬盘、移动硬盘、光盘、U盘和磁带等。

①硬盘存储器。

硬盘是计算机主要的存储媒介之一，特点是存储容量大、工作速度快。硬盘由若干个盘片固定在一个公共转轴上组成盘片组，每个盘片有两个存储面，每个存储面有一个磁头负责读写操作，盘片以每分钟数千转的速率高速旋转，工作时磁头浮在盘片的上方，并不与盘片直接接触，如图1-22和图1-23所示。绝大多数硬盘是固定硬盘，被永久性地密封固定在硬盘驱动器中。

图1-22 硬盘内部结构

图1-23 硬盘

硬盘分为固态硬盘(SSD)和机械硬盘(HDD)。其中，SSD采用闪存颗粒来存储，HDD采用磁性碟片来存储。

第一次使用硬盘前必须进行硬盘格式化，需要分三个步骤进行，即硬盘的低级格式化、硬盘分区和硬盘高级格式化。

硬盘工作时，根据收到的指令，磁头开始寻址，通过磁盘的转动找到正确的位置，读取出需要的信息并将其保存在硬盘的缓冲区中。缓冲区中的数据通过硬盘接口与外界进行交换，从而完成读取、写入、修改、删除数据的操作。

硬盘容量取决于磁道数、柱面数及每个磁道扇区数，每个扇区的容量为512 B，柱面是

硬盘的所有盘片具有相同编号的磁道。目前市场上的硬盘容量一般在 40 ~ 320 GB。硬盘容量的计算公式为

$$硬盘存储容量 = 512 \times 磁头数 \times 柱面数 \times 每道扇区数$$

硬盘转速是指硬盘主轴电动机的转速，单位是 r/min。转速是决定硬盘内部数据传输率的关键因素，也是区分硬盘档次的重要指标。市场上的家用硬盘转速一般为7 200 r/min。

硬盘的平均寻道时间是指硬盘的磁头从初始位置移动到盘面指定磁道所需的时间，单位是毫秒（ms），它是影响硬盘内部数据传输率的重要技术指标。

用户在购买硬盘时主要考察的技术指标有容量、转速、寻道时间和平均无故障时间。

②移动硬盘。

移动硬盘是以硬盘为存储介质，计算机之间交换大容量数据，强调便携性的存储产品。移动硬盘多采用 USB 接口，具有容量大、可移动的特点。移动硬盘通常由一个 USB 接口的硬盘盒、一块移动式硬盘和一根 USB 接口线组成。

③光盘。

光盘是利用光学的方式进行读写信息的存储器，具有容量大、易保存、携带方便等特点。计算机所用光盘是用于存储数字信号的只读光盘，需要放到光驱中才能使用。

光驱的主要技术指标有传输速率、接口方式和缓存大小。

传输速率是评价光驱最重要的指标之一，以倍速为单位。单倍速的速率为 150 kb/s，其他的光驱均以这个速率为基本单位，如 50 倍数光驱的传输速率可达到 50 × 150 kb/s，约为 7.5 Mb/s。

接口方式是指光驱和计算机系统进行数据传输的连接方式。目前，台式计算机光驱多采用 IDE 接口和 SCSI 接口，笔记本电脑上多采用 USB 接口和 PCMCIA 接口。

④闪存盘。

闪存盘又称为闪盘、U 盘，是最常用的移动存储设备。优点是可热插拔、体积小、易携带、防磁、防震、防潮、耐高低温。用户可以像使用软盘和硬盘一样在 U 盘上读写、传送文件，重复擦写次数达百万次。

U 盘通过 USB 接口与主机相连，目前的 USB 接口标准有 USB2.0 和 USB3.0 两种，如图 1-24 和图 1-25 所示。

图 1-24　USB2.0 接口

图 1-25　USB3.0 接口

USB3.0 是最新的 USB 规范，该规范由 Intel 等大公司发起。USB3.0 为那些与计算机或音频设备相连接的设备提供了一个标准接口，从键盘到高吞吐量磁盘驱动器，各种器件都能够采用这种低成本接口进行平稳运行的即插即用连接。USB3.0 兼容 USB2.0，USB2.0 的最高传输速率为 480 Mb/s（即 60 MB/s）；USB3.0 实际传输速率大约是 3.2 Gb/s（即 400 MB/s），理论上的最高速率是 5.0 Gb/s（即 625 MB/s）。

(4)数据通信设备。

数据通信设备可以实现计算机的多媒体功能,实现计算机之间的通信、联网等功能。目前常用的数据通信设备有声卡、视频卡、网卡、调制解调器等。

①声卡。

声卡是处理声音信息的设备,如图1-26所示。声卡有三个基本功能:音乐合成发音功能,混音器(Mixer)功能和数字声音效果处理器(DSP)功能,模拟声音信号的输入和输出功能。

现在的声卡一般有板载声卡和独立声卡之分。随着主板整合程度的提高以及CPU性能的日益强大,同时主板厂商考虑降低用户采购成本的要求,板载声卡出现在越来越多的主板中,目前板载声卡几乎成为主板的标准配置。独立声卡产品涵盖低、中、高各档次,售价从几十元至上千元不等。需要指出的是,外置式声卡是创新公司独家推出的一个新产品,它通过USB接口与PC连接,具有使用方便、便于移动等优势。

独立声卡的安装方法,是将其插到主板上任何一个与声卡类型相匹配的总线插槽即可,然后通过CD音频线和CD-ROM音频接口相连,最后需要安装相应的驱动程序并和音箱相连。

②视频卡。

视频采集卡也称为视频卡,图1-27所示是一种多媒体视频信号处理平台。它可以通过汇集视频源、声频源,把激光视盘机、录像机、摄像机输出的视频数据或者视频音频的混合数据输入电脑,并转换成电脑可辨别的数字数据,存储在电脑中,成为可编辑处理的视频数据文件。

图1-26　声卡

图1-27　视频卡

1.2.3　计算机软件

到目前为止,各种类型的计算机都属于冯·诺依曼型的计算机,即采用储存程序,程序控制的工作原理。计算机要能够工作,必须有程序驱动。软件是计算机系统必备的所有程序的总称。程序由一系列指令构成,指令是要计算机执行某种操作的命令。根据软件的功能,一般把软件分为系统软件和应用软件。

1.系统软件

一般把靠近内层、用于管理和使用计算机资源的软件称为系统软件。系统软件的主要功能是指挥计算机完成诸如在屏幕上显示信息、向磁盘存储数据、向打印机发送数据、解释用户命令以及与外部设备通信等任务。系统软件有两个特点:一是通用性,即无论哪个应用领域的用户都要用到它们;二是基础性,即应用软件要在系统软件支持下编写和运行。系统软件通常包括操作系统、系统实用程序、程序设计语言与语言处理程序、数据库管理系统等。

(1)操作系统。

操作系统是最主要的系统软件。操作系统(Operating System,简称OS)是由管理计算机系统运行的程序模块和数据结构组成的一种大型软件系统,其功能是管理计算机的硬件资源、软件资源和数据资源,为用户提供方便高效的操作界面。

硬件资源包括磁盘空间、内存空间、各种外部设备和处理器时间等,操作系统负责分配这些资源,以便程序可以有效地运行。

所有应用软件必须在操作系统支持下才能运行,不同的应用软件需要不同的操作系统支持,如Word 2000需要Windows 2000或Windows XP支持。

在计算机发展早期,操作系统是DOS(Disk Operating System)。用户必须通过输入复杂的文本式命令与计算机对话。1995年,Microsoft发布Windows95操作系统,用户通过鼠标点击图形对象控制计算机,图形化的界面使计算机应用更容易。此后,Windows操作系统不断更新,成为最流行的操作系统。

目前常见的操作系统还有:Unix、Linux、Mac OS等。

(2)系统实用程序。

系统实用程序提供一种让计算机用户控制和使用计算机资源的方法,以增强操作系统的功能。实用程序一般执行一些专项功能,如系统维护、系统优化、故障检测、错误调试等。

有些实用程序包含在操作系统之中,例如,Windows 2000和Windows XP操作系统中附带有许多实用的小工具,但它们隐藏在系统的各个角落,一般用户难以使用。另有些实用程序可以单独安装,如可以安装XP Syspad软件来简化控制操作,通过它可以快速打开多达近百个Windows系统实用程序和工具;此外,“系统优化大师”也是个较受欢迎的软件,可以进行网络优化、系统优化以及禁用设置、更改设置等一系列个性化优化及设置选项,还可以进行高速的注册表清理及高速的硬盘垃圾文件清理,清理全面、安全,不影响任何运行性能。

(3)程序设计语言与语言处理程序。

计算机是在程序的控制下工作的。程序描述解决问题的步骤,用程序设计语言编写。程序设计语言有机器语言、汇编语言和高级语言。用户可以自己编写程序,实现计算机控制。

① 机器语言。

机器语言是二进制代码表示的指令集合,机器语言由计算机的逻辑结构决定。因此用机器语言写的程序能被计算机直接识别和执行,但机器语言程序可读性差,不易书写和记忆,不可移植。

② 汇编语言。

汇编语言是用助记符代替二进制代码表示的符号语言。它比机器语言容易记忆,但可读性仍然差。由于计算机只识别机器语言,因而必须用汇编程序将汇编语言编写的源程序翻译成可执行的二进制目标程序。这个过程被称为汇编。

③ 高级语言。

高级语言接近人的自然语言和通常的数学表达方式。由于易学易记,便于书写和维护,提高了程序设计的效率和可靠性。广泛使用的高级语言有C、Pascal、Java等。

④ 语言处理程序。

用高级语言编写的程序,计算机不能直接执行,首先要将高级语言编写的程序通过语言处理程序翻译成二进制机器指令,然后供计算机执行。一般将用高级语言编写的程序称为源程序,翻译成机器语言的程序称为目标程序。计算机将源程序翻译成目标程序有如下两种方式。

编译方式:通过相应的编译程序将源程序全部翻译成目标程序,然后连接成可执行程序,可执行程序在操作系统支持下可随时执行。

解释方式:通过相应的解释程序将源程序逐句解释翻译,逐句执行。解释程序不产生目标程序,执行过程中有错,机器显示错误信息,修改后再执行。

⑤ 面向对象程序设计语言(OOPL)。

面向对象的程序设计(Object Oriented Programming)方法主要考虑如何创建对象,并利用对象来简化程序设计。在 OOP 中,对象是构成程序的基本单位和运行实体。一个对象建立以后,其操作就通过与该对象有关的属性、事件和方法程序来描述。

OOPL 是采用事件驱动编程机制的语言。在事件驱动编程中,程序员只要编写响应用户动作的程序,而不必考虑按精确次序执行的每个步骤。在这种机制下,不必编写一个大型的程序,而是建立一个由若干微小程序组成的应用程序,这些微小程序可以由用户启动的事件来激发。

目前流行的面向对象的语言有:Visual C ++ 、Visual basic、Delphi 等。

(4)数据库管理系统。

数据库(Database, DB)技术是计算机软件的一个重要分支,广泛应用于财务管理、航空售票管理、图书管理等信息应用领域。数据库技术和网络技术相结合,可实现数据资源共享。

数据库管理系统(DBMS)是对数据库中的数据实行有效管理,提供安全性和完整性控制,方便用户对数据库进行操作的一种大型软件。通过数据库管理系统,一般用户可以方便地建立、使用和维护数据库。数据库管理系统一般包括以下几方面的内容:

数据库描述功能:定义数据库的全局逻辑结构、局部逻辑结构和其他各种数据库对象。

数据库管理功能:系统配置与管理、数据存取与更新管理、数据完整性管理和数据安全性管理。

数据库的查询和操纵功能:数据库检索和修改、数据库的维护(包括数据输入、输出管理,数据库结构维护,数据恢复和性能监测等)。

数据库管理系统有多种,如 FoxPro、Access、Sybase、Oracle、Informix、SQL Server、DB3 等。

随着数据的大量累积,许多隐藏在数据中的信息已很难被传统的决策支持系统所发掘,为此一种称为数据挖掘的技术正在兴起。这些技术包括关联规则、分类、预测、聚类、时间系列群等数据挖掘方法,并且已经包含在 SQL Server、DB3 等产品中。

2. 应用软件

安装系统软件后,计算机可以正常运行。但如果要让计算机处理实际问题,如制作三维动画、创作音乐、编辑图文并茂的文档等,还需要再安装相应的应用软件。

应用软件是为解决某类应用问题而编写的软件,种类繁多,功能各异。

(1)字处理软件。

文字信息处理,简称字处理,就是利用计算机进行文字录入、编辑、排版、存储、传送等处理。

目前微机上常用的字处理软件有 Microsoft Word、WPS。

(2)电子表格与统计软件。

电子表格软件用于输入、输出和处理数据,可以帮助用户制作各种复杂的电子表格。电子表格一般具有统计功能,提供各种各样的函数,用户通过调用函数对数据进行各种复杂统计运算,并可以图表方式显示出来。

常用的电子表格的软件包括 Microsoft Excel、WPS Excel 等。另外,还有些专用的统计软件(如 SPSS),提供更强的统计功能,基本包括概率统计中的所有功能与数据挖掘中的流行功能。

(3)画图软件。

画图软件分为图形编辑软件、图像编辑软件、3D 图形软件等。

常用的画图软件有 Photoshop、3D Max 等。

(4)网络软件。

网络软件包括电子邮件(如 Foxmail、Outlook)、网页浏览器(如 Internet Explorer)、远程控制软件(如 Telnet)、文件传输软件等。

此外,还有课件制作软件(如 PowerPoint、Authorware);多媒体处理软件(如 Media Player 和 RealPlayer);压缩工具(如 WinZip、WinRAR);游戏软件等。

应用软件必须在系统软件的支持下才能工作。

1.3 计算机中信息的表示

计算机要处理信息,必须先以某种方式表示信息、存储信息,计算机能够识别和处理的数据是二进制数据,而人类使用计算机时都习惯使用十进制数据,所以计算机系统要具备将二进制数据与十进制数据进行相互转换的能力。从学习计算机工作原理的角度来说,应该掌握二进制数的基本概念、运算规则以及二进制数与十进制数相互转换的方法。

1.3.1 数据与信息

1. 数据

数据是指存储在某种媒体上可以加以鉴别的符号资料。数据的概念包括两个方面:一方面,数据内容是反映或描述事物特性的;另一方面,数据是存储在某一媒体上的。它是描述、记录现实世界客体的本质、特征以及运动规律的基本量化单元。描述事物特性必须借助一定的符号,这些符号就是数据形式,因此数据形式是多种多样的。

从计算机角度看,数据就是用于描述客观事物的数值、字符等一切可以输入到计算机中,并可由计算机加工处理的符号集合。可见,在数据处理领域中的数据概念与在科学计算领域相比已大大拓宽。所谓“符号”不仅仅指数字、文字、字母和其他特殊字符,而且还包括图形、图像、动画、影像及声音等多媒体数据。

2. 信息

“信息”一词来源于拉丁文“Information”,意思是一种陈述或一种解释、理解等。作为一个科学概念,它较早出现于通信领域。长期以来,人们从不同的角度和不同的层次出发,对信息概念有着很多不同的理解。

信息论的创始人,美国数学家香农(Shannon)在1948年给信息的定义是:信息是能够用来消除不确定性的东西。他认为信息具有使不确定性减少的能力,信息量就是不确定性减少的程度。这里所谓的“不确定性”是指如果人们对客观事物缺乏全面的认识,就会表现出对这种事物的情况是不清楚的、不确定的,这就是不确定性。当人们对它们的认识清楚以后,不确定性就减少或消除了,于是就获得了有关这些事物的信息。

控制论的创始人,美国数学家维纳(Weiner)认为:信息是我们适应外部世界、感知外部世界的过程中与外部世界进行交换的内容,即信息就是控制系统相互交换、相互作用的内容。系统科学认为,客观世界由物质、能量和信息三大要素组成,信息是物质系统中事物的存在方式或运动状态,以及对这种方式或状态的直接或间接表述。

一般认为:信息是在自然界、人类社会和人类思维活动中普遍存在的一切物质和事物的属性。

可以看出,信息的概念非常宽泛。随着时间的推移,时代将赋予信息新的含义,因此,信息是一个动态的概念。现代“信息”的概念,已经与微电子技术、计算机技术、通信技术、网络技术、多媒体技术、信息服务业、信息产业、信息经济、信息化社会、信息管理及信息论等含义紧密地联系在一起了。

总之,信息是一个复杂的综合体,其基本含义是:信息是客观存在的事实,是物质运动轨迹的真实反映。信息一般泛指包含于消息、情报、指令、数据、图像、信号等形式之中的知识和内容。在现实生活中,人们总是在自觉或不自觉地接受、传递、存储和利用着信息。

3. 数据和信息的关系

数据与信息是信息技术中两个常用的术语,很多人常常将它们混淆。实际上,它们之间是有差别的。信息的符号化就是数据,数据是信息的具体表示形式。数据本身没有意义,而信息是有价值的。数据是信息的载体和表现形式,信息是经过加工的数据,是有用的,它代表数据的含义,是数据的内容或诠释。信息是从数据中加工、提炼出来的,是用于帮助人们正确决策的有用数据,是数据经过加工以后的能为某个目的使用的数据。

根据不同的目的,我们可以从原始数据中加工得到不同的信息。虽然信息都是从数据中提取出来的,但并非一切数据都能产生信息。可以认为,数据是处理过程的输入,而信息是输出。例如,38°C就是一个数据,如果是人的体温,则表示发烧;如果是水的温度,则表示是人适宜饮用的温度。这些就是信息。

4. 信息的特征

信息广泛存在于现实中,人们时时处处在接触、传播、加工和利用着信息。信息具有以下特征。

(1)信息的普遍性和无限性。

世界是物质的,物质是运动的,事物运动的状态与方式就是信息,即运动的物质既产生也携带信息,因而信息是普遍存在的,信息无处不在、无时不在;由于宇宙空间的事物是无限丰富的,所以它们所产生的信息也必然是无限的。例如现实世界里天天发生着的各种各样的事,不管你在意不在意,它总是普遍存在和延续着。

(2)信息的客观性和相对性。

信息是客观事物的属性,必须如实地反映客观实际,它不是虚无缥缈的东西,可以被人感知、存储、处理、传递和利用;同时,由于人们认知能力等各个方面的不同,从一个事物获取到的信息也会有所不同,因此信息又是相对的。

(3)信息的时效性和异步性。

信息总是反映特定时刻事物运动的状态和方式,脱离源事物的信息会逐渐失去效用,一条信息在某一时刻价值非常高,但过了这一时刻,可能一点价值也没有。异步性是时效的延伸,包括滞后性和超前性两个方面,信息会因为某些原因滞后于事物的变化,也会超前于现实。例如天气预报的信息就具有典型的时效性,过时就失去了价值,但是它超前就具有重要意义。再如,依据一张老的列车时刻表出发,则可能会误事。

(4)信息的共享性和传递性。

共享性是指信息可以被共同分享和占有。信息作为一种资源,不同的个体或群体在同一时间或不同时间可以共同享用,这是信息与物质的显著区别。信息的分享不仅不会失去原有信息,而且还可以广泛地传播与扩散,供全体接收者所共享;信息本身只是一些抽象的符号,必须借助媒介载体进行传递,人们要获取信息也必须依赖于信息的传输。信息的可传递性表现在空间和时间两个方面。把信息从时间或空间上的某一点向其他点移动的过程称为信息传输。信息借助媒介的传递是不受时间和空间限制的。信息在空间中传递被称为通信。信息在时间上的传递被称为存储。例如,广播信息可以为广大听众共享,还可以录音或者转播(传播)出去。再如"苹果理论",萧伯纳说过:"你有一个苹果,我有一个苹果,我们彼此交换,每人还是一个苹果;你有一种思想,我有一种思想,我们彼此交换,每人可拥有两种思想。"这就是信息的可传递和共享。

(5)信息的变换性和转化性。

信息可能依附于一切可能的物质载体,因此它的存在形式是可变换的。同样的信息,可以用语言文字表达,也可以用声波来作载体,还可以用电磁波和光波来表示;信息在变换载体时的不变性,使得信息可以方便地从一种形态转换为另一种形态。信息对于载体的可选择性使得如今的信息传递不仅可以在传播方式上加以选择,而且传递时间和空间也非常灵活,并使得人类开发和利用信息资源的各项技术的实现成为可能。信息的可变换性还体现在可对信息进行压缩,可以用不同的信息量来描述同一事物,用尽可能少的信息量描述一件事物的主要特征就是实现了压缩;信息也是可以转化的,也就是可以处理的,即利用各种技术,把信息从一种形态转变为另一种形态。例如看天气预报:人们会将代表各种天气的符号转化为具体信息。信息在一定条件下可以转化为时间、金钱和效益等物质财富。

(6)信息的依附性和抽象性。

信息不能独立存在,必须借助某种载体才可能表现出来,才能为人们交流和认识,才会使信息成为资源和财富;人们能够看得见摸得着的只是信息载体而非信息内容,即信息具有抽象性。信息的抽象性增加了信息认识和利用的难度,从而对人类提出了更高的要求。对于认识主体而言,获取信息和利用信息都需要具备抽象能力,正是这种能力决定着人的智力和创造力。例如书就是信息的依附载体,但是内容就是抽象的,所以不同的人理解和体会就不尽相同。

5. 信息的处理

在电话、电报时代就已经有了信息的概念,但当时更关心的是信息的有效传输。随着社会的进步和发展,人们对信息的开发利用不断深入,信息量骤增,信息间的关联也日益复杂,因此对信息的处理就显得越来越重要。早期的信息处理都是由人工或者借助其他工具完成的,而计算机的出现,使得对大容量信息进行高速、有效的处理成为可能。信息处理就是指信息的采集、存储、输入、传输、加工、输出等操作。当然,被处理的信息是以某种形式的数据表示出来的,所以信息处理有时也称数据处理。

计算机是一种非常强大的信息处理工具,现在说信息处理实质上就是由计算机进行数据处理的过程,即通过数据的采集和输入,有效地把数据组织到计算机中,由计算机系统对数据进行一系列存储、加工和输出等操作。在信息处理过程中,信息处理的工具不同,信息处理的各个操作的实现方式也就不同。例如,如果处理工具是人,则输入是通过眼睛、耳朵、鼻子等来完成的,加工由人脑来完成;如果处理工具是计算机,则输入是通过键盘、鼠标等来完成的,加工则由中央处理器来完成。

1.3.2 数值型数据

在计算机内部,各种信息必须经过数字化编码后才能被传送、存储和处理。信息编码就是指对输入计算机中的各种数值和非数值型数据用二进制数进行编码的方式。为了使信息的表示、交换、存储或加工处理方便,在计算机系统中通常采用统一的编码方式,如ASCII码、汉字编码等。计算机使用这些编码在计算机内部和键盘等终端之间以及计算机之间进行信息交换。

在输入过程中,计算机系统自动将用户输入的各种数据按编码的类型转换成相应的二进制形式存入计算机存储单元中。在输出过程中,再由计算机系统自动将二进制编码数据转换成用户可以识别的数据格式输出给用户。

1. 数制及其表示

计算机内部采用二进制数的主要原因:具有两个状态的电子逻辑部件容易实现,如晶体管的“导通”和“截止”、电平的“高”与“低”等;二进制运算规则简单,由于二进制0和1正好和逻辑代数的真(True)和假(False)相对应,便于使用逻辑代数;计算机部件状态少,还可以增强整个系统的稳定性。

日常生活中普遍使用的是十进制数。编写计算机程序时,还会用到十六进制数、八进制数,它们的本质是二进制数,表示数据时比使用二进制数要简练一些。

(1)数制。

数制是用一组固定的数字和一套统一的规则来表示数目的方法。按照进位方式计数的数制叫作进位计数制。进位计数制按照“逢基数进位”的原则进行计数,即十进制数采用“逢十进一”、二进制数采用“逢二进一”的原则。

(2)基数。

在一种数制中,只能使用一组固定的数字符号表示数目的大小,具体使用多少个数字或符号来表示数目的大小,称为该数制的基数。十进制的基数是10,二进制的基数是2,十六进制的基数就是16。

(3)位权。

在某进位计数制中,一个数码处在不同位置上所代表的值不同,如数字8在十位数位置上表示80,在百位数上表示800,而在小数点后第1位表示0.8。可见,每个数码所表示的数值等于该数码乘以一个与数码所在位置相关的常数,这个常数叫作位权。位权的大小是以基数为底、数码所在位置的序号为指数的整数次幂。比如,十进制的个位数位置的位权是10^0,十位数位置上的位权为10^1,小数点后第1位的位权为10^{-1}。

例:

$(123.45)_{10} = 1 \times 10^2 + 2 \times 10^1 + 3 \times 10^0 + 4 \times 10^{-1} + 5 \times 10^{-2}$

$(123.45)_{16} = 1 \times 16^2 + 2 \times 16^1 + 3 \times 16^0 + 4 \times 16^{-1} + 5 \times 16^{-2}$

(4)常用的进位计数制及其表示。

①十进制数。

十进制的基数为10,10个记数符号分别是0,1,2,…,9,原则是“逢十进一”。

表示:123.125D或$(123.125)_{10}$

②二进制数。

二进制的基数为2,两个记数符号分别是0和1,原则是“逢二进一”。

表示:1111011.001B或$(1111011.001)_2$

③八进制数。

八进制的基数为8,8个记数符号分别是0,1,2,…,7,原则是“逢八进一”。

表示:173.1Q或173.10或$(173.1)_8$

④十六进制数。

十六进制的基数为16,16个记数符号分别0~9,A,B,C,D,E,F,其中A~F对应十进制的10~15,原则是“逢十六进一”。

表示:7B.2H或$(7B.2)_{16}$

四种进制数的对照见表1-2。

表1-2 四种进制数对照表

十进制	二进制	八进制	十六进制	十进制	二进制	八进制	十六进制
0	0	0	0	8	1000	10	8
1	1	1	1	9	1001	11	9
2	10	2	2	10	1010	12	A
3	11	3	3	11	1011	13	B
4	100	4	4	12	1100	14	C
5	101	5	4	13	1101	15	D
6	110	6	6	14	1110	16	E
7	111	7	7	15	1111	17	F

2. 数制间的转换

(1)非十进制数转换为十进制数。

规则:根据不同的基数,按权展开成多项式和的表达式,逐项相加,其和就是相应的十进制数。

例:

$$1111011.001B = 1 \times 2^6 + 1 \times 2^5 + 1 \times 2^4 + 1 \times 2^3 + 0 \times 2^2 + 1 \times 2^1 + 1 \times 2^0 + 0 \times 2^{-1} + 0 \times 2^{-2} + 1 \times 2^{-3}$$
$$= 64 + 32 + 16 + 8 + 0 + 2 + 1 + 0 + 0 + 0.125$$
$$= 123.125D$$

例:

$173.1Q = 1 \times 8^2 + 7 \times 8^1 + 3 \times 8^0 + 1 \times 8^{-1}$

$= 64 + 56 + 3 + 0.125$

$= 123.125D$

例:

$7B.2H = 7 \times 16^{1} + 11 \times 16^{0} + 2 \times 16^{-1}$

$= 112 + 11 + 0.125$

$= 123.125D$

(2)十进制数转换为非十进制数。

将十进制数转换为非十进制数,整数部分和小数部分分别遵守不同的转换规则。

对整数部分:除以基数取余法。即整数部分不断除以基数取余数,直到商为0为止,最先得到的余数为最低位,最后得到的余数为最高位。

对小数部分:乘以基数取整法。即小数部分不断乘以基数取整数,直到小数为0或达到有效精度为止,最先得到的整数为最高位(最靠近小数点),最后得到的整数为最低位。

例:

将十进制数123.125转换成对应的二进制数。

整数部分:除以基数取余数对应位数

$123 \div 2 = 61$　　1 低

$61 \div 2 = 30$　　1

$30 \div 2 = 15$　　0

$15 \div 2 = 7$　　1

$7 \div 2 = 3$　　1

$3 \div 2 = 1$　　1

$1 \div 2 = 0$　　1 高

小数部分:乘以基数取整数对应位数

$0.125 \times 2 = 0.25$　　0 高

$0.25 \times 2 = 0.5$　　0

$0.5 \times 2 = 1.0$　　1 低

结果:123.125D = 1111011.001B

(3)二进制数与八进制数之间的转换。

二进制数转换为八进制数规则:以小数点为基准,整数部分从右至左,每三位一组,最高位不足三位时,添0补足;小数部分从左至右,每三位一组,最低有效位不足三位时,添0补足。将各组的三位二进制数按权展开,即得到一位八进制数。

八进制数转换为二进制数规则:将每个数码用相应的三位二进制数码表示出来即可。

例:

将二进制数1111011.001转换为对应的八进制数。

解:1111011.001B = 001111011.001B = 173.1Q

例:

将八进制数123.125转换成对应的二进制数。

解:123.125Q = 001010011.001010101B = 1010011.001010101B

(4)二进制数与十六进制数之间的转换。

二进制数转换为十六进制数规则:以小数点为基准,整数部分从右至左,每四位一组,最高位不足四位时，添0补足；小数部分从左至右，每四位一组，最低有效位不足四位时，添0补足。将各组的四位二进制数按权展开，即得到一位十六进制数。

十六进制数转换为二进制数规则：将每个数码用相应的四位二进制数码表示出来即可。

例：

将二进制数1111011.001转换为对应的十六进制数。

解：1111011.001B = 01111011.0010B = 7B.2H

例：

将十六进制数1A3.F2转换成对应的二进制数。

解：1A3.F2H = 000110100011.11110010B = 110100011.1111001B

3.存储数据的组织方式

计算机能够处理的数据涵盖了生活中的各个方面。不论是何种类型的数据（数字、字符、汉字、图形等），计算机在进行数据处理时，数据都是以二进制数方式存储的。

（1）数据组织形式。

① 位。

位（bit）是计算机内部数据的最小单位，简写为b。单词bit（位）是“Binary Digit”（二进制位）的缩写。

② 字节。

字节（Byte）是计算机中信息存储和管理的基本单位。通常将8位二进制位编在一起进行处理，称为一个字节，简写为B。计算机的存储器容量也是用字节来计算和表示。通常情况下，整数占2个字节，带小数点的实数占4个字节，ASCII码占1个字节，汉字占2个字节。

③ 字长。

字长（Word）是CPU在一个指令周期内一次处理的二进制的位数，常用的字长有8位、16位、32位和64位等。字长由微处理器对外数据通路的数据总线条数决定，是CPU与I/O设备和存储器之间传递数据的基本单位。字长直接反映了一台计算机的计算精度，字长越大的计算机的处理数据的速度也越快。位、字节和字长之间的关系，如图1－28所示。

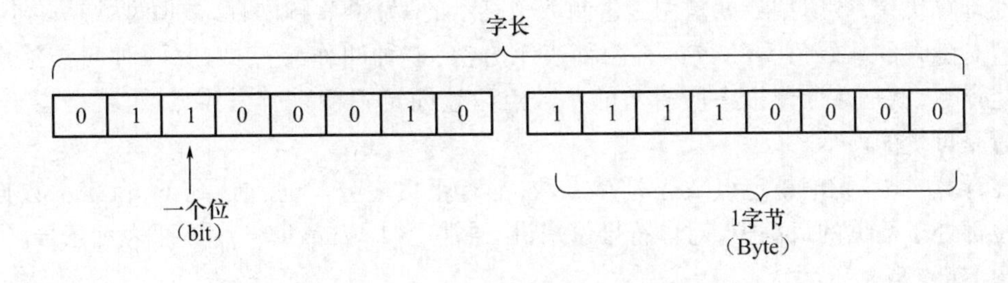

图1－28　位、字节和字长示意图

（2）数据的长度。

在计算机内部，数的存储长度与数的实际长度（二进制位数）无关。比如，计算机中的一个整数通常占用两个字节存储，超过范围的数据则可能产生数据“溢出”，不足的数据则用0进行填充。

在计算机中，数的符号用最高位（左边第一位）来表示，并约定0代表正数，1代表负数。

带符号数可以用不同方法表示，常用的有原码、反码和补码。

(3)存储设备结构。

用来存储信息的设备称为计算机的存储设备，如内存、硬盘、光盘、U 盘等。存储设备是按照字节组织存放数据。

① 存储单元。

存储单元具有存储数据和读写数据的功能，一般由一个或几个字节组成一个存储单元，分别称为字节存储单元或字存储单元。每个存储单元有一个地址。程序中的变量和主存储器的存储单元相对应。变量的名字对应着存储单元的地址，变量内容对应着存储单元所存储的数据。

② 存储容量。

存储器的存储容量一般用 B(字节)、KB(千字节)、MB(兆字节)、GB(吉字节)、TB(太字节)等单位来表示，单位换算关系如表 1-3 所示。

表 1-3　存储单位换算关系

中文单位	中文简称	英文单位	英文简称	进率(Byte=1)
位	比特	bit	B	0.125
字节	字节	Byte	B	1
千字节	千字节	Kilo Byte	KB	2^{10}
兆字节	兆	Mega Byte	MB	2^{20}
吉字节	吉	Gita Byte	GB	2^{30}
太字节	太	Trillion Byte	TB	2^{40}
拍字节	拍	Peta Byte	PB	2^{50}

其中，1 KB=1024 B，1 MB=1024 KB，1 GB=1024 MB。

4. 数值信息在计算机内的表示和运算

在计算机中，数值型数据是用二进制数来表示的，为了节省内存，数值型数据的小数点的位置是隐含的。数值型的数据有两种表示方法，一种叫作定点数，另一种叫作浮点数。所谓定点数，就是在计算机中所有数的小数点位置固定不变。所谓浮点数，就是指小数点的位置是可变的。

在计算机中，无论是定点数还是浮点数，都有正负之分。通常情况下，在表示数据时，符号位都处于数据的最高位，对单符号位来讲，通常用“1”表示负号；用“0”表示正号。

(1)定点数。

定点数有两种：定点小数和定点整数。定点小数将小数点固定在最高数据位的左边，因此，它只能表示小于 1 的纯小数。定点整数将小数点固定在最低数据位的右边，因此定点整数表示的也只是纯整数。由此可见，定点数表示数的范围较小。

例：

用定点方式表示十进制整数 123 的存储结果(假设是 16 位字长)。

解：123 的存储结果如下所示。

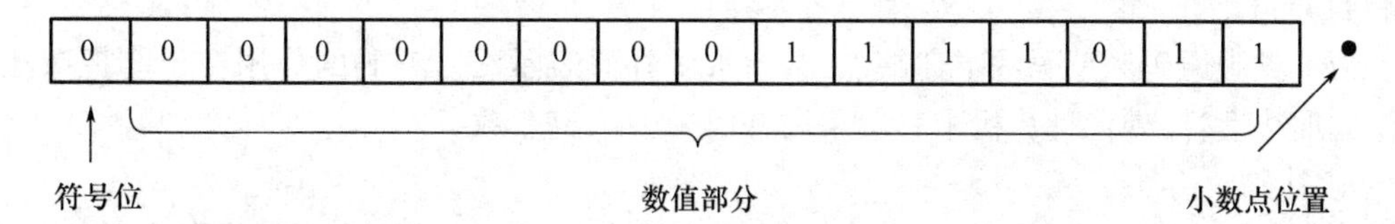

一个定点数,在计算机中可用不同的码制来表示,常用的码制有原码、反码和补码三种。不论用什么码制来表示,数据本身的值并不发生变化,数据本身所代表的值叫作真值。

① 机器数和真值。

将数字和符号组合在一起的二进制数称为机器数,由机器数所表示的实际值称为真值。

例:

请说明例子中的机器数和真值。

解:$(+43)$机器数 $=(00101011)_2$

十进制数 +43,用二进制表示,机器数是 00101011。

(-43)机器数 $=(10101011)_2$

十进制数 -43,用二进制表示,机器数是 10101011。

② 原码。

原码的表示方法为:如果真值是正数,则最高位为 0,其他位保持不变;如果真值是负数,则最高位为 1,其他位保持不变。数 X 的原码记为$[X]_{原}$。

利用原码表示法,在 n 位单元中可存储的数字范围为 $-(2^{n-1}-1) \sim +(2^{n-1}-1)$。如果用 8 位二进制数表示,最高位为符号位,则整数原码表示的范围为 -127 ~ +127,即最大数是 01111111,最小数是 11111111。

例:

写出 13 和 -13 的原码(取 8 位码长)。

解:$[+13]_{原}=00001101$

$[-13]_{原}=10001101$

采用原码,优点是转换非常简单,只要根据正负号将最高位置 0 或 1 即可。但原码表示在进行加减运算时很不方便,符号位不能参与运算;0 的原码有两种表示方法: +0 的原码是 00000000, -0 的原码是 10000000。

③ 反码。

反码的表示方法为:如果真值是正数,则最高位为 0,其他位保持不变;如果真值是负数,则最高位为 1,其他位按位求反。数 X 的反码记为$[X]_{反}$。

例:

写出 13 和 -13 的反码(取 8 位码长)。

解:$[+13]_{反}=00001101$

$[-13]_{反}=11110010$

可以验证,任何一个数的反码即是原码本身,通常反码作为求补过程的中间形式。

反码跟原码相比较,符号位虽然可以作为数值参与运算,但运算完成后,仍需要根据符号位进行调整。另外,0 的反码同样也有两种表示方法: +0 的反码是 00000000, -0的反码是11111111。

为了克服原码和反码的上述缺点,又引进了补码表示法。补码的作用在于能把减法运算化成加法运算,现代计算机中一般采用补码来表示定点数。

④ 补码。

补码的表示方法为:若真值是正数,则最高位为0,其他位保持不变;若真值是负数,则最高位为1,其他位按位求反后再加1。数 X 的补码记为 $[X]_{补}$。

利用补码表示法,在 n 位单元中可存储的数字范围为 $-(2^{n-1}) \sim +(2^{n-1}-1)$,如果用8位二进制数表示,即 $-128 \sim +127$。

例:

写出13和-13的补码(取8位码长)。

解:$[+13]_{补}=00001101$

$[-13]_{补}=11110011$

补码的符号可以作为数值参与运算,且运算完成后,不需要根据符号位进行调整。另外,0的补码表示方法也是唯一的,即00000000。

可以验证,任何一个数的补码的补码即是原码本身。

引入补码后,可以将减法变为加法来运算,并且两数"和"的补码等于两数的补码之"和"。

解:$[x+y]_{补}=[x]_{补}+[y]_{补}$

$[X-Y]_{补}=[X+(-Y)]_{补}=[X]_{补}+[-Y]_{补}$

例:

利用补码计算十进制数35与65之差,即35-65=?

解:因为 $[+35]_{原}=00100011$,$[+35]_{补}=00100011$

$[-65]_{原}=11000001$,$[-65]_{补}=10111111$

所以 $[35]_{补}-[65]_{补}=[+35]_{补}+[-65]_{补}=11100010$

$$\begin{array}{r} 00100011 \\ +\ 10111111 \\ \hline 11100010 \end{array}$$

结果11100010为补码,对它再进行一次求补运算就得到结果的原码表示形式。即 $[11100010]_{补}=10011110$,则 $[10011110]_{原}=-0011110=(-30)_{10}$。

可以看出在计算机中,加减法运算都可以统一化成补码的加法运算,符号位也参与运算。

(2)浮点数。

由于定点数表示的数值范围和精度都较小,在数值计算时大多数还是采用浮点数表示,但是浮点数的运算规则比定点数复杂。

浮点表示法对应于科学(指数)计数法。数的指数形式可表示为

$$N = M \times R^{C}$$

其中,M 称为尾数;C 称为阶码。

在计算机中,一个浮点数所占用的存储空间被划分为两部分,分别存放尾数和阶码。尾数是纯小数,阶码是一个带符号的整数。尾数的长度影响该数的精度,而阶码则决定该数的表示范围。浮点数的存储格式如图1-29所示。

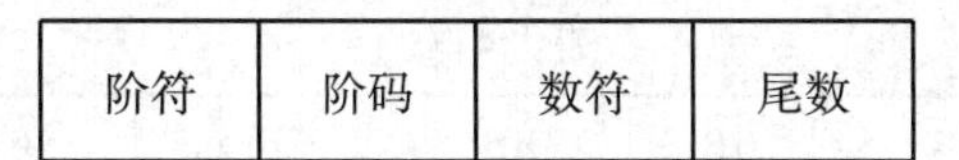

图 1－29　浮点数的存储格式

例：

将二进制数 110.011 用浮点数的形式表示出来。

解：$110.011 = 0.110011 \times 2^{11}$

1.3.3　非数值型数据

1. 文字信息在计算机内的表示

计算机中不但使用数值型数据，还大量使用非数值型数据，如字符、汉字等。这些字符在计算机内部是以二进制形式表示的。

(1) ASCII 码

人们使用计算机，基本手段是通过键盘与计算机打交道。从键盘上输入的命令和数据，实际表现为一个个英文字母、标点符号和数字，这些都是字符，所有字符的集合称为字符集。然而，计算机只能存储二进制，因此，需要用二进制数 0 和 1 对各种字符进行编码。字符集有多种，每一种字符集的编码方法也多种多样。目前计算机中使用最广泛的西文字符集及其编码是 ASCII 码。

ASCII 码(American Standard Code for Information Interchange，美国标准信息交换码)是西文领域的符号处理普遍采用的信息编码。标准的 ASCII 码是使用 7 位二进制位来表示的，可以表示 128 个字符，其中前 32 个码和最后一个码通常是计算机系统专用的，代表不可见的控制字符。编码集如表 1－4 所示。

表 1－4　ASCII 码编码表

	000	001	010	011	100	101	110	111
0000	NUL	DLE	SP	0	@	P	@	p
0001	SOH	DC1	!	1	A	Q	a	q
0010	STX	DC2	“	2	B	R	b	r
0011	ETX	DC3	#	3	C	S	c	s
0100	EOT	DC4	S	4	D	T	d	t
0101	ENQ	NAK	%	5	E	U	e	u
0110	ACK	SVN	&	6	F	V	f	v
0111	BEL	ETB		7	G	W	g	w
1000	BS	CAN	(	8	H	X	h	x
1001	HT	EM	)	9	I	Y	i	y
1010	LF	SUB	*	:	J	Z	j	z
1011	VT	ESC	+	;	K	[	k	{

表 1.4(续)

	000	001	010	011	100	101	110	111
1100	FF	FS	,	<	L	\	l	|
1101	CR	GS	"	=	M	]	m	}
1110	SO	RS	.	>	N	^	n	~
1111	SI	US	/	?	O	_	o	DEL

例:

查找大写字母 A 的 ASCII 码,描述其在计算机内的使用方式。

解:查表得到 A 的 ASCII 码是$(b_7b_6b_5b_4b_3b_2b_1)=1000001$

当从键盘输入字符"A",计算机首先在内存存入"A"的 ASCII 码(01000001),然后在 BIOS(只读存储器)中查找 01000001 对应的字形(英文字符的字形固化在 BIOS 中),最后在输出设备(如显示器)输出"A"的字形。

注意:1 个字符用 1 个字节表示,其最高位总是 0。

(2)汉字编码。

计算机处理汉字信息时,汉字的输入、存储、处理及输出过程中所使用的汉字代码各不相同。在汉字信息输入时,使用汉字输入码来编码(即汉字的外部码);汉字信息在计算机内部处理时,统一使用机内码来编码;汉字信息在输出时使用字形码以确定一个汉字的点阵。这些编码构成了汉字处理系统的一个汉字代码体系。下面介绍国内使用的几种主要汉字编码。

① 国标码。

国标码就是《信息交换用汉字编码字库集》(GB 2312—1980)所规定的机器内部编码,用于汉字信息处理系统之间或者通信系统之间交换信息,所以国标码又称汉字交换码。

在计算机处理中,常用汉字都在 1981 年颁布的《信息交换用汉字编码字符集基本集》(GB 2312—1980)中做了规定。该标准规定了汉字 6 763 个。另外还定义了其他字母和符号 682 个,总计 7 445 个字符和汉字。国标码规定每个汉字用两个字节的二进制编码,每个字节的最高位为 0,其余 7 位用于表示汉字信息。例如,汉字"啊"的国标码为两个字节的二进制编码 0011000000100001B(即 30H、21H)。可以看出,这样的编码与国际通用的 ASCII 码形式上是一致的,只不过是用两个 ASCII 码来表示一个汉字国标码而已。

② 汉字输入码。

汉字输入码是为了利用现有的计算机键盘,将形态各异的汉字输入计算机而编制的代码。目前在我国推出的汉字输入编码方案很多,大致可以分为以汉字发音进行编码的音码,如全拼码、简拼码、双拼码等;按汉字书写的形式进行编码的形码,如五笔字型码;也有音形结合的编码,如自然码。

③ 汉字机内码。

汉字机内码是供计算机系统内部进行存储、加工处理、传输而使用的代码。目前使用最广泛的一种为 2 Byte 的机内码,俗称变形的国标码。这种格式的机内码是将国标码的 2 Byte的最高位分别置为 1 而得到的。其最大优点是表示简单,且与交换码之间有明显的对应关系,同时也解决了中西文机内码存在二义性的问题。

④ 汉字字形码。

汉字字形码是汉字字库中存储的汉字字形的数字化信息,用于汉字的显示和打印。常用的输出设备是显示器与打印机。目前汉字字形的产生方式大多是以点阵方式形成汉字。汉字字形点阵有16×16点阵、24×24点阵、32×32点阵、64×64点阵、96×96点阵、128×128点阵、256×256点阵等。汉字字形点阵中每个点的信思要用一位二进制码来表示,比如16×16点阵的字形码,需要用32 Byte来表示。

汉字字库是汉字字形数字化后,以二进制文件形式存储在存储器中而形成的汉字字模库。

2. 图形与图像的表示

计算机绘制的图片有两种形式,即图形和图像,它们也是构成动画或视频的基础。

(1)图形。

图形又称矢量图形或几何图形,它是用一组指令来描述的,这些指令给出构成该画面的所有直线、曲线、矩形、椭圆等的形状、位置、颜色等各种属性和参数。这种方法实际上是用数学方法来表示图形,然后变成许许多多的数学表达式,再编制程序,用语言来表达。计算机在显示图形时从文件中读取指令并转化为屏幕上显示的图形效果,如1－30所示。

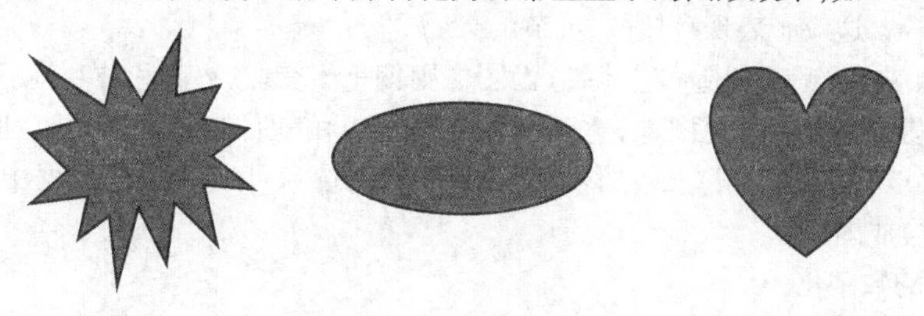

图1－30　图形

通常图形绘制和显示的软件称为绘图软件,比如CorelDRAW、Freehand和Illustrator等。它们可以由人工操作交互式绘图,或是根据一组或几组数据画出各种几何图形,并可方便地对图形的各个组成部分进行缩放、旋转、扭曲和上色等编辑和处理工作。

矢量图形的优点在于不需要对图上每一点进行量化保存,只需要让计算机知道所描绘对象的几何特征即可。比如一个圆只需要知道其半径和圆心坐标,计算机就可调用相应的函数画出这个圆,因此矢量图形所占用的存储空间相对较少。矢量图形主要用于计算机辅助设计、工程制图、广告设计、美术字和地图等领域。

(2)图像。

图像又称点阵图像或位图图像,它是指在空间和亮度上已经离散化的图像。可以把一幅位图图像理解为一个矩形,矩形中的任一元素都对应图像上的一个点,在计算机中对应于该点的值为它的灰度或颜色等级。这种矩形的元素就称为像素,像素的颜色等级越多则图像越逼真。因此,图像是由许许多多像素组合而成的,如图1－31所示。

计算机上生成图像和对图像进行编辑处理的软件通常称为绘画软件,如Photoshop、Photo impact和PhotoDraw等。它们的处理对象都是图像文件,它是由描述各个像素点的图像数据再加上一些附加说明信息构成的。位图图像主要用于表现自然景物、人物、动植物和一切引起人类视觉感受的景物,特别适应于逼真的彩色照片等。通常图像文件总是以压缩的方式进行存储的,以节省内存和磁盘空间。

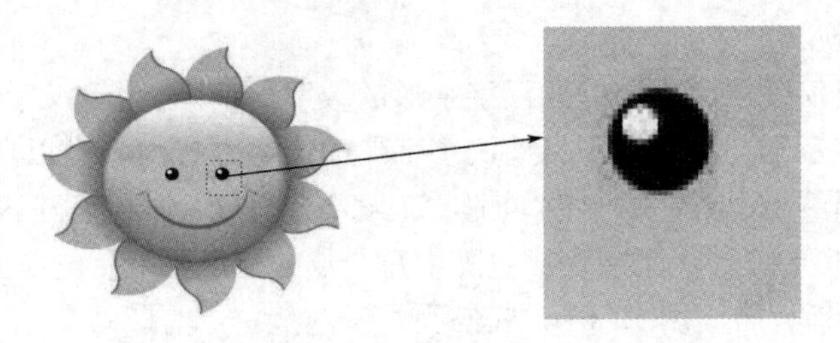

图 1-31　位图图像

图形与图像除了在构成原理上的区别外,还有以下几个不同点。

① 图形的颜色作为绘制图元的参数在指令中给出,所以图形的颜色数目与文件的大小无关;而图像中每个像素所占据的二进制位数与图像的颜色数目有关,颜色数目越多,占据的二进制位数也就越多,图像的文件数据量也会随之迅速增大。

② 图形在进行缩放、旋转等操作后不会产生失真;而图像有可能出现失真现象,特别是图像放大若干倍后可能会出现严重的颗粒状,缩小后会失掉部分像素点。

③ 图形适应于表现变化的曲线、简单的图案和运算的结果等;而图像的表现力较强,层次和色彩较丰富,适应于表现自然的、细节的景物。

④ 图形侧重于绘制、创造和艺术性,而图像则偏重于获取、复制和技巧性。在多媒体应用软件中,目前用得较多的是图像,它与图形之间可以用软件来相互转换。利用真实感图形绘制技术可以将图形数据变成图像,利用模式识别技术可以从图像数据中提取几何数据,把图像转换成图形。

(3)图像的数字化。

图像只有经过数字化后才能成为计算机处理的位图。自然景物成像后的图像无论以何种记录介质保存都是连续的。从空间上看,一幅图像在二维空间上都是连续分布的,从空间的某一点位置的亮度来看,亮度值也是连续分布的。图像数字化就是把连续的空间位置和亮度离散,它包括两方面的内容:空间位置的离散和数字化,亮度值的离散和数字化。

把一幅连续的图像在二维方向上分成 $m \times n$ 个网格,如图 1-32 所示。每个网格用一个亮度值表示,这样一幅图像就要用 $m \times n$ 个亮度值表示,这个过程称为采样。

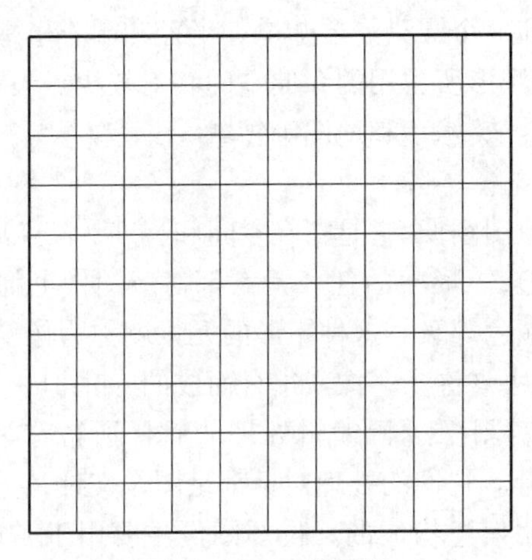

图 1-32　图像网格

采样的图像亮度值,在采样的连续空间上仍然是连续值。把亮度分成 A 个区间,某个区间对应相同的亮度值,共有 A 个不同的亮度值,这个过程称为量化。通常将实现量化的过程称为模－数变换;相反地,把数字信号恢复到模拟信号的过程称为数－模变换。它们分别由 A/D 和 D/A 变换器实现。经过模－数变换得到的数字数据可以进一步压缩编码,以减少数据量。

影响图像数字化质量的主要参数有分辨率、颜色深度等,在采集和处理图像时,必须正确理解和运用这些参数。

① 分辨率。分辨率是影响图像质量的重要参数,它可以分为显示分辨率、图像分辨率和像素分辨率等。

a. 显示分辨率。显示分辨率是指在显示器上能够显示出的像素数目,它由水平方向的像素总数和垂直方向的像素总数构成。例如,某显示器的水平方向为 800 像素,垂直方向为 600 像素,则该显示器的显示分辨率为 800×600。

显示分辨率与显示器的硬件条件有关,同时也与显示卡的缓冲存储器容量有关,其容量越大,显示分辨率越高。通常显示分辨率采用的系列标准模式是 320×200、640×480、800×600、1024×768、1280×1024、1600×1200 等。当然,有些显示卡也提供介于上述标准模式之间的显示分辨率。在同样大小的显示器屏幕上,显示分辨率越高,像素的密度越大,显示图像越精细,但是屏幕上的文字越小。

b. 图像分辨率。图像分辨率是指数字图像的实际尺寸,反映了图像的水平和垂直方向的大小。例如,某图像的分辨率为 400×300,计算机的显示分辨率为 800×600,则该图像在屏幕上显示时只占据了屏幕的 1/4。当图像分辨率与显示分辨率相同时,所显示的图像正好布满整个屏幕区域。当图像分辨率大于显示分辨率时,屏幕上只能显示出图像的一部分,这时要求显示软件具有卷屏功能,使人能看到图像的其他部分。图像分辨率越高,像素就越多,图像所需要的存储空间也就越大。

c. 像素分辨率。像素分辨率是指显像管荧光屏上一个像素点的宽和长之比,在像素分辨率不同的机器间传输图像时会产生图像变形。例如,在捕捉图像时,如果显像管的像素分辨率为 2:1,而显示图像的显像管的像素分辨率为 1:1,这时该图像会发生变形。

② 颜色深度。颜色深度是指记录每个像素所使用的二进制位数。对于彩色图像来说,颜色深度决定了该图像可以使用的最多颜色数目;对于灰度图像来说,颜色深度决定了该图像可以使用的亮度级别数目。颜色深度值越大,显示的图像色彩越丰富,画面越自然、逼真,但数据量也随之激增。

在实际应用中,彩色图像或灰度图像的颜色分别用 4 位、8 位、16 位、24 位和 32 位等二进制数表示,其各种颜色深度所能表示的最大颜色数如表 1－5 所示。

表 1－5　各种颜色深度所表示的最大颜色数

颜色深度/位	数值	颜色数量/种	颜色评价
1	2^1	2	二值图像
4	2^4	16	简单色图像
8	2^8	256	基本色图像
16	2^{16}	65 536	增强色图像

表 1.5(续)

颜色深度/位	数值	颜色数量/种	颜色评价
24	2^{24}	16 7772 16	真彩色图像
32	2^{32}	4 294 967 296	真彩色图像

图像文件的大小是指在磁盘上存储整幅图像所需的字节数,它的计算公式是:

图像文件的字节数 = 图像分辨率 × 颜色深度/8

例如,一幅 640 × 480 的真彩色图像(24 bit)它未压缩的原始数据量 = 640 × 480 × 24/8 B = 921 600 B = 900 KB。

显然,图像文件所需要的存储空间较大。在制作多媒体应用软件中,一定要考虑图像的大小,适应地掌握图像的宽、高和颜色深度。如果对图像文件进行压缩处理,可以大大减少图像文件所占用的存储空间。

(4)图像的文件格式。

常用的图像文件格式有 BMP、GIF、JPEG 和 PNG 等,由于历史的原因以及应用领域的不同,数字图像文件的格式还有很多。大多数图像软件都可以支持多种格式的图像文件,以适应不同的应用环境。

①BMP 格式。BMP(Bitmap)是 Microsoft 公司为其 Windows 系列操作系统设置的标准图像文件格式。在 Windows 系统中包括了一系列支持 BMP 图像处理的应用编程接口(API 函数)。由于 Windows 操作系统在 PC 上占有绝对的优势,所以在 PC 上运行的绝大多数图像软件都支持 BMP 格式的图像文件。BMP 文件格式的特点是每个文件存放一幅图像;可以多种颜色深度保存图像(16/256 色、16/24/32 位);根据用户需要可以选择图像数据是否采用压缩形式存放(通常 BMP 格式的图像是非压缩格式),使用 RLE 压缩方式可得到 16 色的图像,采用 RLE8 压缩方式则得到 256 色的图像;以图像的左下角为起始点存储数据;存储真彩色图像数据时以蓝、绿、红的顺序排列。

②GIF 格式。GIF(Graphics Interchange Format)是由 CompuServe 公司于 1987 年开发的图像文件格式。它主要是用来交换图片的,为网络传输和 BBS 用户使用图像文件提供方便。目前,大多数图像软件都支持 GIF 文件格式,它特别适合于动画制作、网页制作以及演示文稿制作等领域。GIF 文件格式的特点有:对于灰度图像表现最佳;采用改进的 LZW 压缩算法处理图像数据;图像文件短小,下载速度快;具有 GIF97a(一个文件存储一个图像)和 GIF89a(允许一个文件存储多个图像)两个版本;不能存储超过 256 色的图像;采用两种排列顺序存储图像,即顺序排列和交叉排列。

③JPEG 格式。JPEG(Joint Photographic Experts Group)是一种比较复杂的文件结构和编码方式的文件格式。它是用有损压缩方式去除冗余的图像和彩色数据,在获得极高压缩率的同时能展现十分丰富和生动的图像,换句话说,就是可以用最少的磁盘空间得到较好的图像质量。因此,JPEG 文件格式适用于互联网上用作图像传输,常在广告设计中作为图像素材,在存储容量有限的条件下进行携带和传输。JPEG 文件格式的特点有:适用性广,大多数图像类型都可以进行 JPEG 编码;对于数字化照片和表达自然景物的图片,JPEG 编码方式具有非常好的处理效果;对于使用计算机绘制的具有明显边界的图形,JPEG 编码方式的处理效果不佳。

④PNG格式。PNG(Portable Network Graphic)是20世纪90年代中期开发的图像文件格式,其目的是企图替代GIF和TIFF文件格式,同时增加一些GIF文件格式所不具备的特性。PNG用来存储彩色图像时其颜色深度可达48位,存储灰度图像时可达16位,并且还可存储多达16位的a通道数据。PNG文件格式的特点有:流式读写性能;加快图像显示的逐次逼近显示方式;使用从LZ77派生的无损压缩算法以及独立于计算机软硬件环境;等等。

3. 声音的表示

声音是人类进行交流和认识自然的重要媒体形式,语言、音乐和自然声构成了声音的丰富内涵,人类一直被包围在丰富的声音世界之中。

(1)声音的数字化。

声音是一种具有一定的振幅和频率且随时间变化的声波,通过话筒等转化装置可将其变成相应的电信号,这种电信号是一种模拟信号,可由计算机直接处理,必须先对其进行数字化,即将模拟的声音信号经过模数转换器ADC变换成计算机所能处理的数字声音信号,然后利用计算机进行存储、编辑或处理。现在几乎所有的专业化声音录制、编辑都是数字的。在数字声音回放时,由数模转换器DAC将数字声音信号转换为实际的声波信号,经放大由扬声器播出。

把模拟声音信号转变为数字声音信号的过程称为声音的数字化,它是通过对声音信号进行采样、量化和编码来实现的,如图1-33所示。

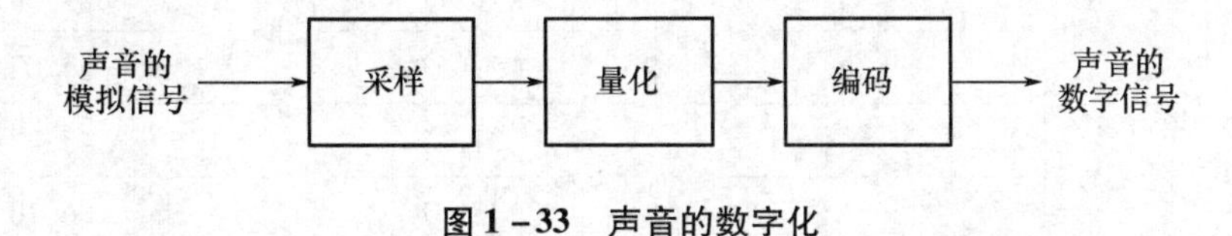

图1-33　声音的数字化

仅从声音数字化的角度考虑,影响声音质量主要有以下三个因素。

① 采样频率。采样频率又称取样频率,它是将模拟声音波形转换为数字音频时,每秒钟所抽取声波幅度样本的次数。采样频率越高,则经过离散数字化的声波越接近于其原始的波形,也就意味着声音的保真度越高,声音的质量越好。当然所需要的信息存储量也越多。目前通用的采样频率有三个,它们分别是11.025 kHz、22.05 kHz和44.1 kHz。

② 量化位数。量化位数又称取样大小,它是每个采样点能够表示的数据范围。量化位数的大小决定了声音的动态范围,即被记录和重放的声音最高与最低之间的差值。当然,量化位数越高,声音还原的层次就越丰富,表现力越强,音质越好,但数据量也越大。例如,16位量化位数则可表示216,即65 536个不同的量化值。

图1-34是声波(正弦波)的数字化过程示意图,可以帮助读者理解音频信号数字化过程中各个阶段的具体情况。

③ 声道数。声道数是指所使用的声音通道的个数,它表明声音记录只产生个波形(即单音或单声道)还是两个波形(即立体声或双声道)。当然立体声听起来要比单音丰满优美,但需要两倍于单音的存储空间。

通过对上述3个影响声音数字化质量因素的分析,可以得出声音数字化数据量的计算公式是

$$声音数字化的数据量=采样频率\times量化位数\times声道数/8$$

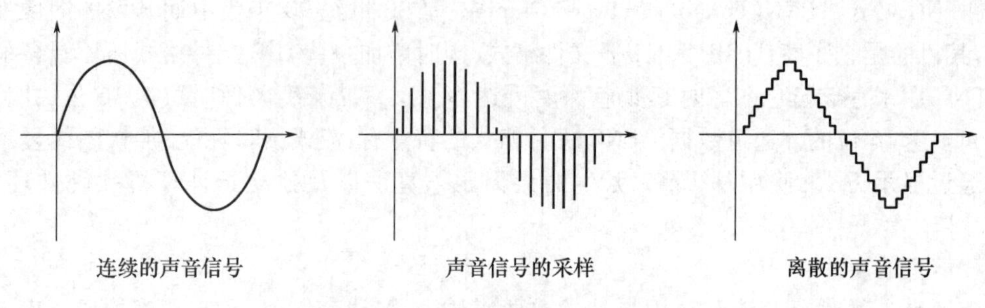

图 1-34　声音数字化过程示意图

其中,声音数字化的数据量的单位是字节每秒(B/s);采样频率的单位是赫兹(Hz);量化位数的单位是位(bit);声道数无单位。

根据上述公式,可以计算出不同的采样频率、量化位数和声道数的各种组合情况下的数据量,如表 1-6 所示。

表 1-6　采样频率、量化位数、声道数与声音数据量的关系

采样频率/kHz	量化位数/bit	数据量/KB	
		单声道	双声道
11.025	8	10.77	21.53
	16	21.53	43.07
22.05	8	21.53	43.07
	16	43.07	86.13
44.1	8	43.07	86.13
	16	86.13	172.27

(2)音频文件的格式。

音频数据都是以文件的形式保存在计算机中。音频的文件格式主要有 WAV、MP3、WMA 等,专业数字音乐工作者一般都使用非压缩的 WAV 格式进行操作,而普通用户更乐于接受压缩率高、文件容量相对较小的 MP3 或 WMA 格式。

① WAV 格式。这是 Microsoft 和 IBM 共同开发的 PC 标准声音格式。由于没有采用压缩算法,因此无论进行多少次修改和剪辑都不会产生失真,而且处理速度也相对较快。这类文件最典型的代表就是 PC 上的 Windows PCM 格式文件,它是 Windows 操作系统专用的数字音频文件格式,扩展名为·wav,即波形文件。

标准的 Windows PCM 波形文件包含了 PCM 编码数据,这是一种未经压缩的脉冲编码调制数据,是对声波信号数字化的直接表示形式,主要用于自然声音的保存与重放。其特点是:声音层次丰富、还原性好、表现力强,如果使用足够高的采样频率,其音质极佳。对波形文件的支持是迄今为止最为广泛的,几乎所有的播放器都能播放 WAV 格式的音频文件,而电子幻灯片、各种算法语言、多媒体工具软件都能直接使用。但是,波形文件的数据量比较大,其数据量的大小直接与采样频率、量化位数和声道数成正比。

② MP3格式。MP3(MPEG Audio layer3)文件格式是用一种按MPEG标准的音频压缩技术制作的数字音频文件,它是一种有损压缩,通过记录未压缩的数字音频文件的音高、音色和音量信息,在它们的变化相对不大时,用同一信息替代,并且用一定的算法对原始的声音文件进行代码替换处理,这样就可以将原始数字音频文件压缩得很小,可得到11:1的压缩比。因此,一张可存储15首歌曲的普通CD光盘,如果采用MP3文件格式,即可存储超过160首CD音质的MP3歌曲。

MP3 Pro是MP3的改进算法,它采用变压缩比的方式,即对声音中的低频成分采用较高压缩率,对高频成分采用较低压缩率。MP3 Pro的出现,改变了传统MP3文件高音损耗严重的缺陷,在提高压缩率、减少文件存储空间的同时,还提升了音质,并且保证了与MP3编码格式的兼容性。MP3文件的理想播放器是WINAMP,当然也可以用其他媒体播放工具。

③ CD格式。CD格式的音频文件扩展名为·cda。标准CD格式的采样频率为44.1 kHz,量化位数为16 bit,速率为176 KB/s。CD音轨是近似无损的,因此它的声音基本保真度高。CD可以在CD唱机中播放,也能用计算机中的各种播放软件来重放。一张CD可以播放74 min左右。

一个CD音频文件是一个CDA文件,这只是一个索引信息,并不是真正地包含声音信息,所以不论CD音乐的长短,在计算机上看到的*.cda文件都是44 B。不能直接复制CD格式的CDA文件到硬盘上播放,需要使用音频抓轨软件进行格式转换。

④ WMA格式。WMA(Windows Media Audio)文件是Windows Media格式中的一个子集,而Windows Media格式是由Microsoft Windows Media技术使用的格式,包括音频、视频或脚本数据文件,可用于创作、存储、编辑、分发、流式处理或播放基于时间线的内容。

WMA文件可以通过在保证只有MP3文件一半大小的前提下保持相同的音质。同时,现在的大多数MP3播放器都支持WMA文件。

1.3.4　指令系统

利用计算机完成一项任务时,首先要根据任务编写程序,然后将程序存储在计算机中,计算机的自动处理过程就是执行预先编制好的计算程序的过程。计算程序是指令的有序集合。因此,执行计算程序的过程实际上是逐条执行指令的过程。

1. 指令和程序

(1)指令和指令系统。

指令是能被计算机识别并执行的二进制代码,它规定了计算机能完成的某种操作。如加、减、乘、除、存数和取数等都是基本操作,分别可以用一条指令来实现。一台计算机所能执行的所有指令的集合称为该计算机的指令系统,不同类型计算机的指令系统不同。

某种类型计算机的指令系统中的指令,都具有规定的编码格式。通常,一条指令由操作码和地址码两部分组成。其中,操作码规定了该指令进行的操作种类,如加、减、存数和取数等;地址码给出了操作数、结果及下一条指令的地址。指令的格式如图1－35所示。

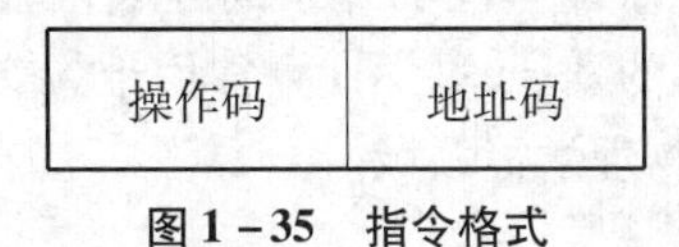

图1－35　指令格式

(2)指令的功能。

数据传送类指令:该类指令的功能是将数据在存储器之间、寄存器之间及存储器与寄存器之间进行传送。

数据处理类指令:该类指令的功能是对数据进行运算和变换,如加、减、乘、除等算术运算指令,与、或、非等逻辑运算指令,大于、等于、小于等比较运算指令等。

控制转移类指令:该类指令的功能是控制程序中指令的执行顺序,如无条件转移指令、条件转移指令和子程序调用指令等。

输入/输出类指令:该类指令的功能是实现外部设备与主机之间的传输等操作。

其他类指令:主要包括停机、空操作和等待等操作指令。

指令系统的功能是否强大,种类是否丰富,决定了计算机的能力。

(3)程序。

为了把一个处理任务提交给计算机自动运算或处理,首先要根据计算机的指令要求将任务分解成一系列简单的、有序的操作步骤。其中,每一个操作步骤都能用一条计算机指令表示,从而形成一个有序的操作步骤序列,这就是程序。准确地讲,是机器语言程序。

所谓程序,就是为完成一个处理任务而设计的一系列指令的有序集合。

2. 计算机的工作过程

依据存储程序原理,程序存储在内存中。计算机执行程序,就是从内存中读出一条指令到 CPU 内执行,执行完后,再从内存中读出下一条指令到 CPU 内执行。

下面介绍计算机的工作过程(执行程序的过程)。

(1)取出指令:按照程序计数器中的地址,从内存储器中取出指令,送往指令寄存器。

(2)分析指令:由译码器对存放在指令寄存器中的指令进行分析,分析指令的操作性质,对操作码进行译码,将操作码转换成相应的控制电位信号。

(3)执行指令:由操作控制线路发出完成该操作所需要的一系列控制信息,完成该指令操作码所要求的操作。

(4)形成下一条指令地址:一条指令执行完成,程序计数器加 1 或将转移地址码送入程序计数器,然后再回到(1)继续进行。

1.4 计算机技术的应用

计算机在现在生活、生产中拥有十分广泛的应用,下面列举一些计算机常见的应用领域。

1. 科学计算

科学计算也称为数值计算,通常指用于完成科学研究和工程技术中提出的数学问题的计算科学计算是计算机最早的应用领域,ENIAC 就是为军事科学计算而研制的。随着现代科学技术的迅速发展,各种科学研究的计算模型日趋复杂,利用计算机的高速度、高精度及自动化的特点,不仅可以使人工难以解决的复杂问题变得轻而易举,且还能大大提高工作效率,从而有力地推动科学技术的发展,科学计算常用于天文学、量子化学、地震探测、导弹卫星轨迹计算、空气动力学、核物理学等领域。

2. 数据处理

数据处理也称为信息处理、非数值处理或事务处理,是指对大量数据进行存储、分析、合并、统计、查询及生成报表等。与科学计算不同,数据处理涉及的数据量大,但计算方法简单。早在20世纪50~60年代,大银行、大公司和政府机关纷纷使用计算机来处理账册、管理仓库或统计报表,从数据的收集、存储、整理到检索统计,应用范围日益扩大,很快超过了科学计算,成为最大的计算机应用领域。数据处理是现代化管理的基础,于处理日常事务,而且能支持科学的管理与决策。近年来,利用计算机综合处理文字、图像、图形、声音等多媒体数据,使人们从大量的数据统计和管理工作中解放出来,大大提高工作效率与工作质量。许多现代应用实际上就是数据处理的发展和延伸。

3. 过程控制

过程控制也称为实时控制,是指计算机及时地采集检测数据,按最佳值迅速地对控制对象进行自动控制和自动调节。现代工业由于生产规模不断扩大,工艺日趋复杂,从而对实现过程自动化的控制系统要求也日益提高。不仅大大提高控制的自动化水平,提高控制的及时准确性和可靠性,从而改善劳动条件、提高质量、节约能源、降低成本。计算机过程控制已经在冶金、石油、化工、纺织、水电、机械、航天等部门得到广泛应用。

4. 电子商务

电子商务(E-Business)是指利用计算机和网络进行的商务活动,具体地说是指综合利用局域网(LAN)、企业内联网(Intranet)和互联网(Internet)进行商品与服务交易、金融汇兑、网络广告或提供娱乐节目等商业活动。交易的双方可以是企业与也可以是企业与消费者。电子商务是一种比传统商务更好的商务方式,它旨在通过网络完成核心业务,改善售后服务,缩短周转周期,从有限的资源中获得更大的收益,从而达到销售商的目的,它向人们提供新的商业机会、市场需求以及各种挑战。在一个拥有巨大数量互联计算机的时代,电子商务的发展对于一个公司而言不仅仅意味着两个商业机会,还意味着一个全新的全球性的网络驱动经济的诞生。

5. 计算机辅助系统

计算机辅助系统是指以计算机为工具,以提高工作效率和工作质量为目标,配备专用软件辅助人们完成特定任务的工作,该系统包括计算机辅助设计、计算机辅助制造和计算机辅助教育等。

计算机辅助设计(Computer Aided Design,CAD),是指用计算机帮助各类设计人员进行设计,并对所设计的部件、构件或系统进行综合分析与模拟仿真实验。由于计算机具有较高的数值计算速度、较强的数据处理以及模拟的能力,使CAD技术得到广泛应用,例如,在船舶设计、建筑设计、机械设计、大规模集成电路设计等方面,采用计算机辅助设计后,不仅降低了设计人员的工作量,提高了设计的速度,更重要的是提高了设计的质量。

计算机辅助制造(Computer Aided Manufacturing,CAM),是指用计算机进行生产设备管理、控制和操作的过程。例如,在产品的制造过程中,用计算机控制机器的运行、处理生过程中所需的数据、控制和处理材料的流动以及对产品进行检验等。采用计算机辅助制造可以提高产品质量,降低生产成本,缩短生产周期以及改善劳动统计。

计算机辅助教育(Computer Based Education,CBE),包括计算机辅助教学(Computer Aided Instruction,CAI)、计算机辅助测试(Computer Aided Test, CAT)和计算机管理教学(Computer Management Instruction, CMI)。其中,CAI技术是利用计算机模拟教师的教学行为进行授课,学生通过与计算机的交互进行学习并自测学习效果。CAI是提高教学效率和教学质量的新途径。近年来由于多媒体技术和网络技术的发展,推动了CBE的发展,网上教学和现代远程教育已在很多学校展开。CBE 使学校教育发生了根本变化,使学生能熟练掌握计算机的应用,培养出 21 世纪的复合型人才。

6. 人工智能

人工智能(Artificial Intelligence,AI)是指用计算机模拟人的智能活动,如定理证明、语言识别、图像识别、人脑学习、推理、判断、理解等,辅助人类进行决策。人工智能是计算机应用研究的前沿学科,主要应用于机器人、专家系统、模式识别、智能检索等方面,另外,AI 还在自然语言处理、机器翻译、医疗诊断等方面得到应用。

7. 虚拟现实

虚拟现实是利用计算机生成一种模拟环境,通过多种传感设备使用户“投入”该环境中,实现用户与环境直接进行交互的目的。这种模拟环境是用计算机构成具有表面色彩的立体图形,它是某一特定现实世界的真实写照,也可以是纯粹构想出来的世界。虚拟现实获得了迅速的发展和广泛的应用,出现了“虚拟工厂”“数字汽车”“虚拟人体”“虚拟演播室”“虚拟主持人”等许许多多虚拟环境。

8. 网络应用

计算机在网络方面的应用越来越显示其巨大的潜力。计算机技术与通信技术相结合,形成了计算机网络。目前,世界上最大的广域网 Internet,其用户已经遍布全球,成为人们通信与交流的重要手段。利用网络而发展起来的各个应用领域也取得了长足的进步,如信息高速公路实际上是一个交互式多媒体网络,使人们获得信息的方式发生了根本变化。传统的会议、出差、旅游、购物、社交等都可以通过计算机网络进行,大大提高了社会工作效率。

9. 娱乐

娱乐是计算机的另一个应用领域,它的形式多种多样,非常丰富。人们可以使用计算机玩游戏、播放电影、听音乐、聊天、上网等。人们可以在家中用计算机“打网球”,可以在线下棋,可以制作动画,也可以加工美化自己的照片。另外,人们还可以巧妙使用计算机合成和剪辑在现实世界中无法拍摄的场景,营造令人震撼的视觉效果。

习　题

一、选择题

1. 世界上公认的第一台电子计算机诞生于(　　)。

A. 1945 年　　B. 1946 年　　C. 1945 年　　D. 1952 年

2. 世界上第一台电子数学计算机取名为(　　)。

A. UNIVAC　　B. EDSAC　　C. ENIAC　　D. EDVAC

3. 计算机存储程序的理论是由(　　)提出的。

A. 冯·诺依曼　　B. 图灵　　C. 比尔·盖茨　　D. 莱布尼兹

4. 第四代计算机的主要逻辑元件采用的是(　　)。

A. 晶体管　　B. 小规模集成电路

C. 电子管　　D. 大规模和超大规模集成电路

5. 十进制数 100 转换成二进制数是(　　)。

A. 01100100　　B. 01100101　　C. 01100110　　D. 01101000

6. 下列数中最小的数为(　　)。

A. 101100B　　B. 62Q　　C. 3DH　　D. 50D

7. 在组成计算机的主要功能的部件中,负责对数据和信息加工的部件是(　　)。

A. 运算器　　B. 内存储器　　C. 控制器　　D. 外存

8. 存储器主要用来(　　)。

A. 存放数据　　B. 存放程序

C. 存放数据和程序　　D. 微程序

二、简答题

1. 写出下列英语单词缩写的含义。

ENIAC,ACM,IBM,PC,IT,AI,EC,OA

2. 计算机的发展经历了哪几个阶段？各个阶段的主要特征是什么？

3. 什么是冯·诺依曼体系结构？

4. 简述计算思维的含义。

第 2 章　计算机系统软件概述

计算机系统的功能是靠硬件和软件协同工作来实现的，软件是用户与硬件之间进行交流的桥梁，用户通过软件将数据、命令、程序等信息传递给计算机硬件，控制和操作硬件工作，得到需要的结果。软件是为运行、维护、管理和应用计算机所编制的程序及其需要的数据和文档。根据软件的不同作用，通常将软件大致划分为系统软件和应用软件两大类。系统软件包括基本输入输出系统(BIOS)、操作系统、程序设计语言处理系统、数据库管理系统等。本章将主要介绍系统软件的相关知识。

2.1　基本输入输出系统(BIOS)

基本输入输出系统(Basic Input Output System, BIOS)是计算机系统软件中与硬件关系最密切的软件之一。BIOS 程序是计算机开机加电后第一个开始执行的程序，完成硬件检测及基本的设置功能，BIOS 也为操作系统及其他自启动程序的开发、加载提供接口，是计算机系统中最基础的系统软件。

2.1.1　BIOS 概述

BIOS 是基本输入/输出系统(Basic Input/Output System)的缩写，是系统内置的在计算机没有访问磁盘程序之前决定机器基本功能的软件系统。就个人计算机而言，BIOS 包含控制键盘、显示屏幕、磁盘驱动制串行通信设备和其他很多功能的代码。BIOS 为计算机提供最低级、最直接的控制，计算机的原始操作都是依照固化在 BIOS 的内容来完成的。

常用的 BIOS 芯片基本是由 AMI 和 Award 两家推出的(图 2-1)。

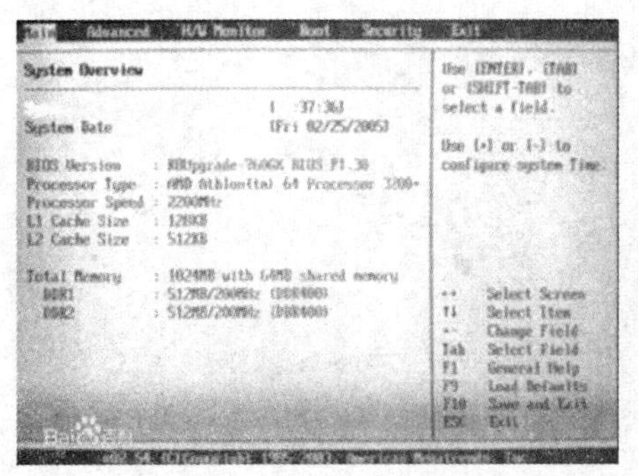

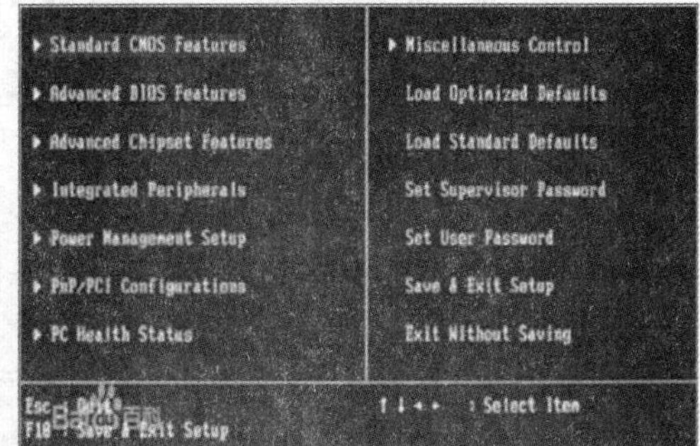

图 2-1　AMI BIOS 和 Award BIOS

2.1.2　BIOS 的组成

固化在 ROM 中的 BIOS 程序包括以下几部分。

1. BIOS 中断服务程序

中断是改变处理器执行指令顺序的一种事件，这样的事件与 CPU 芯片内外部硬件电路产生的电信号相对应。计算机在执行程序的过程中，当出现中断时，计算机停止现行程序的运行，转向对这些中断事件的处理，处理结束后再返回到现行程序的间断处。引起中断产生的事件称为中断源，包括外部设备请求、发生设备故障、实时时钟请求、数据通道中断、软件中断等。CPU 对中断的处理是通过执行中断服务程序来实现的，中断服务程序是系统开发者针对某种中断事件事先编写好的，保存在内存的某个地址空间，每个中断服务程序的入口地址保存在中断向量表中。中断源在向 CPU 进行中断请求时，会告知 CPU 一个中断类型号 n（n 在 x86 系统中规定为 0 ~ 255 的整数），每个 n 是一个整型数，对应一种中断服务程序。CPU 根据中断类型号，查找中断向量表，找出对应的中断服务程序的入口地址，进而调用该中断服务程序。BIOS 中包含很多中断服务程序（或者称为中断服务例程），比如显示服务（INT10H）、直接磁盘服务（NT13H）、键盘服务（INT16H）等，可以为微型计算机软件和硬件之间提供可编程接口，用于软件功能与硬件设备实现衔接。DOS、Windows 等操作系统对软盘、硬盘、光驱与键盘、显示器等外围设备的管理即建立在系统 BIOS 的基础上。程序员也可以直接调用 BIOS 中断服务程序。

2. BIOS 设置项

目前 BIOS 系统设置程序有多种流行的版本，每个版本针对某一类或几类硬件系统，因此各个版本不尽相同，但每个版本的主要设置选项却大同小异。BIOS 设置程序的各项基本功能见表 2－1。

表 2－1　BIOS 设置程序的各项基本功能

BOS 设置项	基本功能
STANDARD CMOS SETUP（标准 CMOS 设置）	对诸如时间、日期、IDE 设备、软驱参数等记得的系统配置进行设定
BIOS FEATURES SETUP（高级 BIOS 设置）	对系统的高级特性进行设定
CHIPSET FEATURES SETUP（高级芯片组特征设置）	修改芯片组寄存器的值，优化系统的性能表现
POWER MANAGEMENT SETUP（电源管理设置）	对系统电源管理进行特别的设定
PNP/PCI CONFIGURATION（PNP/PCI 配置）	对 PNP/PCI 设置进行配置
LOAD BIOS DEFAULTS（载入 BIOS 默认配置）	载入出厂默认值作为稳定的系统使用，但性能表现纳不佳
LOAD PERFORMANCE DEFAULTS（载入高性能默认值）	载入最优化的默认值，但有可能影响系统稳定
INTEGRATED PERIPHERALS（整合周边设置）	设置主板周边设备和端口
SUPERVISOR PASSWORD（设备管理员密码）	设置管理员密码
USER PASSWORD（设置用户密码）	设置用户密码
SAVE&EXIT SETUP（存盘退出）	保存对 CMOS 的修改，然后退出设置程序
EXIT WITHOUT SAVING（不保存退出）	不对 CMOS 的修改进行保存，并退出设置程序

3. POST 加电自检程序

微型计算机在接通电源后,系统有一个对内部各个设备进行检查的过程,该过程是由一个通常称之为加电自检(Power On Self Test, POST)的程序来完成的。完整的 POST 自检过程包括了 CPU、640 KB 基本内存、1MB 以上的扩展内存、ROM、主板、CMOS 存储器、串口、并口、显示卡、硬盘及键盘的测试。自检中若发现问题,系统将给出提示信息或鸣笛警告。

4. BIOS 系统启动自举程序

BIOS 系统启动自举程序的作用是在完成 POST 自检后,按照系统 CMOS 设置中的启动顺序搜寻硬盘驱动器及 CD-ROM、网络服务器等有效的启动驱动器,读入操作系统引导程序,然后将系统控制权交给引导程序。操作系统从执行引导程序开始逐步完成操作系统内核的加载和初始化,完成系统的启动。

2.1.3 BIOS 的基本功能

一块主板或者说一台计算机性能优越与否,在很大程度上取决于其 BIOS 管理功能是否先进。BIOS 主要有系统自检及初始化、程序服务和设定中断三大功能。

1. 系统自检及初始化

开机自检程序(POST)是 BIOS 在开机后最先启动的程序,启动后 BIOS 将对计算机的全部硬件设备进行检测。检测通过后,按照系统 CMOS 设置中所设置的启动顺序信息将操作系统盘的引导扇区记录读入内存,然后将系统控制权交给引导记录,并由引导程序装入操作系统的核心程序,以完成系统平台的启动过程。

2. 程序服务

程序服务功能主要是为应用程序和操作系统等软件提供服务。BIOS 直接与计算机的 I/O(Input/Output,输入/输出)设备打交道,通过特定的数据端口发出命令,传送或接收各种外部设备的数据。软件程序通过 BIOS 完成对硬件的操作。

3. 设定中断

设定中断也被称为硬件中断处理程序。在开机时,BIOS 就将各硬件设备的中断号提交到 CPU(中央处理器),当用户发出使用某个设备的指令后,CPU 就会暂停当前的工作,并根据中断号使用相应的软件完成中断的处理,然后返回原来的操作。DOS/Windows。操作系统对软盘、硬盘、光驱与键盘、显示器等外部设备的管理就是建立在系统 BIOS 的中断功能基础上的。

与 BIOS 紧密相关的还有 CMOS。CMOS RAM 是系统参数存放的地方,而 BIOS 芯片是系统设置程序存放的地方,BIOS 设置和 CMOS 设置是不完全相同的,准确的说法应是通过 BIOS 设置程序对 CMOS 参数进行设置。而我们平常所说的 CMOS 设置和 BIOS 设置是其简化说法,也就在一定程度上造成了两个概念的混淆。

2.1.4 计算机启动过程

计算机设备从打开电源到进入操作系统界面,是由 BIOS 系统控制和配合计算机硬件进行工作的,下面简单分析计算机启动的一般过程。

(1)打开电源,电源开始向主板和其他设备供电,此时电压并不稳定,于是,当主板认为电压并没有达到 CMOS 中记录的 CPU 的主频所要求的电压时,就会向 CPU 发出 RESET 信号(复位信号)。当电压达到符合要求的稳定值时复位信号撤销,CPU 立刻从基本内存的

BIOS段读取一条跳转指令，跳转到BIOS的启动代码处，开始执行启动系统的BIOS程序。

(2)执行BIOS启动程序会进行加电自检(POST)。它的主要工作是检测关键设备，如电源、CPU芯片、BIOS芯片、基本内存等电路是否存在，供电情况是否良好。如果自检出现了问题，系统扬声器会发出警报声(根据警报声的长短和次数可以知道出现了什么问题)。

(3)自检通过，系统BIOS会查找显卡BIOS，找到后会调用显卡BIOS的初始化代码，此时显示器就开始显示了，BIOS会在屏幕上显示显卡的相关信息。

(4)显卡检测成功后会进行其他设备的测试，通过测试后系统BIOS重新执行代码，并显示启动画面，将相关信息显示在屏幕上，而后会进行内存测试，最后是短暂出现系统BIOS设置的提示信息。此时按下进入BIOS程序设置CMOS参数界面的按键，可以对系统BIOS进行需要的设置，完成后系统会重新启动。

(5)BIOS会检测系统的标准硬件(如硬盘、光驱、串行和并行接口等)，检测完成后会接着检测即插即用设备，如果有的话就为该设备分配中断、DMA通道和I/O端口等资源，至此所有的设备都已经检测完成了。

(6)上述所有步骤都顺利完成以后，BIOS将执行最后一项任务：按照用户指定的设备顺序，依次从设备中查找启动程序，以完成系统启动。假如设置的启动顺序是先从光驱启动，然后从硬盘启动，BIOS会先去光驱中找启动程序，如果光驱中没有光盘，则系统接着从硬盘启动。如果启动的目的是要加载操作系统的话，接下来微型计算机将会先执行启动程序，然后加载操作系统，完成操作系统初始化后，将系统的控制权交给操作系统。

2.2　操作系统概述

在现代计算机系统中，硬件和软件种类繁多，特性各异，如何管理这些系统资源是一个十分重要的问题。为了满足这种对计算机资源管理的需求，操作系统逐步发展起来。操作系统是最重要的系统软件，其作用主要体现在两个方面，一是管理计算机的系统资源，二是为用户提供有好的操作界面。操作系统类型很多，功能也不尽相同，目前微型计算机上使用较多的是由Microsoft公司开发的Windows操作系统。

2.2.1　操作系统的定义

在使用计算机时，通常不是直接与计算机沟通，而是通过一个操作系统和它交互。操作系统是紧挨着硬件的第一层软件，是对硬件功能的首次扩充，其他软件则是建立在操作系统之上的。可把操作系统视为“管家”。他负责管理其他“佣人”，把用户的要求传递给他们。如果希望运行一个程序，就把包含这个程序的文件名称告诉操作系统，再由操作系统运行程序。如果想编辑一个文件，也要告诉操作系统文件名是什么，它会启动编辑器，以便对那个文件进行处理。对于大多数用户来说，没有操作系统，大多数用户根本无法使用计算机。一些常用的操作系统有Windows、Macintosh、UNIX、DOS和Linux等。

这里给出操作系统的一个定义。操作系统是计算机系统中的一个系统软件，它是这样一些程序模块的集合，它们能有效地组织和管理计算机系统中的硬件及软件资源，合理地组织计算机工作流程，控制程序的执行，并向用户提供各种服务功能，使得用户能够灵活、方便和有效地使用计算机，使整个计算机系统能高效地运行。操作系统对硬件功能进行扩充，并统一管理和支持各种软件的运行。

因此,操作系统在计算机系统中占据着非常重要的地位,它不仅是硬件与所有其他软件之间的接口,而且任何数字电子计算机都必须在其硬件平台上加载相应的操作系统之后,才能构成一个可以协调运转的计算机系统。只有在操作系统的指挥控制下,各种计算机资源才能被分配给用户使用。也只有在操作系统的支撑下,其他系统软件,如各类编译系统、程序和运行支持环境才得以取得运行条件。没有操作系统,任何软件都无法运行。

2.2.2 操作系统的特征

操作系统作为一种系统软件,有着与其他一些软件所不同的特征。

1. 并发性

所谓程序并发性是指在计算机系统中同时存在有多个程序。例如,可以一边使用 Word 编辑文档,一边用媒体播放器来听歌。从宏观上看,这些程序是同时向前推进的。

在 CPU 环境下,这些并发执行的程序是交替在 CPU 上运行的。程序的并发性具体体现在如下几个方面:用户程序与用户程序之间并发执行;用户程序与操作系统程序之间并发执行。

在多处理器的系统中,多个程序的并发特征,就不仅是在宏观上并发的,而且在微观(即在处理器一级)上也是并发的。

而在分布式系统中,多个计算机的并存使程序的并发特征得到更充分的体现。

应该注意到的是,不论是什么计算环境,这里所指的并发都是在一个操作系统的统一指挥下的并发。比如,在两个独立的操作系统控制下的计算机,它们的程序也在并行运行,但这种情况并不是这里所叙述的并发性。

2. 共享性

所谓资源共享性是指操作系统程序与多个用户程序共用系统中的各种资源。这种共享是在操作系统控制下实现的。

3. 随机性

操作系统的运行是在一个随机的环境中进行的,也就是说人们不能对所运行的程序的行为以及硬件设备的情况做任何的假定。一个设备可能在任何时候向中央处理器发出中断请求。人们也无法知道运行着的程序会在什么时候做什么事情,因而一般来说人们无法确切地知道操作系统正处于什么样的中断状态中,这就是随机的含义。但是,这并不是说操作系统不可以很好地控制资源的使用和程序的运行而是强调了操作系统的设计与实现要充分考虑各种可能性,以便稳定、可靠、安全和高效地达到程序并发和资源共享的目的。

操作系统主要有两方面重要的作用。

1. 操作系统要管理系统中的各种资源,包括硬件及软件资源

在计算机系统中,所有硬件部件(如 CPU、存储器和输入输出设备等)均称作硬件资源;而程序和数据等信息称作软件资源。因此,从微观上看,使用计算机系统就是使用各种硬件资源和软件资源。特别是在多用户和多道程序的系统中,同时有多个程序在运行,这些程序在执行的过程中可能会要求使用系统中的各种资源。操作系统就是资源的管理者和仲裁者,由它负责在各个程序之间调度和分配资源,保证系统中的各种资源得以有效地利用。

在这里,操作系统管理的含义是多层次的,操作系统对每一种资源的管理都必须进行以下几项工作。

(1)监视这种资源。该资源有多少(How much),资源的状态如何(How),它们都在哪里(Where),谁在使用(Who's),可供分配的又有多少(Who's free),资源的使用历史(When)等内容都是监视的含义。

(2)实施某种资源分配策略,以决定谁有权限可获得这种资源,何时可获得,可获得多少,如何退回资源等。

(3)分配这种资源。按照已决定的资源分配策略,对符合条件的申请者分配这种资源,并进行相应的管理事务处理。

(4)回收这种资源。在使用者放弃这种资源之后,对该种资源进行处理,如果是可重复使用的资源,则进行回收、整理,以备再次使用。

2. 操作系统要为用户提供良好的界面

一般来说,使用操作系统的用户有两类:一类是最终用户;另一类是系统用户。最终用户只关心自己的应用需求是否被满足,而不在意其他情况。至于操作系统的效率是否高,所有的计算机设备是否正常,只要不影响他们的使用,他们则一律不去关心,而后面这些问题则是系统用户所关心的。

操作系统必须为最终用户和系统用户这两类用户的各种工作提供良好的界面,以方便用户的工作。典型的操作系统界面有两类:一类是命令型界面,如UNIX和MS-DOS;另一类则是图形化的操作系统界面,典型的图形化的操作系统界面是MS Windows。

2.2.3 操作系统的功能

操作系统的主要任务是为多道程序的运行提供良好的运行环境,以保证程序能有条不紊地、高效地运行,并能最大限度地提供系统中各种资源的利用率和方便用户的使用。为了完成此任务,操作系统必须使用三种基本的资源管理技术才能达到目标,它们分别是资源复用或资源共享技术、虚拟技术和资源抽象技术。资源共享和虚拟技术前面已经讲过,这里讨论一下资源抽象技术。

资源抽象技术用于处理系统的复杂性,解决资源的易用性。资源抽象软件对内封装实现细节,对外提供应用接口,使得用户不必了解更多的硬件知识,只通过软件接口即可使用和操作物理资源。操作系统中最基础和最重要的三种抽象是文件抽象、虚拟存储器抽象和进程抽象。操作系统为了管理方便,除了处理器和主存之外,将磁盘和其他外部设备资源都抽象。为文件,如磁盘文件、光盘文件、打印机文件等,这些设备均在文件的概念下统一管理,不但减少了系统管理的开销,而且使得应用程序对数据和设备的操作有一致的接口,可以执行同一套系统调用。物理内存被抽象为虚拟内存后,进程可以获得一个硕大的连续地址空间给每个进程造成一种假象,认为它正在独占和使用整个内存。实际上,虚拟存储器是把内存和磁盘统一进行管理实现的。进程可以看作是进入内存的当前运行程序在处理器上操作状态集的一个抽象,它是并发和并行操作的基础。

操作系统应该具有处理机管理、存储器管理、设备管理和文件管理的功能。为了方便用户使用操作系统,还须向用户提供方便的用户接口。

1. 处理机管理功能

操作系统有两个重要的概念,即作业和进程。简言之,用户的计算任务称为作业;程序的执行过程称为进程。从传统意义上讲,进程是分配资源和在处理机上运行的基本单位。众所周知,计算机系统中最重要的资源是处理机,对它管理的优劣直接影响着整个系统的性能。所以对处理机的管理可归结为对进程的管理。在引入线程的操作系统中,也包含对线程的管理。处理机管理的主要功能是创建和撤销进程,对诸进程的运行进行协调,实现进程之间的信息交换,以及按照一定的算法把处理机分配给进程或作业。

(1)进程控制。

在多道程序环境下,要使作业运行,必须先为它创建一个或几个进程并为之分配必要的资源。当进程运行结束时,要立即撤销该进程,以便及时回收该进程所占用的各类资源。进程控制的主要功能是为作业创建进程、撤销已结束的进程以及控制进程在运行过程中的状态转换。

(2)进程同步。

为使多个进程能有条不紊地运行,系统中必须设置进程同步机制。进程同步的主要任务是为多个进程(含线程)的运行进行协调。有两种协调方式,一是进程互斥方式,这是指诸进程在对临界资源进行访问时,应采用互斥方式;二是进程同步方式,指在相互合作去完成共同任务的诸进程间,由同步机构对它们的执行次序加以协调。

(3)进程通信。

在多道程序环境下,可由系统为一个应用程序建立多个进程。这些进程相互合作完成个共同任务,而在这些相互合作的进程之间往往需要交换信息。当相互合作的进程处于同一计算机系统时,通常采用直接通信方式进行通信。当相互合作的进程处于不同的计算机系统中时,通常采用间接通信方式进行通信。

(4)作业和进程调度。

一个作业通常经过两级调度才能在 CPU 上执行。首先是作业调度,然后是进程调度。作业调度的基本任务是从后备队列中按照一定的算法,选择出若干个作业,为它们分配运行所需的资源(首先是分配内存)。在将它们调入内存后,便分别为它们建立进程,使它们都成为可能获得处理机的就绪进程,并按照一定的算法将它们插入就绪队列。而进程调度的任务,则是从进程的就绪队列中选出一个新进程,把处理机分配给它,并为它设置运行现场,使进程投入执行。

2. 存储管理功能

存储管理的主要任务是为多道程序的运行提供良好的环境,方便用户使用存储器,提高存储器的利用率以及能从逻辑上来扩充主存。为此存储管理应具有内存分配、地址映射、内存扩充和内存保护等功能。

(1)内存分配。

内存分配的主要任务是为每道程序分配内存空间,使它们各得其所,提高存储器的利用率,以减少不可用的内存空间。在程序运行完后,应立即收回它所占有的内存空间操作系统在实现内存分配时,可采取静态和动态两种方式。在静态分配方式中,每个作业的内存空间是在作业装入时确定的。在作业装入后的整个运行期间,不允许该作业再申请新的内存空间,也不允许作业在内存中“移动”;在动态分配方式中,每个作业所要求的基本内存空间,也是在装入时确定的,但允许作业在运行过程中,继续申请新的附加内存空间,以适应程序和数据的动态增长,也允许作业在主存中“移动”。

(2)地址映射。

一个应用程序经编译后,通常会形成若干个目标程序。这些目标程序再经过链接便形成了可装入程序。这些程序的地址都是从“0”开始的,程序中的其他地址都是相对于起始地址计算的;由这些地址所形成的地址范围称为“地址空间”,其中的地址称为“逻辑地址”或“相对地址”。此外,由内存中的一系列单元所限定的地址范围称为“内存空间”,其中的地址称为“物理地址”。在多道程序环境下,每道程序不可能都从“0”地址开始装入内存,这就致使地址空间内的逻辑地址和内存空间中的物理地址不相一致。为了使程序能正确运行,存储器管理必须提供地址映射功能,以将地址空间中的逻辑地址转换为内存空间中与之对应的物理地址。该功能应在硬件的支持下完成。

(3)内存扩充。

由于物理内存的容量有限,它是非常宝贵的硬件资源,它不可能做得太大,因而难于满足用户的需要,这样势必影响到系统的性能。在存储管理中的主存扩充并非是增加物理主存的容量而是借助于虚拟存储技术,从逻辑上去扩充主存容量,使用户所感觉到的主存容量比实际主存容量大得多。换言之,它使主存容量比物理主存大得多,或者是让更多的用户程序能并发运行。这样既满足了用户的需要,改善了系统性能,又基本上不增加硬件投资。

(4)内存保护。

内存保护的主要任务,是确保每道用户程序都只在自己的内存空间内运行,彼此互不干扰。为了确保每道程序都只在自己的内存区中运行,必须设置内存保护机制。一种比较简单的内存保护机制,是设置两个界限寄存器,分别用于存放正在执行程序的上界和下界。系统须对每条指令所要访问的地址进行检查,如果发生越界,便发出越界中断请求,以停止该程序的执行。

3. 设备管理功能

设备管理的主要任务是,完成用户进程提出的I/O请求;为用户进程分配其所需的I/O设备;提高CPU和I/O设备的利用率;提高I/O速度;方便用户使用I/O设备。为实现上述任务,设备管理应具有缓冲管理、设备分配和设备处理,以及虚拟设备等功能。

(1)缓冲管理。

CPU运行的高速性和I/O低速性间的矛盾自计算机诞生时起便已存在。而随着CPU速度迅速、大幅度的提高,使得此矛盾更为突出,严重降低了CPU的利用率。如果在I/O设备和CPU之间引入缓冲,则可有效地缓和CPU和I/O设备速度不匹配的矛盾,提高CPU的利用率,进而提高系统吞吐量。因此,在现代计算机系统中,都毫无例外地在内存中设置了缓冲区,而且还可通过增加缓冲区容量的方法来改善系统的性能。

(2)设备分配。

设备分配的基本任务是根据用户进程的I/O请求、系统的现有资源情况以及按照某种设备分配策略,为之分配其所需的设备。如果在I/O设备和CPU之间,还存在着设备控制器和I/O通道时,还须为分配出去的设备分配相应的控制器和通道。

(3)设备处理。

设备处理程序又称为设备驱动程序。其基本任务是用于实现CPU和设备控制器之间的通信,即由CPU向设备控制器发出I/O命令,要求它完成指定的I/O操作;反之由CPU接收从控制器发来的中断请求,并给予迅速的响应和相应的处理。

4. 文件管理功能

在现代计算机系统中总是把程序和数据以文件的形式存储在外存上,供所有的或指定的用户使用。为此在操作系统中必须配置文件管理机构。文件管理的主要任务是对用户文件和系统文件进行管理以方便用户使用并保证文件的安全性。为此文件管理应具有对文件存储空间的管理、目录管理、文件读写管理以及文件的共享与保护等功能。

(1)文件存储空间管理。

为了方便用户的使用需要,由文件系统对诸多文件及文件的存储空间实施统一的管理。其主要任务是为每个文件分配必要的外存空间,提高外存的利用率,并能有助于提高文件系统的存取速度。

(2)目录管理。

目录管理的主要任务是为每个文件建立其目录项,并对众多的目录项加以有效的组织,形成目录文件,以实现方便的按名存取,即用户只需提供文件名即可对该文件进行存取。其次目录管理还应能实现文件的共享,应能提供快速的目录查询手段以提高对文件的检索速度。

(3)文件读写管理和保护。

文件读写管理的功能是根据用户的请求,从外存中读取数据或将数据写入外存。在进行文件读(写)时,系统先根据用户给出的文件名去检索文件目录,从中获得文件在外存中的位置。然后,利用文件读(写)指针,对文件进行读(写)。一旦读(写)完成,便修改读(写)指针,为下一次读(写)做好准备。由于读和写操作不会同时于进行,故可合用一个读/写指针文件保护是指为了防止系统中的文件被非法窃取和破坏,在文件系统中采取有效的保护措施,实施存取控制。

5. 接口服务功能

为了方便用户使用操作系统,操作系统向用户提供了“用户与操作系统的接口”。该接口通常可分为两大类。一是用户接口,它是提供给用户使用的接口,用户可通过该接口取得操作系统的服务;二是程序接口,是用户程序取得操作系统服务的唯一途径。

2.2.4 操作系统的分类

根据操作系统在用户界面的使用环境和功能特征的不同,操作系统一般可分为三种基本类型,即批处理系统、分时处理系统和实时系统。随着计算机体系结构的发展,又出现了许多种操作系统,它们是嵌入式操作系统、个人操作系统、网络操作系统和分布式操作系统。

1. 批处理操作系统

批处理(Batch Processing)操作系统的工作方式如下:用户将作业交给系统操作员,系统操作员将许多用户的作业组成一批作业之后输入到计算机中,在系统中形成一个自动转接的连续的作业流,然后启动操作系统,系统自动、依次执行各个作业。最后由操作员将作业结果交给用户。

批处理操作系统的特点是多道和成批处理。因为用户本身不能干预自己作业的运行,一旦发现错误不能及时改正,从而延长了软件开发时间,所以这种操作系统只适用于成熟的程序。

批处理系统的优点是作业流程自动化、效率高、吞吐率高。缺点是无交互手段、调试程序困难。

2. 分时操作系统

分时(Time Sharing)操作系统的工作方式是一台主机连接了若干个终端,每个终端有一个用户在使用。用户交互式地向系统提出命令请求，系统接收每个用户的命令，采用时间片轮转方式处理服务请求，并通过交互方式在终端上向用户显示结果。用户根据上步结果发出下道命令。

分时操作系统将 CPU 的时间划分成若干个片段，称为时间片。操作系统用时间片为单位，轮流为每个终端用户服务。每个用户轮流使用一个时间片并不感到有别的用户存在。

分时操作系统具有多路性、交互性、“独占”性和及时性的特征。多路性是指，同时有多个用户使用一台计算机，宏观上看是多个人在同时使用一个 CPU，微观上是多个人在不同时刻轮流使用 CPU。交互性是指，用户根据系统响应结果进一步提出新请求（用户直接干预每一步）。“独占”性指的是用户感觉不到计算机为他人服务，就像整个系统为他所占有。及时性是指，系统对用户提出的请求及时响应。

常见的通用操作系统是分时系统与批处理系统的结合，其原则是分时优先，批处理在后。“前台”响应需频繁交互的作业，如终端的要求；“后台”处理时间性要求不强的工作。

3. 实时操作系统

实时操作系统（Real Time Operating System，RTOS）是指使计算机能及时响应外部事件的请求，在规定的严格时间内完成对该事件的处理，并控制所有实时设备和实时人物协调一致地工作的操作系统。实时操作系统主要追求的目标是对外部请求在严格时间范围内做出反应，有高可靠性和完整性。

4. 嵌入式操作系统

嵌入式操作系统（Embedded Operating System）是运行在嵌入式系统环境中，对整个嵌入式系统以及它所操作、控制的各种部件装置等资源进行统一协调、调度、指挥和控制的系统软件。

5. 个人计算机操作系统

个人计算机操作系统是一种单用户多任务的操作系统。个人计算机操作系统主要是供个人使用，功能强、价格便宜，几乎可以在任何地方安装使用。它能满足一般人操作、学习、游戏等方面的需求。个人计算机操作系统的主要特点是计算机在某一时间内为单个用户服务；采用图形界面人机交互的工作方式，界面友好；使用方便，用户无须专门学习，也能熟练操纵机器。

6. 网络操作系统

网络操作系统是基于计算机网络的，是在各种计算机操作系统上按网络体系结构协议标准开发的软件，包括网络管理、通信、安全、资源共享和各种网络应用。其目标是相互通信及资源共享。

7. 分布式操作系统

大量的计算机通过网络被连接在一起，可以获得极高的运算能力及广泛的数据共享。这种系统被称作分布式系统（Distributed System）。

分布式操作系统的特征如下：

（1）统一性，即它是一个统一的操作系统；

（2）共享性，即所有的分布式系统中的资源都是共享的；

（3）透明性，其含义是用户并不知道分布式系统是运行在多台计算机上，在用户眼里整个分布式系统像是一台计算机，对用户来讲是透明的；

（4）自治性，即处于分布式系统的多个主机都处于平等地位。

分布式系统的优点是它的分布式。分布式系统可以以较低的成本获得较高的运算性能。分布式系统的另一个优势是它的可靠性。由于有多个 CPU 系统,因此当一个 CPU 系统发生故障时,整个系统仍旧能够工作。对于高可靠的环境,如核电站等,分布式系统是有其用武之地的。

网络操作系统与分布式操作系统在概念上的主要区别是网络操作系统可以构架于不同的操作系统之上,也就是说它可以在不同的本机操作系统上,通过网络协议实现网络资源的统一配置,在大范围内构成网络操作系统。在网络操作系统中并不要求对网络资源进行透明地访问,即需要显式地指明资源位置与类型,对本地资源和异地资源访问区别对待。

分布式比较强调单一性,它是由一种操作系统构架的。在这种操作系统中,网络的概念在应用层被淡化了。所有资源(本地的资源和异地的资源)都是统一方式管理和访问,用户不必关心资源在哪里,或者资源是怎样存储的。

2.2.5 常见的操作系统

操作系统是现代计算机必不可少的系统软件,是计算机的灵魂所在。现代的计算机都是通过操作系统来解释人们的命令,从而达到控制计算机的目的。几乎所有的应用程序都是基于操作系统的。计算机上常见的操作系统有 DOS、Windows、Linux、UNIX 和 Mac OS 几种。

1. DOS(Disk Operating System,磁盘操作系统)

1980 年,IBM 推出了 IBM PC 新机型,它采用 NTEL 8086 的 CPU,具有 160KB 的磁盘驱动器和其他的输入输出设备。为了配合这种机型,IBM 公司需要一个 16 位的操作系统,此时就出现了 3 个互相竞争的系统:CP/M - 86、P - System,以及微软公司的 MS - DOS。最后微软的 MS - DOS 取得了竞争的胜利,成为 IBM 新机型的操作系统。1981 年,微软花费半年时间编写的 MS - DOS 1.0 和 IBM PC 同时在 IT 界亮相。当时的 MS - DOS 为了适应 IBM 的计划以及和 CP/M 系统相兼容,在许多方面的设计都和 CP/M 相似。但那时 CP/M 系统仍是业界标准,MS - DOS 的兼容性受到人们怀疑。

在接下来的几年中,微软公司的 MS - DOS 在各种压力中推出了 1.1,1.25 等改进版本。这时 MS - DOS 才得到了业界同行的认可,DEC. COMPAQ 公司都采用 MS - DOS 作为其 PC 的操作系统。

1983 年的 3 月,微软公司发布了 MS - DOS 2.0,这个版本较以前有了很大的改进,它可以灵活地支持外部设备,同时引进了 UNIX 系统的目录树文件管理模式。这时的MS - DOS 开始超越 CP/M 系统。接着,2.01,2.11,3.0 版本的 MS - DOS 问世,MS - DOS 也渐渐成了 16 位操作系统的标准。

1987 年的 4 月,微软推出了 MS - DOS 3.3,它支持 1.44MB 的磁盘驱动器,支持更大容量的硬盘等。它的流行确立了 MS - DOS 在个人计算机操作系统的霸主地位。

MS - DOS 的最后一个版本是 6.22 版,这以后的 DOS 就和 Windows 相结合了。6.22 版的 MS - DOS 已是一个十分完善的版本,众多的内部、外部命令使用户比较简单地对计算机进行操作,另外其稳定性和可扩展性都十分出色。

(1)DOS 的优点。DOS 曾经占领了个人计算机操作系统领域的大部分,全球绝大多数计算机上都能看到它的身影。由于 DOS 系统并不需要十分强劲的硬件系统来支持,所以从商业用户到家庭用户都能使用。

① 文件管理方便。DOS 采用了 FAT(文件分配表)来管理文件,这是对文件管理方面的一个创新。所谓 FAT(文件分配表),就是管理文件的连接指令表,它用链条的形式将表示文件在磁盘上的实际位置的点连起来。把文件在磁盘上的分配信息集中到 FAT 表管理。它是 MS－DOS 进行文件管理的基础。同时 DOS 也引进了 UNIX 系统的目录树管理结构,这样很利于文件的管理。

② 外设支持良好。DOS 系统对外部设备也有很好的支持。DOS 对外设采取模块化管理,设计了设备驱动程序表,用户可以在 Config. sys 文件中提示系统需要使用哪些外设。

③ 小巧灵活。DOS 系统的体积很小,就连完整的 MS－DOS 6. 22 版也只有数兆字节的大小,这和现在 Windows 庞大的身躯比起来可称得上是蚂蚁比大象了。启动 DOS 系统只需要一张软盘即可,DOS 的系统启动文件有 IO. SYS、MSDOS. SYS 和 COMMAND. COM 这 3 个,只要有这 3 个文件就可以使用 DOS 启动计算机,并且可以执行内部命令、运行程序和进行磁盘操作。

④ 应用程序众多。能在 DOS 下运行的软件很多,各类工具软件是应有尽有。由于 DOS 当时是 PC 上最普遍的操作系统,所以支持它的软件厂商十分多。现在许多 Windows 下运行的软件都是从 DOS 版本发展过来的,如 Word、WPS 等,一些编程软件如 FoxPro 等也是由 DOS 版本的 FoxBase 进化而成的。同时 DOS 的兼容性也很不错,许多软件或外设在 DOS 下都能正常地工作。

(2)DOS 的不足。虽然 DOS 有不少的优点,但同时它也具有一些不足。

① DOS 是一个单用户、单任务的操作系统,只支持一个用户使用,并且一次只能运行一个程序,这和 Windows、Linux 等支持多用户、多任务的操作系统相比就比较逊色了。

② DOS 采用的是字符操作界面,用户对计算机的操作一般是通过键盘输入命令来完成的。所以想要操作 DOS 就必须学习相应的命令。另外它的操作也不如图形界面来得直观,对 DOS 的学习还是比较费力的,这对家庭用户多少造成了一些困难。

③ DOS 对多媒体的支持也不尽人意。在 DOS 中,大多数多媒体工作也都是在 Windows 3. x 中完成,那时的 Windows 3. x 只是 DOS 的一种应用程序。但 Windows 3. x 对多媒体,的支持也很有限,无法支持 3D 加速卡等技术,对互联网也没有一个十分令人满意的解决方案。这些都显示 Windows 等操作系统代替 DOS 是历史的必然。

DOS 作为一个曾经辉煌一时的操作系统霸主,对于现在的人们还是有不小的作用。它的小巧灵活对于计算机修理人员来说有很大用处。Windows 中许多故障还只能在 DOS 下解决。另外学习 DOS 对学习其他的操作系统,如 Linux、UNIX 等也有一定帮助。

2. Windows

自从微软 1985 年推出 Windows 1. 0 以来,Windows 系统经历了几十年风风雨雨。从最初运行在 DOS 下的 Windows 3. x,到现在风靡全球的 Windows 9x、Windows 2000、Windows 几乎代替了 DOS 曾经担当的位子,成为当前最流行的操作系统。

鲜艳的色彩、动听的音乐、前所未有的易用性,以及令人兴奋的多任务操作,使计算机操作成为一种享受。点几下鼠标就能完成工作,还可以一边用播放 CD,一边用 Word 写文章,这都是 Windows 带给人们的礼物。

最初的 Windows 3. x 系统虽然只是 DOS 的一种 16 位应用程序,但在 Windows 3. 1 中出现了剪贴板、文件拖动等功能,这些和 Windows 的图形界面使用户的操作变得简单。当 32 位的 Windows 95 发布的时候,Windows 3. x 中的某些功能被保留了下来。

Windows 98 是 Windows 9x 的最后一个版本，在它以前有 Windows 95 和 Windows 95OEM 两个版本，Windows 95 OEM 也就是常说的 Windows 97，其实这 3 个版本并没有很大的区别，它们都是前一个版本的改良产品。越到后来的版本可以支持的硬件设备种类越多，采用的技术也越来越先进。Windows Me(Windows 千禧版)具有 Windows 9x 和 Windows 2000 的特征，它实际上是由 Windows 98 改良得到的，但在界面和某些技术方面是模仿 Windows 2000。Windows 2000 即 Windows NT 5.0，这是微软为解决 Windows 9x 系统的不稳定和 Windows NT 的多媒体支持不足推出的一个版本。它分为 Windows 2000 Professional、Windows 2000 Sever，Windows 2000 Advanced Server 和 Windows 2000。Data Center Server 4 种版本，第一种是面向普通用户的，后 3 种则是面向网络服务器的。后者的硬件要求要高于前者。

作为微软公司新一代的操作系统，Windows XP 是在 Windows 2000 操作系统内核的基础之上开发出来的，是一个 32 位的操作系统。它不仅结合了 Windows 2000 中的许多优良的功能，而且提供了更高层次的安全性、稳定性和更优越的系统性能，是替代 Windows 其他产品的升级产品。Window XP 针对家庭用户和商业用户提供了不同的版本：Windows XP Home Edition 和 Window XP Professional。

(1) Windows 的优点。Windows 之所以如此流行，是因为它有许多吸引用户的地方。

① 界面图形化。以前 DOS 的字符界面使得一些用户操作起来十分困难，Mac 首先采用了图形界面和使用鼠标，这就使得人们不必学习太多的操作系统知识，只要会使用鼠标就能进行工作，就连几岁的小孩子都能使用。这就是界面图形化的好处。在 Windows 中的操作可以说是“所见即所得”，所有的东西都摆在你眼前，只要移动鼠标，单击、双击即可完成。

② 多用户、多任务。Windows 系统可以使多个用户用同一台计算机而不会互相影响。Windows 9x 在此方面做得很不好，多用户设置形同虚设，根本起不到作用。Windows 2000 在此方面就做得比较完善，管理员(Administrator)可以添加、删除用户，并设置用户的权利范围。多任务是现在许多操作系统都具备的，这意味着可以同时让计算机执行不同的任务，并且互不干扰。比如一边听歌一边写文章，同时打开数个浏览器窗口进行浏览等都是利用了这一点。这对现在的用户是必不可少的。

③ 网络支持良好。Windows 9x 和 Windows 2000 中内置了 TCP/IP 协议和拨号上网软件，用户只需进行一些简单的设置就能上网浏览、收发电子邮件等。同时它对局域网的支持也很出色，用户可以很方便地在 Windows 中实现资源共享。

④ 出色的多媒体功能。这也是 Windows 吸引人们的一个亮点。在 Windows 中可以进行音频、视频的编辑/播放工作，可以支持高级的显卡、声卡使其“声色俱佳”。MP3、ASF 及 SWF 等格式的出现使计算机在多媒体方面更加出色，用户可以轻松地播放最流行的音乐或观看影片。

⑤ 硬件支持良好。Windows 95 以后的版本包括 Windows 2000 都支持“即插即用(Plug and Play)”技术，这使得新硬件的安装更加简单。用户将相应的硬件和计算机连接好后，只要有其驱动程序 Windows 就能自动识别并进行安装。用户再也不必像在 DOS 一样去改写 Config. sys 文件了，并且有时候需要手动解决中断冲突。几乎所有的硬件设备都有 Windows 下的驱动程序。随着 Windows 的不断升级，它能支持的硬件和相关技术也在不断增加，如 USB 设备、AGP 技术等。

⑥ 众多的应用程序。在 Windows 下有众多的应用程序可以满足用户各方面的需求。

Windows 下有数种编程软件,有无数的程序员在为 Windows 编写着程序。此外,Windows NT、Windows 2000 系统还支持多处理器,这对大幅度提升系统性能很有帮助。

(2) Windows 的不足。Windows 的不足反映在以下几方面。

① Windows 众多的功能导致了它体积的庞大,程序代码的烦冗。这些都使得 Windows 系统不是十分稳定,有时一个小故障就有可能导致系统无法正常启动。一些 Windows 系统补丁、防死机的软件都应运而生。系统的不稳定使得一些用户在使用时提心吊胆,生怕突然出故障,导致自己的工作成果化为乌有。

② 它对于自身的修复能力也很脆弱,不能很好地支持故障的解决,许多修理工作必须在 DOS 下完成。

③ Windows 系统有许多漏洞,虽然有些漏洞并不会干扰用户的一般操作,但在网络方面的漏洞却能对用户造成影响。这些漏洞使一些人有机会入侵系统和攻击系统,例如有利用 Net BIOS 进行非法共享,对 Windows 9x 系统进行蓝屏攻击等。

④ 虽然 Windows 的操作比较简单,但有时候却不是很灵活,有些工作还需要 DOS 的辅助。

但无论如何,Windows 使更多的人能够更方便地使用计算机。从这点来看,它对 PC 时代的贡献简直是无与伦比的。

3. Linux

Linux 是当前操作系统的热点之一。它是由芬兰赫尔辛基大学的一个大学生 LinusB Torvolds 在 1991 年首次编写的。标志性图标是个可爱的小企鹅。由于其源代码的免费开放,使其在很多高级应用中占有很大市场,这也被业界视为打破微软 Windows 垄断的希望。

Linux 是一个免费的操作系统,用户可以免费获得其源代码,并能够随意修改。它是在共用许可证(General Public License, GPL)保护下的自由软件,也有好几种版本,如 Red Hat Linux、Slackware,以及国内的 Xteam Linux 等。

Linux 是一种类 UNIX 系统,具有许多 UNIX 系统的功能和特点,能够兼容 UNIX,但无须支付 UNIX 高额的费用。比如一个 UNIX 程序员在单位可以在 UNIX 系统上进行工作,回到家里在 Linux 系统上也能完成同样的工作,而不必重新购买 UNIX。要知道 UNIX 的价格比常见的 Windows 要高出若干倍,和 Linux 的低廉更是相距甚远。

Linux 的应用也十分广泛。Sony 最新的 PS2 游戏机就采用了 Linux 作为系统软件,使 PS2 摇身一变,成了一台 Linux 工作站。著名的电影《泰坦尼克号》的数字技术合成工作就是利用 100 多台 Linux 服务器来完成的。

(1) Linux 的优点。Linux 的流行是因为它具有许多诱人之处。

① 完全免费。Linux 是一款免费的操作系统,用户可以通过网络或其他途径免费获得,并可以任意修改其源代码。这是其他的操作系统所做不到的。正是由于这一点,来自全世界的无数程序员参与了 Linux 的修改、编写工作,程序员可以根据自己的兴趣和灵感对其进行改变。这让 Linux 吸收了无数程序员的精华,不断壮大。

② 完全兼容 POSIX 10 标准。这使得可以在 Linux 下通过相应的模拟器运行常见的 DOS、Windows 的程序。这为用户从 Windows 转到 Linux 奠定了基础。许多用户在考虑使用 Linux 时,就想到以前在 Windows 下常见的程序是否能正常运行,这一点就消除了他们的疑虑。

③ 多用户、多任务。Linux 支持多用户,各个用户对于自己的文件设备有自己特殊的权利,保证了各用户之间互不影响。多任务则是现在计算机最主要的一个特点,Linux 可以使

多个程序同时并独立地运行。

④ 良好的界面。Linux 同时具有字符界面和图形界面。在字符界面用户可以通过键盘输入相应的指令来进行操作。它同时也提供了类似 Windows 图形界面的 x Window 系统,用户可以使用鼠标对其进行操作。在 x Window 环境中就和在 Windows 中相似,可以说是一个 Linux 版的 Windows。

⑤ 丰富的网络功能。互联网是在 UNIX 的基础上繁荣起来的,Linux 的网络功能当然不会逊色。它的网络功能和其内核紧密相连,在这方面 Linux 要优于其他操作系统。在 Linux 中,用户可以轻松实现网页浏览、文件传输、远程登录等网络工作。并且可以作为服务器提供 WWW、FTP、E - mail 等服务。

⑥ 可靠的安全、稳定性能。Linux 采取了许多安全技术措施,其中有对读、写进行权限控制、审计跟踪、核心授权等技术,这些都为安全提供了保障。Linux 由于需要应用到网络服务器,这对稳定性也有比较高的要求,实际上 Linux 在这方面也十分出色。

⑦ 支持多种平台。Linux 可以运行在多种硬件平台上,如具有 x86、680x0、SPARC、Alpha 等处理器的平台。此外 Linux 还是一种嵌入式操作系统,可以运行在掌上计算机、机顶盒或游戏机上。2001 年 1 月份发布的 Linux 2.4 版内核已经能够完全支持 Intel 64 位芯片架构。同时 Linux 也支持多处理器技术。多个处理器同时工作使系统性能大大提高。

(2)Linux 的不足。Linux 的不足反映在以下几方面。

① 由于在现在的个人计算机操作系统行业中,微软的 Windows 系统仍然占有大部分的份额,绝大多数的软件公司都支持 Windows。这使得 Windows 上的应用软件应有尽有,而其他的操作系统就要少一些。许多用户在更换操作系统的时候都会考虑以前的软件能否继续使用,换了操作系统后是否会不方便。虽然 Linux 具有 DOS、Windows 模拟器,可以运行一些 Windows 程序,但 Windows 系统极其复杂,模拟器所模拟的运行环境不可能完全与真实的 Windows 环境一模一样,这就使得一些软件无法正常运行。

② 许多硬件设备面对 Linux 的驱动程序也不足,一些硬件厂商是在推出 Windows 版本的驱动程序后才编写 Linux 版的。

软件支持的不足是 Linux 最大的缺憾,但随着 Linux 的发展,越来越多的软件厂商会支持 Linux,它应用的范围也越来越广。这只小企鹅的前景是十分光明的。

4. UNIX

UNIX 操作系统是目前大、中、小型计算机上广泛使用的多用户多任务操作系统,在 32 位微型计算机上也有不少配置多用户多任务操作系统。

UNIX 操作系统是美国电报电话公司的 Bell 实验室开发的,至今已有 20 多年的历史,它最初是配置在 DEC 公司的 PDP 小型计算机上,后来在微型计算机上亦可使用。UNIX 操作系统是唯一能在微型计算机工作站、小型计算机到大型计算机上都能运行的操作系统,也是当今世界最流行的多用户、多任务操作系统。

UNIX 系统的功能主要表现在以下几个方面。

(1)网络和系统管理。现在所有 UNIX 系统的网络和系统管理都有重大扩充,它包括了基于新的 NT(以及 Novell NetWare)的网络代理,用于 OpenView 企业管理解决方案,支持 Windows NT 作为 OpenView 网络结点管理器。

(2)高安全性。Presidium 数据保安策略把集中式的安全管理与端到端(从膝上/桌面系统到企业级服务器)结合起来。例如惠普公司的 Presidium 授权服务器支持 Windows 操作系统和桌面型 HP－UX,又支持 Windows NT 和服务器的 HP－UX。

(3)通信。OpenMail 是 UNIX 系统的电子通信系统,是为适应异构环境和巨大的用户群设计的。OpenMail 可以安装到许多操作系统上,不仅包括不同版本的 UNIX 操作系统,也包括 Windows NT。

(4)可连接性。在可连接性领域中各 UNIX 厂商都特别专注于文件打印的集成。NOS(网络操作系统)支持与 NetWare 和 NT 共存。

(5)Internet。从 1996 年 11 月惠普公司宣布了扩展的国际互联网计划开始,各 UNIX 公司就陆续推出了关于网络的全局解决方案,为大大小小的组织控制跨越 Microsoft Windows NT 和 UNIX 的网络业务提供了崭新的帮助和业务支持。

(6)数据安全性。越来越多的组织中的信息技术体系框架成为他们具有战略意义的一部分,数据遭遇的安全威胁日益增多。无论是内部的还是外部的蓄意入侵,都有可能给组织带来巨大的损失。UNIX 系统提供了许多数据保安特性,可以使计算机信息机构和管理信息系统的主管们对他们系统的安全性有信心。

(7)可管理性。随着系统越来越复杂,无论从系统自身的规模或者与不同的供应商的平台集成,以及系统运行的应用程序对企业来说变得从未有过的苛刻,系统管理的重要性与日俱增。UNIX 支持的系统管理手段是按既易于管理单个服务器,又方便管理复杂的联网的系统设计的。

(8)系统管理器。UNIX 的核心系统配置和管理是由系统管理器 SAM 来实施的。SAM 使系统管理员既可采用直接的图形用户界面,也可采用基于浏览器的界面(它引导管理员在给定的任务里做出选择),对全部重要的管理功能执行操作。SAM 是为一些相当复杂的核心系统管理任务而设计的,如给系统增加和配置硬盘时,可以简化为若干简短的步骤,从而显著提高了系统管理的效率。SAM 能够简便地指导对海量存储器的管理,显示硬盘和文件系统的体系结构,以及磁盘阵列内的卷和组。除了具有高可用性的解决方案,SAM 还能够强化对单一系统、镜像设备以及集群映像的管理。SAM 还支持大型企业的系统管理,在这种企业里有多个系统管理员各司其职共同维护系统环境。SAM 可以由首席系统管理员(超级用户)为其他非超级用户的管理员生成特定的任务子集,让他们各自实施自己的管理责任。通过减少具备超级用户管理能力的系统管理员人数,改善系统的安全性。

(9)Ignite/UX。Ignite/UX 采用推和拉两种方法自动地对操作系统软件做跨越网络的配置。用户可以把这种建立在快速配备原理上的系统初始配置,跨越网络同时复制给多个系统。这种能力能够取得显著节省系统管理员时间的效果,因此节约了资金。Ignite/UX 也具有获得系统配置参数的能力,用作系统规划和快速恢复。

(10)进程资源管理器。进程资源管理器可以为系统管理提供额外的灵活性。它可以根据业务的优先级,让管理员动态地把可用的 CPU 周期和内存的最少百分比分配给指定的用户群和一些进程。据此,一些要求苛刻的应用程序就有保障在一个共享的系统上,取得其要求的处理资源。

UNIX 并不能很好地作为 PC 的文件服务器,这是因为 UNIX 提供的文件共享方式涉及不支持任何 Windows 或 Macintosh 操作系统的 NFS 或 DFS。虽然可以通过第三方应用程序,NFS 和 DFS 客户端也可以被加在 PC 上,但价格昂贵。和 NetWare 或 NT 相比,安装和维护 UNIX 系统比较困难。绝大多数中小型企业只是在有特定应用需求时才能选择 UNIX。UNIX 经常与其他 NOS 一起使用,如 NetWare 和 Windows NT。在企业网络中文件和打印服务由 NetWare 或 Windows NT 管理。而 UNIX 服务器负责提供 Web 服务和数据库服务，建造小型网络时，在与文件服务器相同环境中运行应用程序服务器，避免附加的系统管理费用，从而给企业带来利益。

5. Mac OS X

1984 年，苹果发布了 System1，这是一个黑白界面的，也是世界上第一款成功的图形化用户界面操作系统。System1 含有桌面、窗口、图标、光标、菜单和卷动栏等项目。

在随后的十几年风风雨雨中，苹果操作系统历经了 System1 到 6，再到 7.5.3 的巨大变化，苹果操作系统从单调的黑白界面变成 8 色、16 色、真彩色，在稳定性、应用程序数量、界面效果等各方面，苹果操作系统逐渐发展日益成熟。从 7.6 版开始，苹果操作系统更名为 Mac OS，此后的 Mac OS 8 和 Mac OS 9，直至 Mac OS 9.2.2 以及今天的 Mac OS 10.14，采用的都是这种命名方式。

2000 年 1 月，Mac OS X 正式发布，之后则是 10.1 和 10.2。苹果为 Mac OS X 投入了大量的热情和精力，而且也取得了初步的成功。2003 年 10 月 24 日，Mac OS 10.3 正式上市；同年 11 月 11 日，苹果又迅速发布了 Mac OS 10.3 的升级版本 Mac OS 10.3.1。

Mac OS X 既是以往 Macintosh 操作系统的重大升级，也是对其的一种自然演化。它继承了 Macintosh 易于操作的传统，但其设计不只是让人易于使用，同时也更让人乐于使用。

作为下一代操作系统，Mac OS X 是一种综合技术的产物。在其所覆盖的技术中，一部分是来自于计算机业界的新技术，而大部分则是标准技术。它完全是建立在现代核心操作系统的基础上的，这使 Macintosh 获得了内存保护和抢占式多任务等计算处理能力。Mac OS X 有着绚丽多彩的用户界面，具备了如半透明、阴影等视觉效果。这些效果，连同在个人电脑上看到的最清晰图形，都可以利用苹果公司专门为 Mac OS X 开发的图形技术来获得。

不过 Mac OS X 有的不仅仅是精密的内核与精巧的外形。凭借着多元化的应用程序环境，各种类型的 Macintosh 应用程序都可以在此操作系统中得以运行。而凭借着对多种网络协议和服务的支持，Mac OS X 成了网上冲浪的终极平台。又由于其对多种磁盘卷格式的支持，并符合各种现有和发展中的标准，Mac OS X 还具备了与其他操作系统的高度协作性。

Mac OS X 的特点如下。

(1)稳定性和超强性能。Mac OS X 的稳定性来自系统的开放资源核心 Darwin。Darwin 集成了多项技术，包括 Mach 3.0 内核、基于 BSD UNIX(Berkeley Software Distribution UNIX) 的操作系统服务、高性能的网络工具，以及对多种集成的文件系统的支持。此外，Darwin 的模块化设计使开发商可以动态地加载设备驱动、网络扩展和新的文件系统等。

系统稳定性的一个重要因素是 Darwin 先进的内存保护和管理系统。Darwin 为每个程序或进程分配单独的地址空间，利用这种坚固的结构保护程序，来确保系统的可靠性。Mach 内核利用内存对象的抽象元素(Abstraction)扩展了标准虚拟内存的语义范围。这使 Mac OS X 可以同时管理不同的应用程序环境，而同时展现给用户一种无缝整合的体验。

(2)图形系统。Mac OS X 集合了 3 个强大的图形技术：Quartz、OpenGL 和 QuickTime，使开发商可以将图形技术提高到用户在桌面操作系统中从未见过的境界。

(3)用户界面。Mac OS X 的强大功能和先进科技最为形象的诠释就是它的新用户界面 Aqua。苹果将其在用户界面设计方面的领先科技应用于 Aqua，结合了许多 Macintosh 用户所希望拥有的品质和特性，同时添加了许多先进特性使无论是专家还是新手都会有所收益，而易用性则渗透至每一个特性和功能之中。与苹果的设计哲学一致，视觉效果的增强不仅仅提供了漂亮的图像，还包括了对系统的功能与操作方式的暗示。

(4)协同能力。Mac OS X 前所未有地采用了许多技术和标准以便和其他平台进行协同工作。它为开发商和使用者双方都提供了机遇，可以以崭新方式与空间使用苹果电脑。

2.3　编译系统概述

编译程序的原理和技术具有十分普遍的意义，以至在每一个计算机科学家的研究生涯中都会用到本书涉及的相关原理和技术。编译器的编写会涉及程序设计语言、计算机体系结构、语言理论、算法和软件工程等学科。不过，有几种基本编译器编写技术已经被用于构建许多计算机的多种语言编译器。本章通过编译器的组成、编译器的工作环境以及简化编译器建造过程的软件工具来介绍编译。

2.3.1　编译器

编译器是现代计算机系统的基本组成部分之一，而且多数计算机系统都含有不止一个高级语言的编译器，对于某些高级语言甚至配置了几个不同性能的编译程序。从功能上看，一个编译器就是一个语言翻译程序，它读入用某种语言(源语言)编写的程序(源程序)并将其翻译成一个与之等价的以另一种语言(目标语言)编写的程序(图2-2)。作为编译器的一个重要组成部分，编译器能够向用户报告被编译的源程序中出现的错误。比如，汇编程序是一个翻译程序，它把汇编语言程序翻译成机器语言程序。如果源语言像 Fortran、C++、JAVA 等高级语言，则目标语言是像汇编语言或机器语言那样的低级语言则这种翻译程序称为编译程序。

目前，世界上存在着数千种源语言，既有 Fortran 和 Pascal 这样的传统程序设计语言，也有各计算机应用领域中出现的专用语言。目标程序可以是另一种程序设计语言或者从微处理器到超级计算机的任何计算机的机器语言。不同语言需要不同的编译器。根据编译器的构造方法或者它们要实现的功能，编译器被分为一遍编译器、多遍编译器、装入并执行编译器、调试编译器、优化编译器等多种类别。从表面来看，编译器的种类似乎千变万化，多种多样。实质上，任何编译器所要完成的基本任务都是相同的。通过理解这些任务，我们可以利用同样的基本技术为各种各样的源程序和目标机器构造编译器。

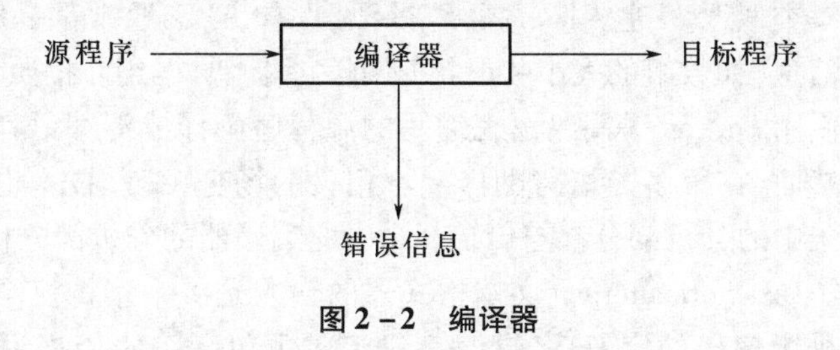

图2-2　编译器

从20世纪50年代早期第一个编译器出现至今，我们所掌握的有关编译器的知识已经得到了长足的发展。很难说出第一个编译器出现的准确时间，因为最初的很多实验和实现是由不同的工作小组独立完成的。编译器的早期工作主要集中在如何把算术表达式翻译成机器代码。

整个20世纪50年代,编译器的编写一直被认为是一个极难的问题。比如Fortran的第一个编译器花了18年才得以实现(Backus,1957)。目前我们已经系统地掌握编译期间出现的许多重要任务的技术。良好的实现语言、程序设计环境和软件工具也被陆续开发出来。

1.编译的分析-综合模型

编译由两部分组成:分析与综合。分析部分将源程序切分成一基本块并形成源程序的中间表示,综合部分把源程序的中间表示转换为所需要的目标程序。在这两部分中,综合部分需要大量的专门化技术。在分析期间,源程序所蕴含的操作将被确定下来并被表示为一个称为语法树的分层结构。语法树的每个节点表示一个操作,该节点的子节点表示这个操作的参数。许多操纵源程序的软件工具首先都要完成某种类型的分析。下面是这类软件工具的示例。

(1)结构编辑器。

结构编辑器将一个命令序列作为输入来构造一个源程序。结构编辑器不仅实现普遍的文本编辑器的文本创建和修改功能,而且还对程序文本进行分析,为源程序构造恰当的层次结构。结构编辑器能够完成程序准备过程中所需要的功能。例如,它可以检查输入的格式是否正确,能自动地提供关键字(例如,当用户敲入关键字while的时候,编译器能够自动提供匹配的关键字do并提醒用户必须在两者之间插入一个条件体),能够从begin或者号跳转到与之匹配的end或者右括号。这类结构编辑器的输出常常类似一个编译器的分析阶段的输出。

(2)智能打印机。

智能打印机能够对程序进行分析,打印出结构清晰的程序。例如,注释一种特殊的字体打印;根据各个语句在程序的层次结构中的嵌套深度来缩排这些语句。

(3)静态检查器。

静态检查器读入一个程序,分析这个程序,并在不运行这个程序的条件下试图发现程序的潜在错误。比如,静态检查器可以查出源程序中永远不能执行的语句,也可以查出变量在被定义以前被引用,还可以捕获诸如将实型变量用作指针这样的逻辑错误。

(4)解释器。

解释器不是通过编译来产生目标程序,而是直接执行源程序中蕴含的操作。由于命令语句中执行的每个操作通常都是对编辑器或编译器一类复杂例程的调用,因此解释器经常用于执行命令语言。类似地,一些“非常高级”的语言,如APL,通常都是解释执行的,因为有许多关于数据的信息(如数组的大小和形状)不能在编译时得到。按照传统的观念,编译器一般被看成是把使用Fortran等高级语言编写的源程序翻译成汇编语言或某种计算机的机器语言的程序。然而,在很多与语言翻译毫不相关的场合,编译技术也常常被使用。下面举出的每一个例子中的分析部分都与传统观念中的编译器的分析部分相似。

① 文本格式器(Text Formatter)。文本格式器的输入是一个字符流。输入字符流中的多数字符串是需要排版输出的字符串,同时字符流中也包含一些用来说明字符流中的段落、图表或者上标和下标等数学结构的命令。

② 硅编译器(Silicon Compiler)。硅编译器的输入是一个源程序,这个源程序的程序设计语言类似于传统的程序设计语言。但是,该语言中的变量不是内存中的地址,而是开关电路中的逻辑符号(0或1)或符号组。硅编译器的输出是一个以适当语言书写的电路设计。

③ 查询解释器(Query interpreter)。查询解释器把含有关系和布尔运算的谓词翻译成数据库命令,在数据库中查询满足该谓词的记录。

2. 编译器的前驱和后继

为了建立可执行的目标程序,除了编译器外,我们还需要几个其他的程序:源程序可能被分为模块存储在不同的文件中,而一个称为预处理器的程序会把存储在不同文件中的程序模块集成一个完整的源程序。预处理器也能够把程序中称为宏的缩写语句展开为原始语句加入源程序中。

图2-3给出了一个典型的语言处理系统。从图2-3中可以清楚地看到一个语言处理的过程,下面简要概括一下该过程。

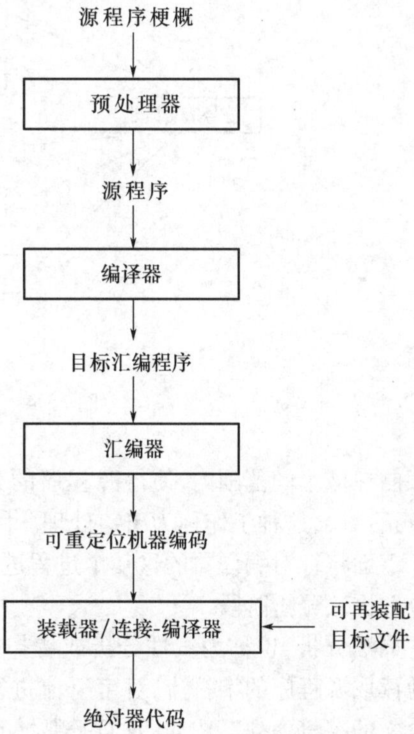

(1)预处理器将可能位于不同文件中的几个模块的源程序梗概汇集在一起,形成一个源程序。预处理器可负责宏的展开,如C语言中的预处理器要完成文件的合并、宏展开等任务。

(2)编译器将由预处理器处理过的源程序进行编译,生成目标汇编程序。值得注意的是,一个编译器的输入可能是由一个预处理器来产生的,也可能是由若干个预处理器来产生的。

(3)汇编器将目标汇编程序翻译成可重新定位的机器代码。

(4)装载器(连接-编译器)负责将可重定位的机器代码和可再装配的目标文件进行处理,生成最后可被计算机识别的绝对的机器代码。

源程序梗概
预处理器
源程序
编译器
目标汇编程序
汇编器
可重定位机器编码
装载器/连接-编译器
可再装配目标文件
绝对器代码

图2-3　一个典型的语言处理系统

2.3.2　编译过程

编译器负责将源程序编译生成目标程序,从整体上说,一个编译器的整个工作过程是划分为不同的阶段进行的,每一个阶段将源程序的一种表示形式转化为另一种表示形式,各个阶段进行的操作在逻辑上紧密连接在一起。图2-4给出了一个典型的划分方法。

实际上,编译器的某些阶段是可以合并到一起的,因此如果某几个阶段可以合并到一起,这些阶段的中间表示就不需要明确地构造出来。图2-4中,将编译器处理语言的过程分为了六个阶段:词法分析器、语法分析器、语义分析器、中间代码生成器、代码优化器和目标代码生成器。其中,词法分析器、语法分析器和语义分析器这三个过程构成了编译器的分析部分。

符号表管理器和错误处理器是这六个阶段都需要涉及的两个部分,在编译过程中源程序中的各种信息都被保留在各种不同的符号表格中,编译器的各个部分的工作都要涉及构造、查找或更新有关的表格,因此需要有符号表的管理器;如果在编译过程中发现源程序出现错误,编译程序应该能够报告出错误的性质和错误发生的地点,并且将错误所造成的影

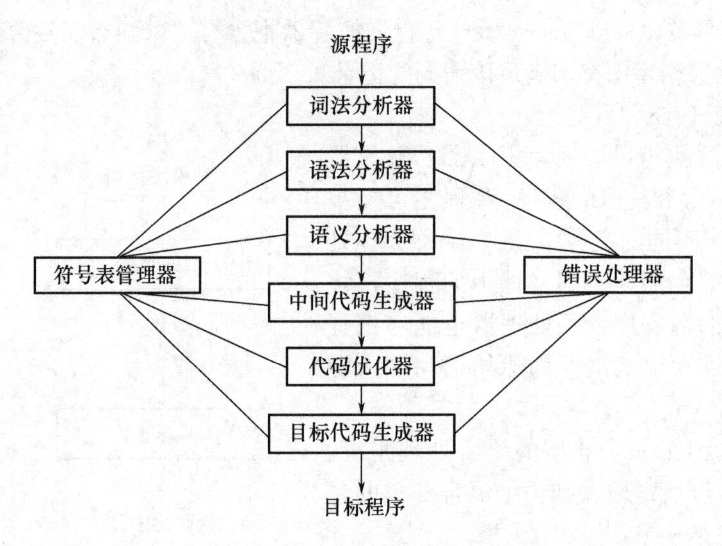

图 2-4　编译器各个阶段的划分

响限制在极小的范围内,使得源程序的其他部分能够继续被编译下去,有些编译器能够自动校正错误,这种工作称为出错处理。因此,将这两个过程称为"编译器"的过程。

下面将针对编译器的这几个过程进行简单的介绍。

1. 词法分析阶段

词法分析,也称为线性分析或者扫描,是编译过程的第一个阶段,这个阶段中,从左到右地读取源程序的字符流,对字符流进行扫描并分解为多个单词,而这些单词就是具有整体含义的字符序列。比如,我们所熟悉的标识符必须是以字母字符开头,后跟字母、数字字符的字符序列组成的一种单词。另外,还有保留字(或关键字)、算术运算符、分界符等。

例如,在词法分析中,用 C + +语言编写的某程序片段为:在词法分析阶段会将这段程序分组为以下的单词序列:

1. 保留字　int	11. 等号　=
2. 标识符　price	12. 整数　price
3. 等号　=	13. 分号　;
4. 整数　3	14. 标识符　sum
5. 逗号　,	15. 等号　=
6. 标识符　num	16. 标识符　price
7. 等号　=	17. 乘号　=
8. 整数　60	18. 标识符　num
9. 逗号　,	19. 分号　;
10. 标识符　num	

从中可以看出,由 i、n、t 三个字符构成一个分类为保留字的单词 int。如果我们用 i、j 和 k 分别表示 sum、price 和 num,那么在经过词法分析后,语句 sum = price * num;则表示为 i =

j ＊k。

这些单词间的空格在词法分析阶段都被删除掉了。

2. 语法分析阶段

语法分析是编译过程的第二个阶段，也称为层次分析。语法分析的任务是在词法分析的基础上将单词序列分解成各类语法短语，如“程序”“语句”“表达式”等。一般这种语法短语也称为语法单位，可以表示成语法树，比如上述程序段中的单词序列：i = j ∗ k。

经语法分析得知是 C + + 语言中的“赋值语句”，表示成语法树的形式如图 2 - 5 所示。

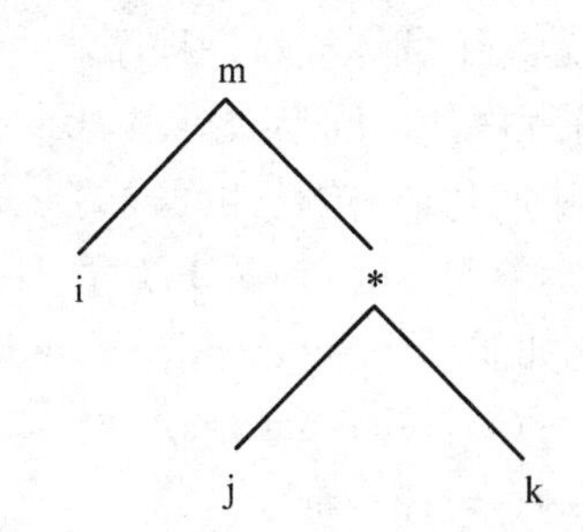

图 2 - 5 赋值语句 i = j ∗ k 的语法树

程序的层次结构通常都是通过递归规则来表达的。比如，可以这么定义表达式的一部分规则：

(1)任何一个标识符(Identifier)都是表达式；

(2)任何一个常数(Number)都是表达式；

(3)如果表达式 1 和表达式 2 是表达式，那么

表达式 1 + 表达式 2；

表达式 1 - 表达式 2；

表达式 1 ∗ 表达式 2；

表达式 1/表达式 2；

…(任何你想定义的运算类型)

也是表达式。

在上面的定义中，规则(1)和规则(2)是直接定义的基本规则，而非递归的规则；而规则(3)则将运算符运用到其他表达式上递归地定义了表达式。

类似地，也可按照这样的规则形式给出语句的递归定义。

(1)如果 identifier 是一个标识符，expression 是一个语句，则 identifier - expression 是一个语句。

(2) 如果 expression 是一个表达式，statement 是一个语句，则 while (expression) do statement if(expression) then statement 也是语句。

词法分析和语法分析在本质上都是对源程序进行分析，两者的界限是确定的。通常采取能够使整个分析工作简化的方法来设定词法分析与语法分析的界限。而决定两者界限的因素是源语言是否具有递归结构。词法结构不要求递归，而语法结构常常需要递归。上下文无关文法是递归规则的一种形式化，可以用来指导语法分析。

3. 语义分析阶段

语义分析阶段是检查源程序的语义错误，并收集代码生成阶段要用到的类型信息。语义分析是利用语法分析阶段确定的层次结构来识别表达式和语句中的操作符合操作数。

语义分析的一个重要组成部分是类型检查。类型检查负责检查每个操作符的操作数是否满足源语言的说明。当不符合语法规范的时候，编译程序应报告相应的错误。例如，很多程序设计语言要求数组的索引值只能用正的整型数值，如果用一个浮点型或负数用于数组的索引的时候就会报错。此外，还有很多情况都需要语义分析。

例如，前面的语句 i = j ∗ k 中，如果 k 的数据类型为整型，j 的数据类型不是整型，而是浮点型，那么在进行计算的时候，会按照操作数精度的不同，将 k 的数据类型强制转换为浮

点型,然后进行计算。

4. 中间代码生成阶段

某些编译器在完成语法分析和语义分析以后,会产生一种源程序的中间表示,这种中间表示叫作中间语言或者中间代码。

中间代码的表示可以看成是某种抽象的程序,应该具有两个重要的性质:一是容易产生;二是易于翻译成目标程序。

源程序的中间形式可以表示成多种形式。通常采用的是一种近似"三地址指令"的"四元式"中间代码,这种四元式的形式表示如下:

(运算符,运算对象 1,运算对象 2,结果)

比如源程序 sum = price * num;生成的四元式序列可以表示为:

(1)(* price num t1)

(2)(= t1 sum)

5. 代码优化阶段

代码优化阶段的任务是对上一阶段产生的中间代码进行改进,以产生一种效率更高(既节省空间,又节省时间)、执行速度更快的机器代码。

详细的分析过程见后面的章节。

不同的编译器所产生的代码的优化程度差别很大,能够完成很大程度的代码优化的编译器称为"优化编译器"。优化编译器将相当多的时间都消耗在代码优化上。但是,一些简单的优化方法,它们既能使目标程序的执行时间得到很大的缩短,又不会让编译的速度降低太多。

6. 目标代码生成阶段

目标代码生成阶段是编译过程的最后一个阶段。这一阶段的任务是把中间代码转换成可重新定位的机器代码,或者汇编指令代码,或者某特定机器上的绝对指令代码。在这一阶段中,编译器为源程序定义和使用的变量选择存储单元,并把中间指令翻译成相同任务的机器代码指令序列。而这一阶段的一个关键问题是变量的寄存器分配。

这一阶段的工作与硬件系统的结构和指令含义有关,这个阶段的工作很复杂,涉及硬件系统功能部件的运用、机器指令的选择等。

7. 符号表管理器

编译器的一个基本功能是记录源程序中使用的标识符,并收集与每个标识符相关的各个属性信息。标识符的属性信息表明了该标识符的存储位置、类型、作用域等信息。当一个标识符是过程名时,它的属性信息还包括诸如参数的个数与类型、每个参数的传递方法以及返回值的类型等信息。

符号表是一个数据结构。每个标识符在符号表中都有一条记录,记录的每个域对应于该标识的一个属性。这种数据结构允许我们快速地找到每个标识符的记录,并在该记录中快速地存储和检索信息。

当源程序的一个标识符被词法分析器识别出来的时候,词法分析器将在符号表中为该标识符建立一条记录。但是,标识符的属性一般不能在词法分析中确定。

标识符的属性信息将由词法分析以后的各阶段陆续写入符号表,并以各种方式被使用。例如,当进行语义分析和中间代码生成时,需要知道标识符是哪种类型,以便检查源程序是否正确使用了这些标识符并在这些标识符上使用了正确的操作。代码生成器将赋予标识符的存储位置信息写入符号表,而且代码生成器还要使用符号表中标识符的存储位置信息。

8. 错误处理器

每个阶段都可能会遇到错误,各个阶段检测到错误以后,必须以恰当的方式进行错误处理,使得编译器能够继续运行,以检测出程序中的更多错误。发现错误即停止运行的编译器不是一个好的编译器。

语法分析和语义分析阶段通常能够处理编译器所能检测到的大部分错误。词法分析阶段能够检测出输入中不能形成源语言任何记号的错误字符串。语法分析阶段可以确定记号流中违反源语言结构规则的错误。语义分析阶段试图检测出具有正确的语法结构但对操作无意义的部分。例如,试图将两个标识符相加,其中一个标识符是数组名,而另一个标识符是过程名。

2.4　数据库管理系统(DBMS)

自 1964 年世界上第一个计算机可读形式的数据库 MEDLARS 诞生以来,数据库技术就成为计算机科学的重要分支,它的出现极大地促进了计算机应用向各行各业的渗透。如今,信息资源已经成为各个部门重要的财富资源。建立一个能满足各级部门信息处理要求的信息系统也是政府部门、企业或其他组织生存和发展的重要条件。

本节首先介绍了数据库系统的相关知识,然后对信息系统的基本知识和开发过程作了一个概括的介绍。

2.4.1　数据处理技术

信息、数据和数据处理是与数据库和信息系统密切相关的基本概念。

1. 信息

现在人类已进入了信息时代,信息概念变得越来越复杂,对信息这个词很难给出精确、全面的定义。有人将信息解释为人得到的知识,有人称信息是人与外界相交换的内容,有人则把通过口头、通信装置或书面传达的信息、情报都称作信息。于是人们常常把数据、资料、知识、消息等统称为信息。信息在自然界、社会中以及人体自身广泛存在着。人类进行的每一次社会实践、生产实践和科学实践都在接触信息、获得信息、处理信息和利用信息。

在信息社会,信息是一种资源,它与物质、能量一起构成客观世界的三大要素。信息是现实世界中的实体特性在人们头脑中的反映。人们用文字或符号把它记载下来,进行交流、传送或处理。每当看到这些文字或符号,人们就会联想它们所代表的实际内容。信息是客观存在的,人类有意识地对信息进行采集加工、传递,从而形成了各种消息、情报、指令、数据及信号等。

信息的具有以下特征。

(1)信息来源于物质和能量,它不可能脱离物质而存在。信息的传递需要物质载体,信息的获得和传递要消耗能量。例如,信息可以通过报纸、电台、电视、计算机网络进行传递。

(2)信息是可以感知的。人类对客观事物的感知,可以通过感觉感官,也可以通过各种仪器仪表和传感器等。对不同的信息源有不同的感知形式,如报纸上刊登的信息通过视觉感官感知,电台中广播的信息通过听觉器官感知。

(3)信息是可存储、加工、传递和再生的。人们用大脑存储信息,叫作记忆。计算机存储器、录音、录像等技术的发展,进一步扩大了信息存储的范围。

2. 数据

说起数据,人们首先想到的是数字。其实数字只是最简单的一组数据。数据的种类很多,在日常生活中数据无处不在。文字、图形、图像、声音、学生的档案记录、货物运输情况……,这些都是数据。为了认识世界,交流信息,人们需要描述事物。数据实际上是描述事物的符号记录。在日常生活中人们直接用自然语言(如汉语)描述事物。在计算机中,为了存储和处理这些事物,就要抽出这些事物令人感兴趣的特征组成一个记录来描述。例如,在学生档案中,如果人们最感兴趣的是学生的姓名、性别、出生年份、籍贯、所在系别、入学时间,那么可以这样描述:

(王华,男,1988,湖北,计算机系,2005)

数据与其含义是不可分的。对于上面一条学生记录,了解其语义的人会得到如下信息:王华是个大学生,1988 年出生,湖北省人,2005 年考入计算机系;而不了解其语义的人则无法理解其含义。可见,数据的形式本身并不能完全表达其内容,需要经过语义解释。数据是信息的符号表示或载体,信息则是数据的内涵,是对数据的语义解释。因此,数据的概念包括两个方面:其一是描述事物特性的数据内容;其二是存储在某一种媒体中的数据形式。由于描述事物特性必须借助一定的符号,这些符号就是数据形式。数据形式可以是多种多样的。

3. 数据处理

数据处理是将数据转换成信息的过程,包括对数据的收集、存储、加工、检索和传输等一系列活动。其中数据的收集是指在数据的发生处将它们输入计算机中。例如,在各种预售火车票或飞机票的订票点都配备了计算机终端并把售票数据输入计算机中。数据的存储是指将收集到的数据经过整理后用计算机的存储介质保存起来,以备今后使用;数据的加工是指将收集到的数据从某些已知的数据出发,推导加工出一些新的数据的过程;数据的检索是指查询一定条件的数据的过程;数据的传播就是利用计算机通信设备传递数据的过程。

数据处理也称为信息处理。因为当把客观事物表示成数据后,这些数据便被赋予了特殊的含义,而对这些数据进行加工处理后又可以形成新的数据,这些新的数据又表示了新的信息,从而为人们提供了不必直接观察和度量事物就可以获得有关信息的手段。

4. 数据管理技术的发展

数据是一种极为重要的资源,人们的一切社会活动都离不开数据。如何妥善地保存和科学地管理这些数据是人们长期以来十分关注的课题。早期的计算机只用于数值计算,到 20 世纪 50 年代后期,人们发现计算机除了擅长计算外,对于数据处理也显示了其优越性。这一发现使计算机应用进入了另一个广阔天地。此后,随着计算机技术的迅速发展,数据管理技术也以惊人的速度发展着,从而使得计算机应用的绝大部分领域不是在数值计算方面,而是在数据管理方面。尤其在进入信息时代以后,数据管理方面的应用价值和意义是无法估量的。

数据管理是指如何对数据进行分类、组织、编码、储存、检索和维护,它是数据处理的中心问题。与任何其他技术的发展一样,计算机数据管理也经历了由低级到高级的发展过程。随着计算机硬件和软件的发展,数据管理经历了人工管理、文件系统和数据库系统三个发展阶段。

(1)人工管理阶段。

在 20 世纪 50 年代中期以前,计算机主要用于科学计算。当时的计算机外存只有纸带、卡片、磁带,没有磁盘等直接存取的存储设备;软件无操作系统,也无管理数据的软件;数据处理方式是批处理。

人工管理数据具有如下特点。

①数据不保存。由于当时计算机主要用于科学计算,一般不需要将数据长期保存,只是在计算某一课题时将数据输入,用完就撤走。不仅对用户数据如此处置,对系统软件有时也是这样。

②数据需要由应用程序自己管理,没有相应的软件系统负责数据的管理工作。应用程序中不仅要规定数据的逻辑结构,而且要设计物理结构,包括存储结构、存取方法、输入方式等,因此程序员负担很重。

③数据不共享。数据是面向应用的,一组数据只能对应一个程序,当多个应用程序涉及某些相同的数据时,由于必须各自定义,无法互相利用、互相参照,因此程序与程序之间有大量的冗余数据。

④数据不具有独立性,数据的逻辑结构或物理结构发生变化后,必须对应用程序作相应的修改,这就进一步加重了程序员的负担。

人工管理阶段应用程序与数据之间的对应关系可用图 2 - 6 表示。

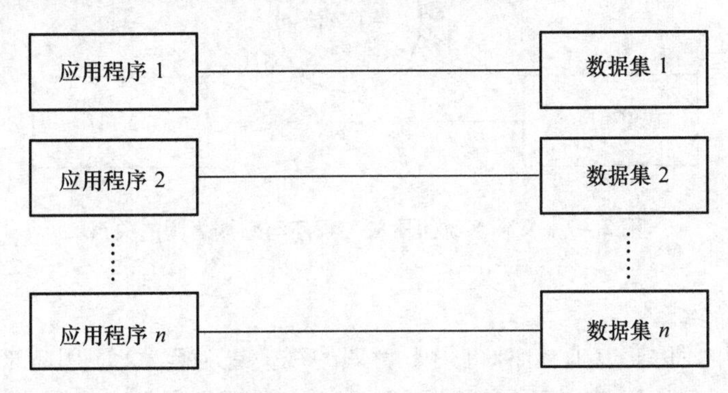

图 2 - 6　人工管理阶段应用程序与数据之间的对应关系

(2)文件系统阶段。

20 世纪 50 年代后期到 20 世纪 60 年代中期,计算机的应用范围逐渐扩大,计算机不仅用于科学计算,而且还大量用于管理。这时硬件上已有了磁盘磁鼓等直接存取存储设备;软件方面,操作系统中已有了专门的数据管理软件,一般称为文件系统;处理方式上不仅有了文件批处理,而且能够联机实时处理。

用文件系统管理数据有如下特点。

①数据可以长期保存。由于计算机大量用于数据处理,数据需要长期保留在外存上,反复进行查询、修改、插入和删除等操作。

②由专门的软件即文件系统进行数据管理,程序和数据之间由软件提供的存取方法进行转换,将精力集中于算法,而且数据在存储上的改变不一定反映在程序上,大大减少了维护程序的工作量。

③数据共享性差。在文件系统中,一个文件基本上对应一个应用程序,即文件仍然是面向应用的。当不同的应用程序具有相同的数据时,也必须建立各自的文件,而不能共享相同的数据,因此数据的冗余度大,浪费存储空间。同时由于相同数据的重复存储、各自管理,给数据的修改和维护带来了困难,容易造成数据的不一致性。

④数据独立性低。文件系统中的文件是为某一特定应用服务的,文件的逻辑结构对该应用程序来说是优化的,因此要想对现有的数据再增加一些新的应用会很困难,系统不容易扩充。一旦数据的逻辑结构发生改变,必须修改应用程序,修改文件结构的定义。而应用程序的改变,例如,应用程序改用不同的高级语言等,也将引起文件的数据结构的改变。因此数据与程序之间仍缺乏独立性。可见,文件系统仍然是一个不具有弹性的无结构的数字集合,即文件之间是孤立的,不能反映现实世界事物之间的内在联系。

文件系统阶段应用程序与数据之间的关系如图 2 -7 所示。

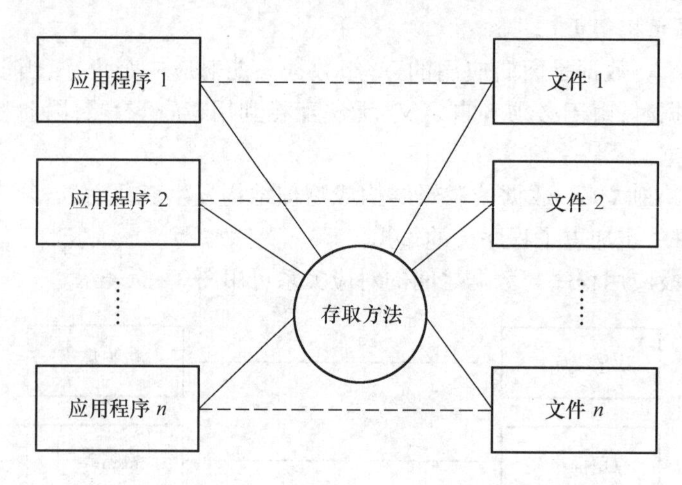

图 2 -7　文件系统阶段应用程序与数据之间的关系

(3)数据库系统阶段。

20 世纪 60 年代后期以来,计算机用于管理的规模更为庞大,应用越来越广泛,数据量急剧增长,同时多种应用、多种语言互相覆盖地共享数据集合的要求越来越强烈。这时硬件已有大容量磁盘,硬件价格下降,软件价格上升,为编制和维护系统软件及应用程序所需的成本相对增加;在处理方式上,联机实时处理要求更多,并开始提出考虑分布处理。在这种背景下,以文件系统作为数据管理手段已经不能满足应用的需求,于是为解决多用户、多应用共享数据的需求,使数据为尽可能多的用户服务,就出现了数据库技术,出现了统一管理的专门软件系统——数据库管理系统。

2.4.2　数据库系统

在学习数据库管理系统之前,首先了解一下什么是“数据库”。下面,举个例子来说明这个问题。每个人都有很多亲戚和朋友,为了保持与他们的联系,常常用一个笔记本将他们的姓名、地址、电话等信息都记录下来,这样要查谁的电话或地址就很方便了。这个“通讯录”就是一个最简单的“数据库”,每个人的姓名、地址、电话等信息就是这个数据库中的“数据”。可以在笔记本这个“数据库”中添加新朋友的个人信息,也可以由于某个朋友的电话变动而修改他的电话号码这个“数据”。不过说到底，使用笔记本这个“数据库”还是为了能随时查到某位亲戚或朋友的地址、邮编或电话号码这些“数据”。

实际上“数据库”就是为了实现一定的目的按某种规则组织起来的“数据”的“集合”，这样的数据库在生活中随处可见。更准确地说，数据库就是长期储存在计算机内、有组织的、可共享的数据集合。数据库中的数据按一定的数据模型组织、描述和储存，具有较小的冗余度，较高的数据独立性和易扩展性，并可为各种用户共享。

数据库应用系统是指系统开发人员利用数据库系统资源开发出来的，面向某一类实际应用的应用软件系统。很多信息系统属于数据库应用系统。信息系统可以分为面向外部、实现信息服务的开放式信息系统和面向内部业务和管理系统这两大类。从实现技术角度而言。都是以数据库为基础和核心的计算机应用系统。

2.4.3　数据库管理系统

数据库管理系统（Data Base Management Systems，DBMS）是数据库系统的核心，是为数据库的建立、使用和维护而配置的软件，由一个互相关联的数据的集合和一组用于访问这些数据的程序组成。它建立在操作系统的基础上，是位于操作系统与用户之间的一层数据管理软件，负责对数据库进行统一的管理和控制。用户发出的或应用程序中的各种操作数据库中数据的命令，都要通过数据库管理系统来执行。数据库管理系统还承担着数据库的维护工作，能够按照数据库管理员所规定的要求，保证数据库的安全性和完整性。

在数据库系统中，当一个应用程序或用户需要存取数据库中的数据时，应用程序、DBMS、操作系统、硬件等几个方面必须协同工作，共同完成用户的请求。这是一个较为复杂的过程，其中 DBMS 起着关键的中介作用。

应用程序（或用户）从数据库中读取一个数据通常需要以下步骤：

（1）应用程序 A 向 DBMS 发出从数据库中读数据记录的命令；

（2）DBMS 对该命令进行语法检查、语义检查，并调用应用程序 A 对应的子模式，检查 A 的存取权限，决定是否执行该命令，如果拒绝执行，则向用户返回错误信息；

（3）在决定执行该命令后，DBMS 调用模式，依据子模式/模式映像的定义，确定应读入模式中的哪些记录；

（4）DBMS 调用物理模式，依据模式/物理模式映像的定义，决定应从哪个文件、用什么存取方式、读入哪个或哪些物理记录；

（5）DBMS 向操作系统发出执行读取所需物理记录的命令；

（6）操作系统执行读数据的有关操作；

（7）操作系统将数据从数据库的存储区送至系统缓冲区；

（8）DBMS 依据子模式/模式映像的定义，导出应用程序 A 所要读取的记录格式；

（9）DBMS 将数据记录从系统缓冲区传送到应用程序 A 的用户工作区；

（10）DBMS 向应用程序 A 返回命令执行情况的状态信息。

2.4.4　常用的数据库管理系统

1. Oracle

Oracle 能在所有主流平台上运行（包括 Windows），完全支持所有的工业标准，采用完全开放策略。可以使客户选择最适合的解决方案。对开发商全力支持，Oracle 并行服务器通过使一组结点共享同一簇中的工作来扩展 Windows NT 的能力,提供高可用性和高伸缩性的簇的解决方案。如果 Windows NT 不能满足需要,用户可以把数据库移到 UNIX 中。Oracle 的并行服务器对各种 UNIX 平台的集群机制都有着相当高的集成度。Oracle 获得最高认证级别的 ISO 标准认证,保持开放平台下的 TPC - D 和 TPC - C 的世界记录 Oracle 多层次网络计算,支持多种工业标准,可以用 ODBC、JDBC、OCI 等网络客户连接。

Oracle 在兼容性、可移植性、可联结性、高生产率、开放性上也存在优点。Oracle 产品采用标准 SQL,并经过美国国家标准技术所(NIST)测试。与 IBM SQL/DS、DB2、INGRES、IDMS/R 等兼容。Oracle 的产品可运行于很宽范围的硬件与操作系统平台上。可以安装在 70 种以上不同的大、中、小型机上;可在 VMS、DOS、UNIX、WINDOWS 等多种操作系统下工作。能与多种通信网络相连,支持各种协议(TCP/IP、DECnet、LU6.2 等)。提供了多种开发工具,能极大地方便用户进行进一步的开发。Oracle 良好的兼容性、可移植性、可连接性和高生产率使 Oracle RDBMS 具有良好的开放性。

Oracle 价格是比较昂贵的。一套正版的 Oracle 软件在 2006 年年底时市场上的价格已经达到了 6 位数。

2. SQL Server

SQL Server 是 Microsoft 推出的一套产品,它具有使用方便、可伸缩性好、与相关软件集成程度高等优点,逐渐成为 Windows 平台下进行数据库应用开发较为理想的选择之一。SQL Server 是目前流行的数据库之一,它已广泛应用于金融、保险、电力、行政管理等与数据库有关的行业。而且,由于其易操作性及友好的界面,赢得了广大用户的青睐,尤其是 SQL Server 与其他数据库,如 Access、FoxPro、Excel 等有良好的 ODBC 接口,可以把上述数据库转成 SQL Server 的数据库,因此目前越来越多的读者正在使用 SQL Server。

由于 SQL Server 是微软的产品,又有着如此强大的功能,所以它是几种数据库系统中影响力比较大、用户比较多的。它一般是和微软产品的 net 平台一起搭配使用。当然其他的各种开发平台,都提供了与它相关的数据库连接方式。因此,开发软件用 SQL Server 作数据库是一个正确的选择。

3. MySQL

MySQL 不支持事务处理,没有视图,没有存储过程和触发器,没有数据库端的用户自定义函数,不能完全使用标准的 SQL 语法。

MySQL 的局限性可以通过一部分开发者的努力得到克服。在 MySQL 中你失去的主要功能是 sub - select 语句,而这正是其他的所有数据库都具有的。

MySQL 没法处理复杂的关联性数据库功能,例如,子查询(Subqueries),虽然大多数的子查询都可以改写成 join。

另一个 MySQL 没有提供支持的功能是事务处理(Transaction)以及事务的提交(Commit)/撤销(Rollback)。一个事务指的是被当作一个单位来共同执行的一群或一套命令。如果一个事务没法完成,那么整个事务里面没有一个指令是真正执行下去的。对于必须处理线上订单的商业网站来说,MySQL 没有支持这项功能,的确让人觉得很失望。但是可以用 Max SQL,一个分开的服务器,它能通过外挂的表格来支持事务功能。

外键(Foreign Key)以及参考完整性限制(Referential Integrity)可以让你制定表格中资料间的约束,然后将约束 (Constraint)加到你所规定的资料里面。这些 MySQL 没有的功能表示一个有赖复杂的资料关系的应用程序并不适合使用 MySQL。当我们说 MySQL 不支持外键时,我们指的就是数据库的参考完整性限制——MySQL 并没有支持外键的规则,当然更没有支持连锁删除(Cascading Delete)的功能。

MySQL 中也不会找到存储进程(Stored Procedure)以及触发器(Trigger)。针对这些功能,在 Access 提供了相对的事件进程(Event Procedure)。

2.5 Android 操作系统概述

随着移动设备的不断普及与发展,相关软件的开发也越来越受到程序员的青睐。目前,移动开发领域以 Android 的发展最为迅猛,在短短几年时间里,就撼动了诺基亚 Symbian 的霸主地位。通过其在线市场,程序员不仅能向全世界贡献自己的程序,还可以通过销售获得不菲的收入。

2.5.1 Android 操作系统

Android 是一种基于 Linux 的自由及开放源代码的操作系统,主要使用于移动设备,如智能手机和平板电脑,由 Google 公司和开放手机联盟领导及开发。尚未有统一中文名称,中国大陆地区较多人使用"安卓"。Android 操作系统最初由 Andy Rubin 开发,主要支持手机。2005 年 8 月由 Google 收购注资。2007 年 11 月,Google 与 84 家硬件制造商、软件开发商及电信营运商组建开放手机联盟共同研发改良 Android 系统。随后 Google 以 Apache 开源许可证的授权方式,发布了 Android 的源代码。第一部 Android 智能手机发布于 2008 年 10 月。Android 逐渐扩展到平板电脑及其他领域上,如电视、数码相机、游戏机等。2011 年第一季度,Android 在全球的市场份额首次超过塞班系统,跃居全球第一。2013 年的第四季度,Android 平台手机的全球市场份额已经达到 78.1%。2013 年 9 月 24 日谷歌开发的操作系统 Android 迎来了 5 岁生日,全世界采用这款系统的设备数量已经达到 10 亿台。2014 第一季度 Android 平台已占所有移动广告流量来源的 42.8%,首度超越 iOS,但运营收入不及 iOS。

2.5.2 Android 发展历史

2007 年 11 月 5 日,谷歌公司正式向外界展示了这款名为 Android 的操作系统,并且在这天谷歌宣布建立一个全球性的联盟组织,该组织由 34 家手机制造商、软件开发商、电信运营商以及芯片制造商共同组成,并与 84 家硬件制造商、软件开发商及电信营运商组成开放手持设备联盟(Open Handset Alliance)来共同研发改良 Android 系统,这一联盟将支持谷歌发布的手机操作系统以及应用软件,Google 以 Apache 免费开源许可证的授权方式,发布了 Android 的源代码。

2008 年,在 Google I/O 大会上,谷歌提出了 Android HAL 架构图,在同年 8 月 18 号,Android 获得了美国联邦通信委员会(FCC)的批准,在 2008 年 9 月,谷歌正式发布了 Android 1.0 系统,这也是 Android 系统最早的版本。

2009 年 4 月,谷歌正式推出了 Android 1.5 这款手机,从 Android 1.5 版本开始,谷歌开始将 Android 的版本以甜品的名字命名,Android 1.5 命名为 Cupcake(纸杯蛋糕)。该系统与 Android 1.0 相比有了很大的改进。

2009 年 9 月份,谷歌发布了 Android 1.6 的正式版,并且推出了搭载 Android 1.6 正式版的手机 HTC Hero(G3),凭借着出色的外观设计以及全新的 Android 1.6 操作系统,HTC Hero(G3)成为当时全球最受欢迎的手机。Android 1.6 也有一个有趣的甜品名称,它被称为 Donut(甜甜圈)。

2011 年 1 月,谷歌称每日的 Android 设备新用户数量达到了 30 万部,到 2011 年 7 月,这个数字增长到55 万部,而 Android 系统设备的用户总数达到了 1.35 亿,Android 系统已经成为智能手机领域占有量最高的系统。

2011 年 8 月 2 日,Android 手机已占据全球智能机市场 48% 的份额,并在亚太地区市场占据统治地位,终结了 Symbian(塞班系统)的霸主地位,跃居全球第一。

2011 年 9 月份,Android 系统的应用数目已经达到了 48 万,而在智能手机市场,Android 系统的占有率已经达到了 43%。继续排在移动操作系统首位。谷歌将会发布全新的 Android 4.0 操作系统,这款系统被谷歌命名为 Ice Cream Sandwich(冰激凌三明治)。

2012 年 1 月 6 日,谷歌 Android Market 已有 10 万开发者推出超过 40 万活跃的应用,大多数的应用程序为免费。Android Market 应用程序商店目录在新年首周周末突破 40 万基准,距离突破 30 万应用仅 4 个月。在 2011 年早些时候,Android Market 从 20 万增加到 30 万应用也花了四个月。

2013 年 11 月 1 日,Android 4.4 正式发布,从具体功能上讲,Android 4.4 提供了各种实用小功能,新的 Android 系统更智能,添加更多的 Emoji 表情图案,UI 的改进也更现代,如全新的 Hello iOS7 半透明效果。

2015 年 7 月 27 日,网络安全公司 Zimperium 研究人员警告,安卓(Android)存在“致命”安全漏洞,黑客发送一封彩信便能在用户毫不知情的情况下完全控制手机。

Android 在正式发行之前,最开始拥有两个内部测试版本,并且以著名的机器人名称来对其进行命名,它们分别是:阿童木(Android Beta),发条机器人(Android 1.0)。后来由于涉及版权问题,谷歌将其命名规则变更为用甜点作为它们系统版本的代号的命名方法。甜点命名法开始于 Android 1.5 发布的时候。作为每个版本代表的甜点的尺寸越变越大,然后按照 26 个字母数序:纸杯蛋糕(Android 1.5),甜甜圈(Android 1.6),松饼(Android 2.0/2.1),冻酸奶(Android 2.2),姜饼(Android 2.3),蜂巢(Android 3.0),冰激凌三明治(Android 4.0),果冻豆(Jelly Bean,Android 4.1 和 Android 4.2),奇巧(KitKat,Android 4.4),棒棒糖(Lollipop,Android 5.0),棉花糖(Marshmallow,Android 6.0),牛轧糖(Nougat,Android 7.0)。

2.5.3 Android 开发环境

1. Android 开发环境搭建

JDK 原本是 Sun 公司的产品,由于 Sun 公司已经被 Oracle 收购,因此 JDK 需要到 Oracle 公司的官方网站下载,如图 2-8 所示。Oracle 官网的下载地址:

http://www.oracle.com/technetwork/java/javase/downloads/jdk8-downloads-2133151.html

根据系统情况,选择相应的版本的 JDK 进行下载,这里选择 Windows-x64 系统下的 JDK 安装程序进行下载。下载完成后,双击可执行文件进行安装,如图 2-9 所示。

Java SE Development Kit 8u171

You must accept the Oracle Binary Code License Agreement for Java SE to download this software.

Accept License Agreement　Decline License Agreement

Product / File Description	File Size	Download
Linux ARM 32 Hard Float ABI	77.97 MB	jdk-8u171-linux-arm32-vfp-hflt.tar.gz
Linux ARM 64 Hard Float ABI	74.89 MB	jdk-8u171-linux-arm64-vfp-hflt.tar.gz
Linux x86	170.05 MB	jdk-8u171-linux-i586.rpm
Linux x86	184.88 MB	jdk-8u171-linux-i586.tar.gz
Linux x64	167.14 MB	jdk-8u171-linux-x64.rpm
Linux x64	182.05 MB	jdk-8u171-linux-x64.tar.gz
Mac OS X x64	247.84 MB	jdk-8u171-macosx-x64.dmg
Solaris SPARC 64-bit (SVR4 package)	139.83 MB	jdk-8u171-solaris-sparcv9.tar.Z
Solaris SPARC 64-bit	99.19 MB	jdk-8u171-solaris-sparcv9.tar.gz
Solaris x64 (SVR4 package)	140.6 MB	jdk-8u171-solaris-x64.tar.Z
Solaris x64	97.05 MB	jdk-8u171-solaris-x64.tar.gz
Windows x86	199.1 MB	jdk-8u171-windows-i586.exe
Windows x64	207.27 MB	jdk-8u171-windows-x64.exe

图 2－8　JDK 下载界面

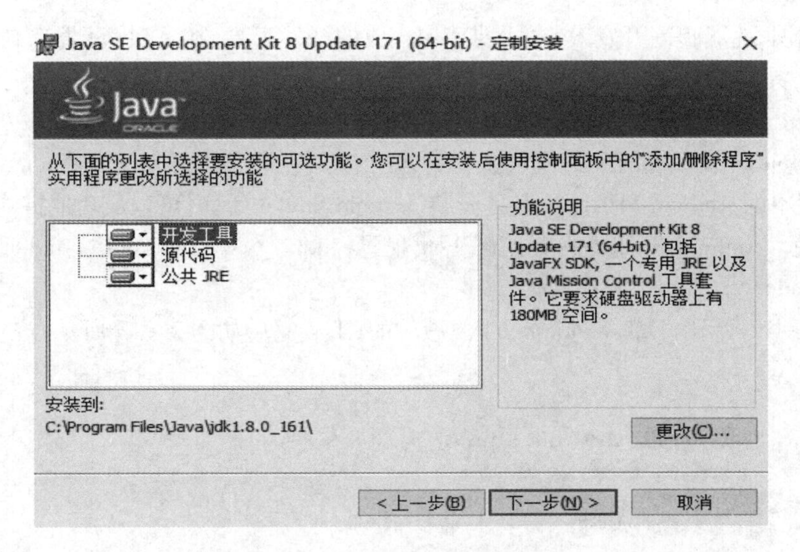

图 2－9　JDK 开始安装界面

默认安装到 C 盘，也可以根据自己的情况选择安装路径，本书安装到 D 盘下，路径为 D：\Java\jdk1.8.0_161\。按步骤安装完后，需要进行环境变量的配置，右击鼠标，在弹出的快捷菜单中选择“属性”→“高级系统设置”→“环境变量”选项，新建系统变量 JAVA_HOME，其值设置为 D：\Java\jdk1.8.0_161，如图 2－10 所示。

新建系统变量

变量名(N):　JAVA_HOME

变量值(V):　D:\Java\jdk1.8.0_161

浏览目录(D)...　浏览文件(F)...　确定　取消

图 2－10　设置 JAVA_HOME 环境变量

然后在系统环境变量中找到“Path”环境变量，点击“编辑”→“新建”，新增一条配置信息，内容为 D:\Java\jdk1.8.0_161\bin。环境变量配置完成。

为检验 JDK 是否安装成功，可使用“win + R”快捷键，启动“运行”程序，输入 cmd 命令后进入 DOS 命令行窗口，输入 java - version 命令，如果出现图 2 - 11 显示的信息，说明 JDK 安装成功。

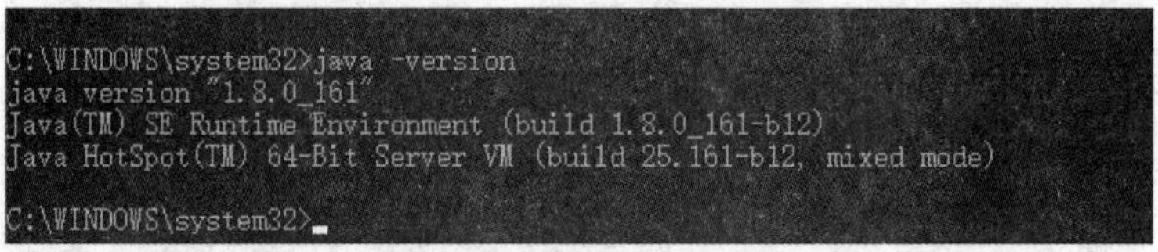

```
C:\WINDOWS\system32>java -version
java version "1.8.0_161"
Java(TM) SE Runtime Environment (build 1.8.0_161-b12)
Java HotSpot(TM) 64-Bit Server VM (build 25.161-b12, mixed mode)

C:\WINDOWS\system32>_
```

图 2 - 11　java - version 命令检查 JDK 是否安装成功

2. Android Studio 下载与安装

通常情况，为了提高开发效率，需要使用相应的开发工具，在 Android 发布初期，推荐使用的开发工具是 Eclipse。2015 年 Android Studio 正式版推出，标志着 Google 公司推荐的 Android 开发工具已从 Eclipse 改为 Android Studio。而且在 Android 的官方网站中，也提供了集成 Android 开发环境的工具包。在该工具包中，不仅包含了开发工具 Android Studio，还包括最新版本的 Android SDK。下载并安装 Android Studio 后，就可以成功地搭建好 Android 的开发环境。Android Studio 中文社区下载地址：http://www.android - studio.org/index.php/download。

如图 2 - 12 所示，下载 Windows 64 位版本的，下载完后如图 2 - 13 所示，按步骤进行安装即可。

立即开始使用 Android Studio

Android Studio 包含用于构建 Android 应用所需的所有工具。

下载 ANDROID STUDIO
3.0.1 FOR WINDOWS (683 MB)

· 版本：3.0.1.0

· 发布日期：NOVEMBER 20, 2017

选择其他平台

平台	Android Studio 软件包	大小	SHA-256 校验和
Windows (64 位)	android-studio-ide-171.4443003-windows.exe 无 Android SDK	683 MB (716,684,712 bytes)	1f71333fc8f31281b643a12d7f9d4c22e75ee7c14dc1faf00ce3d5291ef40bb0
	android-studio-ide-171.4443003-windows.zip 无 Android SDK，无安装程序	739 MB (775,207,909 bytes)	b9f73dd6d2159f226c5e507275c7a5e7cc38106fa0ee1189286675ccfc4a330e
Windows (32 位)	android-studio-ide-171.4443003-windows32.zip 无 Android	738 MB (774,678,163 bytes)	cd644af01126a9d8cf372ada1f520579d443946e5cfa99e42234d539db59f842

图 2 - 12　Android Studio 下载界面

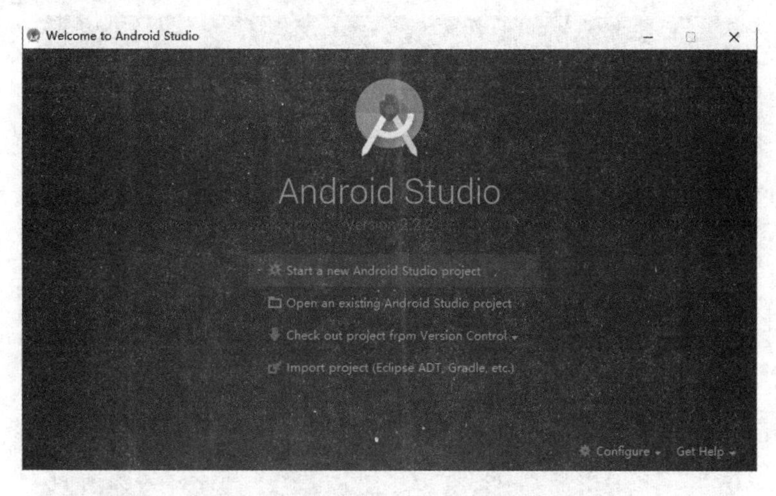

图 2－13　**Android Studio 启动界面**

3. Android SDK 下载与安装

在启动界面中点击右下角"Configure"→"SDK Manager",进入到 Android SDK 下载界面,选择相应版本进行安装,如图 2－14 所示。

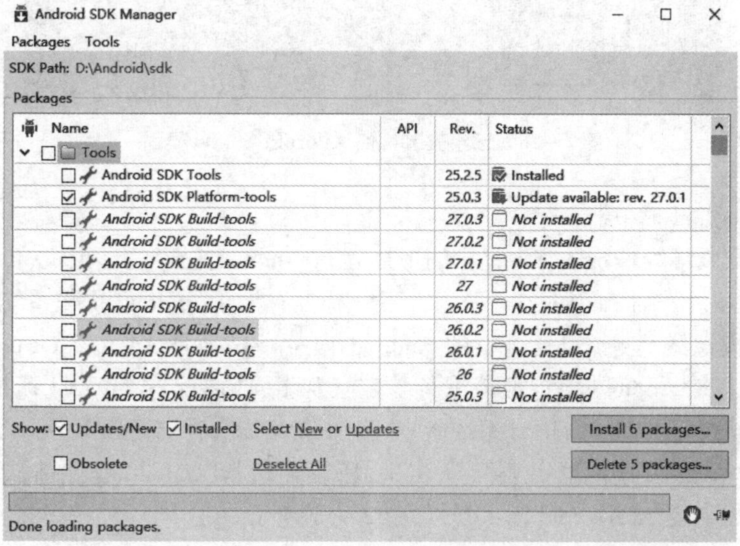

图 2－14　**SDK Manager 界面**

安装完成后,需要配置环境变量。方法和 JDK 环境变量的设置相同。首先,新建环境变量 SDK_HOME,将其变量设置为 SDK 所在目录,然后在 Path 变量值前加上%SDK_HOME/tools 即可,设置完成后,可以运行 cmd 命令,进入命令行串口,输入 Android －h,如图 2－15 所示,即说明 SDK 安装成功。已经安装好的 Android Studio 界面如图 2－16 所示。

```
Microsoft Windows [版本 10.0.17134.1]
(c) 2018 Microsoft Corporation。保留所有权利。

C:\WINDOWS\system32>android -h

      Usage:
      android [global options] action [action options]
      Global options:
  -s --silent     : Silent mode, shows errors only.
  -v --verbose    : Verbose mode, shows errors, warnings and all messages.
     --clear-cache: Clear the SDK Manager repository manifest cache.
  -h --help       : Help on a specific command.

                                                      Valid
                                                      actions
                                                      are
                                                      composed
                                                      of a verb
                                                      and an
                                                      optional
                                                      direct
                                                      object:
-    sdk            : Displays the SDK Manager window.
-    avd            : Displays the AVD Manager window.
-   list            : Lists existing targets or virtual devices.
-   list avd        : Lists existing Android Virtual Devices.
-   list target     : Lists existing targets.
-   list device     : Lists existing devices.
-   list sdk        : Lists remote SDK repository.
```

图 2-15　Android - h 命令检验 SDK 是否安装成功

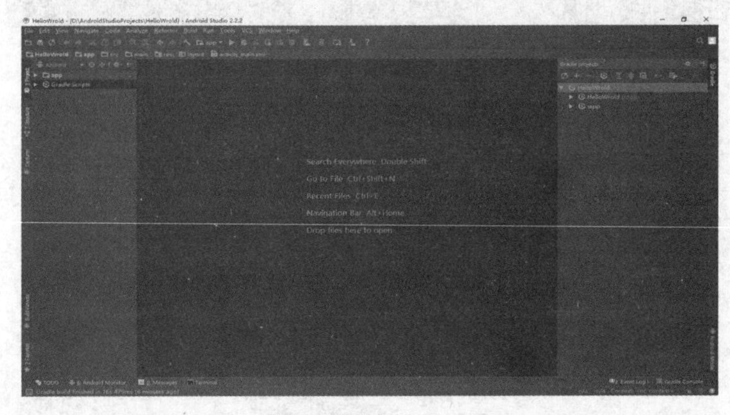

图 2-16　已经安装好的 Android Studio 界面

4. 使用 Android 模拟器

Android 模拟器是 Google 官方提供的一款运行 Android 程序的虚拟机,可以模拟手机、平板电脑等设备。作为 Android 开发人员,不管有没有给予 Android 操作系统的设备,都需要在 Android 模拟器上测试自己开发的 Android 程序。AVD 是 Android Virtual Device 的简称。通过它可以对 Android 模拟环境进行自定义配置,能够配置 Android 模拟器的硬件列表、模拟器的外观、支持的 Android 系统版本、附加 SDK 库和存储设置等。

由于启动 Android 模拟器需要配置 AVD,所以在运行 Android 程序前,首先需要创建 AVD,创建 AVD 并启动 Android 模拟器,如图 2-17 所示。

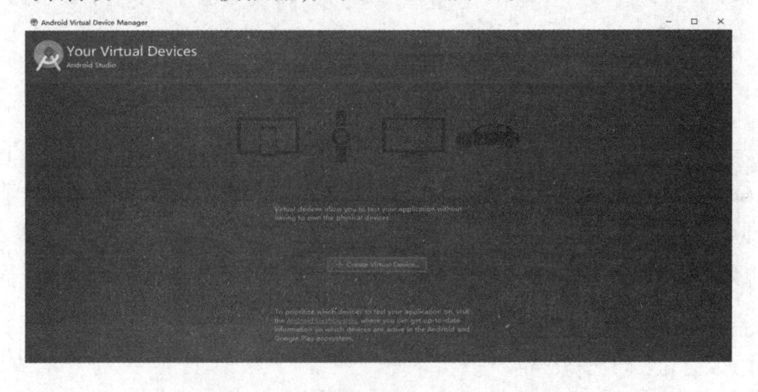

图 2-17　创建新的 AVD 对话框

选择“Create Virtual Device”,进入创建 AVD 向导,首先选择要创建的虚拟硬件设备,本书以 4.95 寸的“Nexus 5”设备为例,如图 2 - 18 所示。

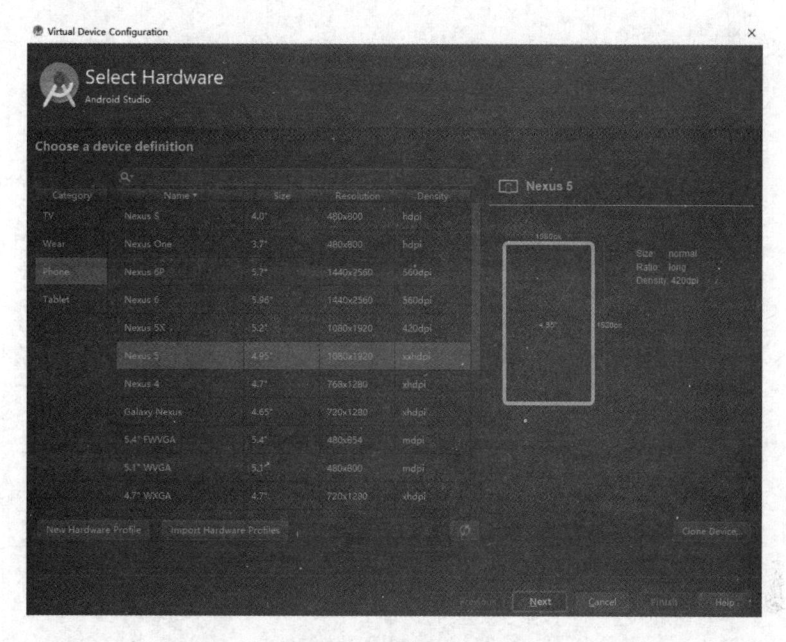

图 2 - 18　选择设备

单击“NEXT”按钮,将弹出选择系统镜像对话框。在该对话框中,列出了已经下载好的系统镜像,大家可以根据自己的需求进行选择。本书以选择“Lollipop”系统镜像为例,如图2 - 19所示

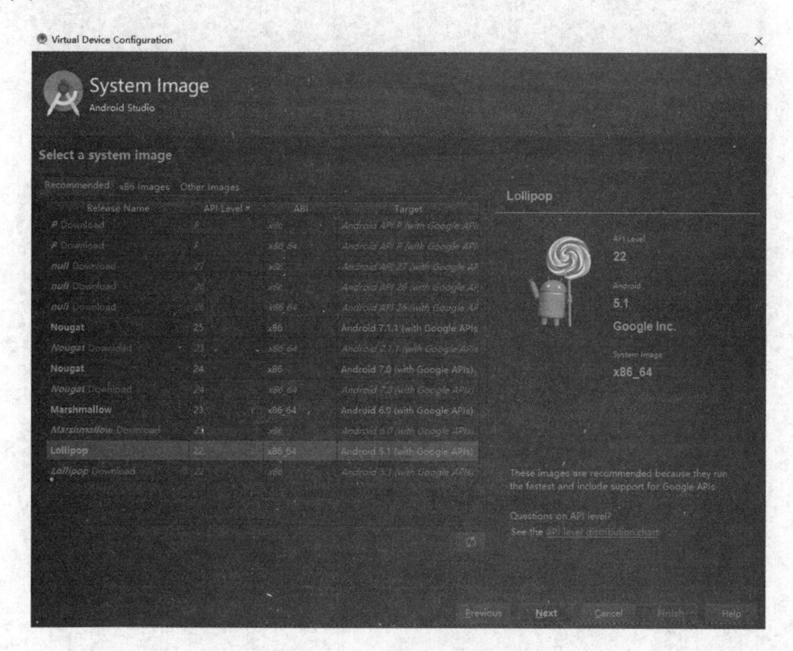

图 2 - 19　选择系统镜像

选择好系统镜像后，单击“NEXT”按钮，将弹出验证配置对话框。在该对话框的 AVD Name 处输入要创建的 AVD 名称，其他采用默认配置即可，如图 2－20 所示。

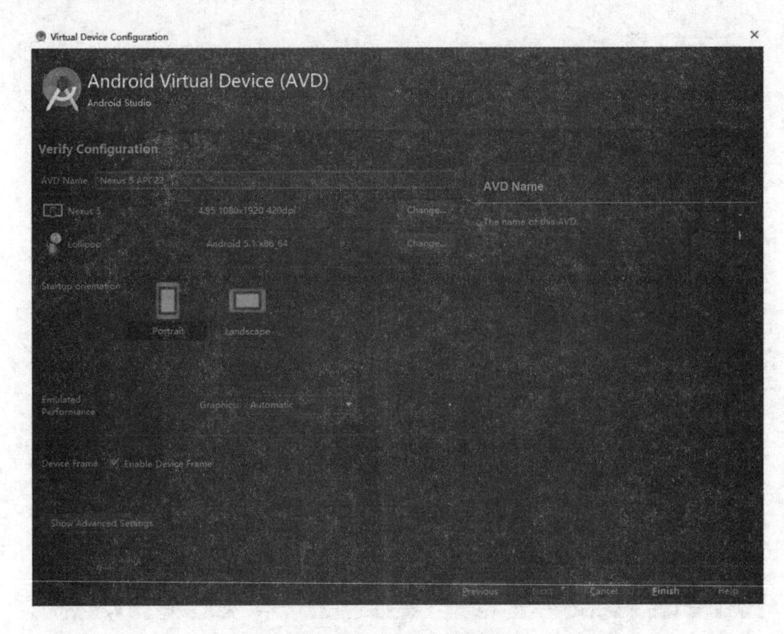

图 2－20　AVD 配置验证

单击“Finish”按钮，完成 AVD 的创建。AVD 创建完成后，将现实在 AVD Manager 中，如图 2－21 所示。

图 2－21　已创建的 AVD 列表

在 AVD Manager 列表界面点击绿色启动按钮，即可启动创建完成的 AVD，如图 2－22 所示。

图 2－22　AVD 启动界面

5. 创建一个简单的 Android 应用程序

启动 Android Studio，在环境对话框中，可以创建新项目，打开已经存在的项目、导入项目等，在 Android Studio 中，一个 project 相当于一个工作空间，一个工作空间中可以包含多个 module，每个 module 对应一个 Android 应用。接下来，通过一个例子介绍如何创建项目，即创建一个简单的 Android 应用。

在 Android Studio 欢迎对话框中，单击“Start a new Android Studio project”按钮，进入到 Create New Project 对话框中，新建一个应用程序项目。在该对话框中的 Application Name 文本框中输入应用程序名称，例如 Hello Word，在 Company Domain 文本框中输入公司域名，例如 example. com，将自动生成 Package Name，并且默认为不可修改状态。如果想要修改，可以单击 Package Name 右侧的 Edit 超链接，使其变为可修改状态，然后输入想要的名称。在 Project Location 文本框中输入想要保存项目的位置，如图 2－23 所示。

图 2－23　新建一个应用程序项目

单击“NEXT”按钮，将进入到选择目标设备对话框。在该对话框中，首先选中 Phone and Table 复选框，然后在 Minimum SDK 下拉列表框中选择最小 SDK 版本，例如 API 14，即 Android 4.0，如图 2－24 所示。

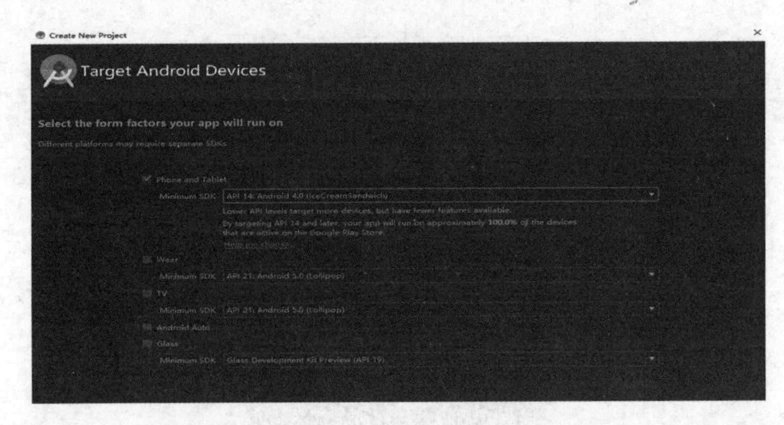

图 2-24　选择程序运行环境和最低的 SDK 版本

单击“NEXT”按钮,将进入到选择创建 Activity 类型对话框。在该对话框中,将列出一些用于创建 Activity 的模板,我们可以根据需要进行选择,也可以选择不创建 Activity,即 Add No Activity。这里我们选择创建一个空白的 Activity,即 Empty Activity,如图 2-25 所示。

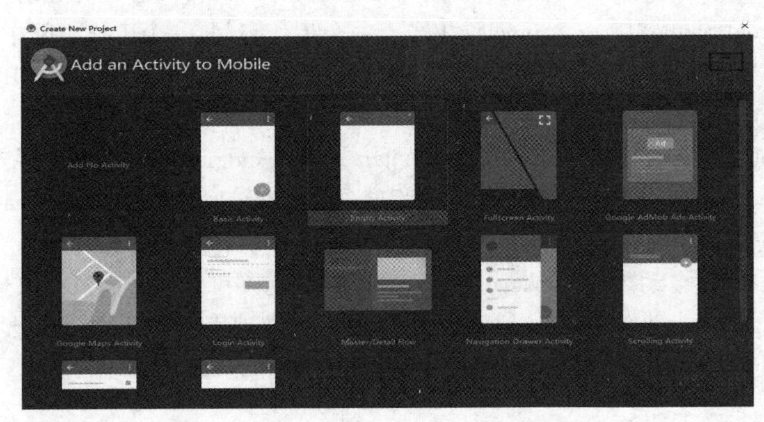

图 2-25　选择创建 Activity 的类型

单击“NEXT”按钮,将进入自定义 Activity 对话框,在该对话框中,可以设置自动创建 Activity 的类名和布局文件名称,这里采用默认设置。

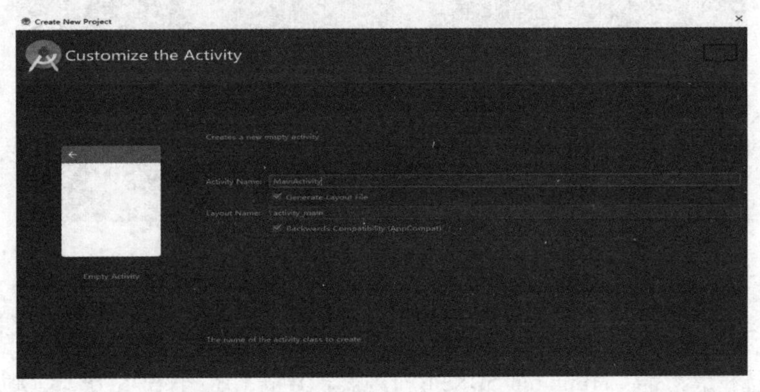

图 2-26　对 Empty Activity 进行设置

单击“Finish”按钮，创建编译完成后，将打开该项目，即进入到 Android Studio 的主页，同时打开创建好的项目，默认显示 MainActivity. java 文件的内容，如图 2 – 27 所示。

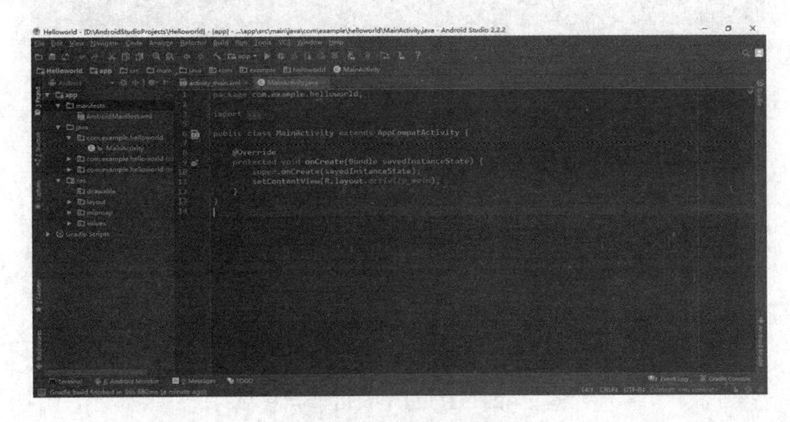

图 2 – 27　创建好的项目

默认情况下，在 Android Studio 中创建 Android 项目后，将默认生成如图 2 – 28 所示的项目结构。由于 Android 项目结构类型是创建项目后默认采用的，所以通常我们就使用这种结构类型。

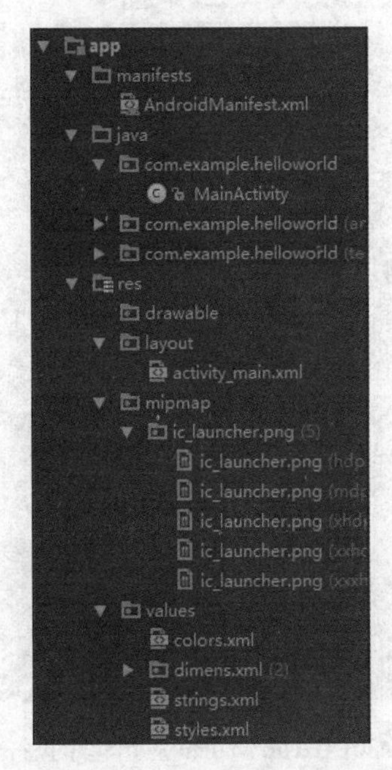

图 2 – 28　默认生成的项目结构

要编写一个在手机屏幕上输出“Hello World”字符串的简单程序，只需对 src 中的 MainActivity. java 源程序进行修改，添加相应的字符串输出语句即可，修改后的代码如图 2 – 29所示，白框内为新增的代码。

```java
package com.example.helloworld;

import android.support.v7.app.AppCompatActivity;
import android.os.Bundle;
import android.widget.TextView;

public class MainActivity extends AppCompatActivity {

    @Override
    protected void onCreate(Bundle savedInstanceState) {
        super.onCreate(savedInstanceState);
        //setContentView(R.layout.activity_main);
        TextView tv = new TextView(this);
        tv.setText("Hello World");
        setContentView(tv);
    }
}
```

图 2-29 **Hello World** 程序代码

源程序修改完成后，在 Package Explorer 中选中 Hello World 项目，选择 Run 菜单中的 Run as→Android Application 命令，如果程序正确，就会启动创建好的 Android 模拟器运行该应用程序，在手机屏幕上输出“Hello World”字符串，如图 2-30 所示。

图 2-30 **Hello World** 应用程序运行结果

习 题

一、选择题

1. 通过硬件和软件的功能扩充，把原来独占的设备改造成若干用户共享的设备，这种设备称为(　　)。

   A. 存储设备　　B. 系统设备　　C. 虚拟设备　　D. 用户设备

2. CPU 输出数据的速度远远高于打印机的打印速度,为解决这一矛盾,可采用(　　)。

A. 并行技术　　B. 通道技术　　C. 缓冲技术　　D. 虚存技术

3. 为了使多个进程能有效的同时处理 I/O,最好使用(　　)结构的缓冲技术。

A. 缓冲池　　B. 单缓冲区　　C. 双缓冲区　　D. 循环缓冲区

4. 下面关于设备属性的论述中正确的为(　　)。

A. 字符设备的一个基本特征是不可寻址的,即能指定输入时的源地址和输出时的目标地址

B. 共享设备必须是可寻址的和可随机访问的设备

C. 共享设备是指在同一时刻内,允许多个进程同时访问的设备

D. 在分配共享设备和独占设备时,都可能引起进程死锁

5. 下面哪项不是分布式操作系统的特征(　　)。

A. 统一性　　B. 共享性　　C. 透明性　　D. 并行性

6. 下面关于虚拟设备的论述中,正确的是(　　)。

A. 虚拟设备是指允许用户使用比系统中具有的物理设备更多的设备

B. 虚拟设备是指把一个物理设备变成多个对应的逻辑设备

C. 虚拟设备是指允许用户以标准化方式来使用物理设备

D. 虚拟设备是指允许用户程序不必全部装入内存便可使用系统中的设备

7. 下面不适合于磁盘调度算法的是(　　)。

A. FCFS　　B. SCAN　　C. CSCAN　　D. 时间片轮转算法

8. 常用的数据库管理系统不包括(　　)。

A. Oracle　B. SQL Server　C. MySQL　D. DOS

二、简答题

1. 常见的操作系统有哪些?

2. Windows 系统吸引用户的优点有哪些?

3. 简单介绍 UNIX 操作系统的主要功能。

4. 简述编译的过程。

第3章　应用软件开发工具介绍

随着计算机应用领域的延伸,计算机技术的不断普及,计算机科学与技术相关领域的从业者越来越多地从事各种系统软件或应用软件的开发。本章首先介绍了程序语言的分类,重点介绍了高级语言;然后介绍应用软件开发工具的基本构成,分别以 Windows 系统中图形界面的 Visual Studio 2010(简称 VS 2010)以及 Linux 系统中命令行界面的几种不同的软件开发环境为例说明应用软件开发环境的基本构成、一般功能和使用方法。

3.1　程序设计语言

程序设计语言即用于书写计算机程序的语言。语言的基础是一组记号和一组规则。根据规则由记号构成的记号串的总体就是语言。程序设计语言有3方面的要素,即语法、语义和语用。语法表示程序的结构或形式,即表示构成语言的各个记号之间的组合规律,但不涉及这些记号的特定含义,也不涉及使用者。语义表示程序的含义,即表示按照各种方法所表示的各个记号的特定含义,但不涉及使用者。语用表示程序与使用者的关系。

3.1.1　程序设计语言的分类

程序设计语言的分类按程序员与计算机对话的复杂程度,将程序设计语言分为低级语言和高级语言两类。低级语言又包括机器语言和汇编语言。

1. 机器语言

计算机所能直接接受的只能是二进制信息,因此最初的计算机指令都是用二进制形式表示的。机器语言(Machine Language)是以计算机能直接识别的“0”或“1”二进制代码组成的一系列指令,每条指令实质上是一组二进制数。指令送入计算机后,存放在存储器中,运行后,逐条从存储器中取出指令,经过译码,使计算机内各部件根据指令的要求完成规定的操作。用机器语言编写的程序称为机器语言程序,它是计算机唯一能直接理解的语言,但由于机器指令是烦琐冗长的二进制代码,所以利用机器语言编写程序要求程序设计人员熟记计算机的指令,工作量大、容易出错又不容易修改,同时符合计算机系统的机器指令也不一定相同,所编制的程序只适用于特定的计算机系统。因此,利用机器语言编写程序对非计算机专业人员是比较困难的。为此,人们研究了一种汇编语言。

2. 汇编语言

由于机器语言编写程序困难很大,出现了用符号来表示二进制指令代码的符号语言,称为汇编语言(Assembly Language)。汇编语言用容易记忆的英文单词缩写代替约定的指令,例如,用 MOV 表示数据的传送指令,用 ADD 表示加法指令,用 SLB 表示减法指令等。汇编语言的出现使得程序的编写方便了许多,并且编写的程序便于检查和修改。用汇编语言编写的程序称为汇编语言源程序,常简称为汇编语言程序。下面是一个 80×86 汇编语言程序实例和对应的机器语言程序。

汇编语言程序		机器语言程序	
0100	MOV DL,01	0100	B201
0102	MOV AH,02	0102	B402
0104	INT 21	0104	CD21
0106	INT 20	0106	CD20

计算机只能够执行机器语言表示的指令系统,因此利用汇编语言编写的程序必须经过翻译,转换为机器语言代码才能在计算机上运行,这个过程是通过一个翻译程序自动完成的,将汇编语言程序翻译成机器语言程序的程序通常称为汇编程序。翻译的过程称为汇编。

汇编语言仍然是面向机器的程序设计语言,与具体的计算机硬件有着密切的关系,汇编语言指令与机器语言指令基本上是一一对应的,利用汇编语言编写程序必须对计算机的硬件资源有一定的了解,如计算机系统的累加器、各种寄存器、存储单元等。因此,汇编程序的编写、阅读对非计算机专业人员来说,依然存在着较大的障碍,为了克服这些不足之处,人们进一步研制出了高级语言。

3. 高级语言

高级语言(Higher - level Language)是更接近自然语言和数学表达式的一种语言,它由表达不同意义的“关键字”和“表达式”按照一定的语法、语义规则组成,不依赖于具体机器。用高级语言编写的程序易读、易记,也便于修改、调试,大大提高了编制程序的效率,也大大提高了程序的通用性,便于推广交流,从而极大地推动了计算机的普及应用。

用高级语言编写的程序称为源程序(Source Program)。源程序必须经过“翻译”处理,成为计算机能够识别的机器指令,计算机才能执行。这种“翻译”通常有两种做法,即解释方式和编译方式。

(1)解释方式。

解释方式是通过解释程序(Interpreter)对源程序进行逐句翻译,翻译一句执行一句,翻译过程中并不生成可执行文件,这和“同声翻译”的过程差不多,如果需要重新执行这个程序,就必须重新翻译。因为解释程序每次翻译的语句少,所以对计算机的硬件环境,如内存储器,要求不高,特别是在早期的计算机硬件资源较少的背景下,解释系统被广泛使用。当然,因为是逐句翻译,两条语句执行之间需要等待翻译,因此程序运行速度较慢,同时系统一般不提供任何程序分析和代码优化,这种方式有特定的时代印记,现在主要使用在专用系统中。

(2)编译方式。

编译方式是利用编译程序(Compiler)把高级语言源程序文件翻译成用机器指令表示的目标程序(Object Program)文件,再将目标程序文件通过连接程序生成可执行文件,最后运行可执行文件,得到计算结果,整个过程可以用图3-1表示。生成的可执行文件就可以脱离翻译程序单独执行了。

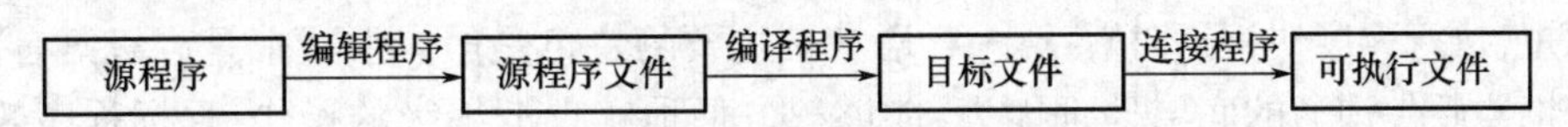

图3-1　高级语言程序的编译执行过程

编译系统由于可进行代码优化(有的编译程序可做多次优化),所以目标码效率很高,是目前高级语言实现的主要方式。常见的程序设计语言,如C/C++、FORTRAN等都是编译语言。用这些语言编写的源程序,都需要进行编译、连接,才能生成可执行程序。

编译程序是一个十分复杂的程序,将源程序编译生成目标程序要做一系列的工作,图3-2反映了编译程序的工作过程,其各个功能模块的作用如下。

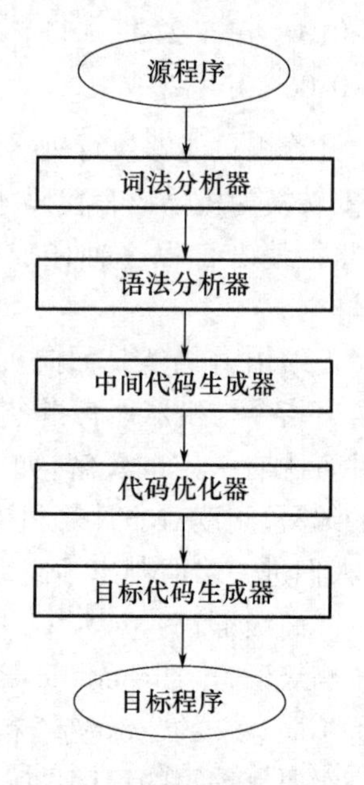

图3-2 编译程序工作过程

① 词法分析器。它对字符串形式的源程序代码进行扫描,按语言的词法规则识别出各类单词,并将它们转换为机内表示形式。词法分析器又称扫描器。

② 语法分析器。它的作用是对单词进行语法分析,按该语言语法规则分析出一个个语法单位,如表达式、语句等。

③ 中间代码生成器。它将由语法分析获得的语法单位转换成某种中间代码。高级语言不像汇编语言那样和机器语言具有一一对应的关系。因此很难一步把它们翻译成机器指令序列,通常先将其翻译成中间代码,再将中间代码序列翻译成最终的目标代码。采用中间代码的好处是可以对中间代码进行代码优化。

④ 代码优化器。它的作用是对中间代码进行优化,以便最后生成的目标代码在运行速度、存储空间等方面具有更高的质量。

⑤ 目标代码生成器。它的作用是将优化后的中间代码转换为最终的目标程序。

不难理解的是,在上述翻译过程中,编译程序只能发现程序中的语法错误,而不能发现算法设计中的错误。前者属于语言范畴,而后者则属于逻辑问题,解决程序的逻辑问题是程序设计者的任务。

随着高级语言的发展,出现了高级语言各自的集成化开发环境(Integrated Development Environment,IDE)。所谓集成化开发环境就是将源程序文件的编辑、翻译(解释或编译)、连接、运行及调试等操作集成在一个环境中,各种操作设计成菜单命令。除了关于程序执行的主要操作命令外,还设计了关于文件操作的命令(如文件打开、存盘、关闭等)、程序调试命令(如分步操作、跟踪、环境设置等)等,这样方便了程序的编写、调试和运行。

3.1.2 常用的程序设计语言

目前,已有的程序设计语言有很多种,但只有少部分得到了比较广泛的应用,下面介绍几种常用的程序设计语言。

1. C语言和C++语言

C语言是20世纪70年代初由美国贝尔实验室的Dennis M. Ritchie在B语言基础上开发出来的,主要用于编写UNIX操作系统。C语言功能丰富,使用灵活,简洁明了,编译产生的代码短,执行速度快,可移植性强。C语言最主要的特色是虽然形式上是高级语言,但却具有与机器硬件沟通的底层处理能力,能够很方便地实现汇编级的操作,目标程序效率较高。它既可以用来开发系统软件,也可用来开发应用软件。由于C语言的显著特点,使其迅速成为最广泛使用的程序设计语言之一。

1980 年,贝尔实验室的 Bjarne Stroustrup 对 C 语言进行了扩充,加入了面向对象的概念,对程序设计思想和方法进行了彻底的革命,并于 1983 年改名为 C + + 语言。由于 C + + 语言对 C 语言是兼容的,而 C 语言的广泛使用使得 C + + 语言成为应用最广的面向对象程序设计语言。目前主要的 C + + 语言开发工具有 Borland 的 C + + Builder 和 Microsoft 的 Visual C + + 、C#等。

2. Java 语言

Java 是在 1995 年由 SUN 公司开发的面向对象的程序设计语言,主要用于网络应用开发。Java 的语法类似于 C + + 语言,但简化并除去了 C + + 语言的一些容易被误用的功能,如指针等,使程序更严谨、可靠、易懂。它适用于 Internet 环境并具有较强的交互性和实时性,提供了对网络应用的支持和多媒体的存取,推动了 Internet 和企业网络的 Web 进步。Java 语言的跨平台性使其应用迅速推广,而 SUN 公司的 J2EE 平台的发布,加速推动了 Java 在各个领域的应用。

3. 标记语言和脚本语言

在网络时代,要制作 Web 页,需要标记语言和脚本语言,虽然它们不同于前面介绍的程序设计语言,但也有相似之处。标记语言是一种描述文本、文本结构和外观细节的文本编码。脚本语言以脚本的形式定义一项任务,以此控制操作环境,扩展使用应用程序的性能。在网络应用软件开发中,标记语言描述网页中各种媒体的显示形式和链接;脚本语言增强 Web 页面设计人员的设计能力,扩展网页应用。

(1)标记语言。超文本标记语言(Hyper Text Markup Language,HTML)是网页内容的描述语言。HTML 是格式化语言,它确定 Web 页面中文本、图形、表格和其他一些信息的静态显示方式,它能将各处的信息连接起来,使生成的文档成为超文本文档。HTML 语言编写的代码是纯文本的 ASCII 文档,当使用浏览器进行查看时,这些代码能产生相应的多媒体、超文本的 Web 页面。

可扩展标记语言(Extensible Markup Language,XML)定义了一套定义语义标记的规则,这些标记将文档分成许多部件并对部件加以标记。XML 是对 HTML 的扩展,主要是为了克服 HTML 只能显示静态的信息、使用固定的标记、无法反映数据的真实物理意义等缺陷。

(2)脚本语言。脚本语言实质是大型机和微型机的批处理语言的分支,将单个命令组合在一起,形成程序清单,以此来控制操作环境,扩展使用应用程序的性能。脚本语言不能独立运行,需要依附一个主机应用程序来运行。VBScript、JavaScript 是专用于 Web 的脚本语言,主要解决 Web 的动态交互问题。脚本语言分为客户端和服务器端两个不同版本,客户端实现改变 Web 页外观的功能,服务器端完成输入验证、表单处理、数据库查询等功能。

3.1.3　高级语言的基本特征

高级语言自 20 世纪 50 年代问世以来,种类繁多,虽然每种语言都是针对不同的应用背景设计的,都具有自己的特点,但是高级语言都有共同的基本特征。

1. 数据类型

数据是程序的处理对象,其重要特征是数据类型,数据的类型确定了该数据的形式、取值范围以及所能参与的运算。也就是说,数据类型不同,它的取值形式、范围以及在计算机中的存储方式也是不同的,同样能参与的运算也是不同的。例如,整数 475 与字符“475”是两种不同类型的数据,它们的存储方式和参与的运算也是不同的。

各种高级语言都提供了丰富的数据类型,这些数据类型可以分为两大类:简单类型和构造类型。其中简单类型一般有整型、实型、字符型、逻辑型、指针类型等;构造类型有数组类型、集合类型、记录类型、文件类型等。

不同的高级语言,所提供的数据类型是不同的,数据类型越丰富,该语言的数据表达能力越强。例如,C 语言和 Pascal 语言的指针类型为建立动态数据结构提供了方便,FORTRAN 的双精度型、复数型数据提高了其数值计算能力。

2. 运算与表达式

(1)常量。

常量就是固定的值,在高级语言中常量是有类型的,不同类型的常量有严格的表示方式。即便是同一类型的常量,在不同的高级语言中表示方法也可能不同。

(2)变量。

程序中定义一个变量,在编译该程序时编译系统为该变量分配相应的存储单元,即一个变量名对应一个存储单元。

在高级语言中用变量名的方式对存储单元进行访问,这些访问包括从存储单元中读数、向存储单元中存数、把存储单元的数据输出等。不同的高级语言对变量名的规定、对变量的定义方式都有各自的语法规定,在使用某种高级语言编写程序时,要严格按照该高级语言的语法规定定义变量。变量一般都要先定义,后使用。

(3)表达式。

表达式就是把常量、变量和其他形式的数据用运算符连接起来的式子。高级语言中的运算符如下所述。

算术运算符:加、减、乘、除、乘方。

关系运算符:大于、小于、等于、大于等于、小于等于、不等于。

逻辑运算符:与、或、非。

字符运算符:字符连接。

在高级语言中,根据表达式结果类型不同,表达式可分为算术表达式、关系表达式、逻辑表达式和字符表达式。其中,算术表达式的结果是算术量,关系表达式和逻辑表达式的结果是逻辑量,字符表达式的结果是字符量。各种运算符有不同的优先级别。在设计程序时,必须严格按照所使用程序设计语言的语法规定书写表达式,确保编译系统所识别的表达式与实际表达式一致。

3. 语句

一个程序的主体是由语句组成的,语句是构成程序的基本单位,语句决定了如何对数据进行处理。在高级程序语言中,语句分为两大类:可执行语句和说明语句。

可执行语句是指那些在执行时要完成特定的操作(或动作),并且在可执行程序中构成执行序列的语句。例如,赋值语句、流程控制语句、输入输出语句都是可执行语句。

说明语句也称为非执行语句,不是程序执行序列的部分。它们只是用来描述某些对象(如数据、子程序等)的特征,将这些有关的信息通知编译系统,使编译系统在编译源程序时,按照所给的信息对对象做相应的处理。

(1)赋值语句。

赋值语句是高级语言中使用最频繁的数据处理语句,其功能是完成数据的运算和存储。程序设计需要进行某种运算时,通常是将该运算通过一个表达式表示出来,交给计算机来完成,运算的结果存储到计算机的存储单元中,以备后面的数据处理使用,在高级语言中使用赋值语句实现上述过程。赋值语句的一般格式为:

变量名 赋值号 表达式

在赋值语句中,变量名代表计算机的存储单元,表达式表示所进行的运算,不同的高级语言,赋值号的形式不同,通常使用数学中的“=”作为赋值号。切勿将赋值号理解为数学上的等号,赋值实际上是代表一种传送(Move)操作。例如,C语言中的语句“x=x+1”;表示读出变量x存储单元中的数据,然后加1,再将运算的结果存入变量x存储单元中。

(2)输入输出语句。

输入输出语句在某些高级语言中有的有定义,有的则没有,如C语言是通过输入和输出函数来完成的。

输入语句也是程序设计中经常使用的语句,用来从外部设备获得数据处理中所需要的数据。通过设置输入语句,程序在运行过程中需要数据时,系统就可以从指定的外部设备中读取数据,因此在输入语句中要说明输入什么数据、用什么格式输入、使用什么设备输入。

输出语句是程序设计中不可缺少的语句,只有通过输出语句,系统才会把计算机存储单元中的数据按照指定的格式输出到指定的输出设备上,因此在输出语句中同样要说明输出什么数据、用什么格式输出、使用什么设备输出。

(3)程序的控制结构语句。

在高级语言中使用顺序结构、选择结构和循环结构3种结构化的控制结构。不同的高级语言使用不同形式的语句结构来实现这3种控制结构。

① 顺序结构。顺序结构是按照语句的先后顺序依次执行语句。实现顺序控制结构不需要特殊的控制语句,只需按照算法的顺序依次以高级语言语句的形式描述为程序即可。

② 选择结构。选择结构是根据给定的条件决定语句的执行顺序。当条件成立时,执行一种操作;当条件不成立时,执行另一种操作。各种高级语言都提供了多种完成选择结构的语句。如C语言的if-else语句。

③ 循环结构。循环结构控制重复执行一条或多条语句,与选择结构相同,各种高级语言都提供了多种实现循环结构的语句,而且其基本功能相同,只是语句格式有细微差别。

4. 子程序、函数与过程

子程序、函数和过程从某种意义上说应该是同一概念,只是在不同的高级语言中提法不同,它们都是高级语言中提供的实现模块化程序设计和简化程序代码的途径,通常一个子程序、一个函数或一个过程用来完成一个特定的功能,它们可以被主程序模块或其他程序模块调用,有些高级语言中还允许它们自己调用自己(递归调用)。例如,在Visual Basic、FORTRAN语言中用子程序、函数来实现模块化设计;在C语言中用函数实现模块化设计;在Pascal语言中用过程、函数来实现模块化设计。不同的高级语言中子程序、函数和过程的结构形式有一定的差异,但它们基本思想是相同的,编写的方法也基本相同。基本思路是:定义子程序、函数或过程;定义主调模块和被调模块之间的参数及参数传递方式;在主调模块中正确调用被调用模块。

3.1.4 常用的高级语言

计算机能直接识别的语言是机器语言,但机器语言用二进制代码表示机器指令,且跟具体的计算机结构有关,所以程序直观性差、通用性不强,因此一般应用人员都学习利用一种高级语言来编写程序。

1. 传统高级语言

(1)FORTRAN 语言。

FORTRAN 是 Formula Translation 的缩写,意为"公式翻译",在科学计算领域有着十分广泛的应用。FORTRAN 语言于 1954 年被提出,1956 年得以实现。它作为世界上第一个被正式推广使用的高级语言,使得编写程序更为方便、容易,促进了计算机的应用和普及。

FORTRAN 语言问世以来,经过不断发展,先后形成了许多不同版本,如 FORTRAN 66、FORTRAN 77 等。1991 年经 ISO 和 ANSI 双重批准公布了新的 FORTRAN 国际标准 FORTRAN 90,它针对 FORTRAN 77 主要扩充了自由的书写格式、模块化机制、派生类型、类型参数化、指针和递归等。FORTRAN 90 公布之后不久又出现了 FORTRAN 95,FORTRAN 95 扩充了在高性能计算方面的功能,补充了增强的数据类型工具,定义了对 IEEE 浮点算术和浮点异常处理的支持。后来又陆续推出 FORTRAN 2003、FORTRAN 2008 等新版本。FORTRAN 语言的发展使这门古老的语言焕发出新的活力,如今的 FORTRAN 语言不仅保持着擅长于科学计算的优势,而且,还可以像 Visual Basic、Visual C + + 一样开发出基于图形用户界面的应用程序。

(2)BASIC 语言。

1964 年诞生的 BASIC 语言是较早出现且至今仍有较大影响的语言之一。BASIC 是 Beginners ' All - purpose Symbolic Instruction Code 的缩写,其含义是"初学者通用符号指令代码"。BASIC 简单易学,程序容易理解,特别适合初学者学习。BASIC 语言也经历了各种版本,如 Quick BASIC、Turbo BASIC、True BASIC 等。

1991 年,Microsoft 公司推出了 Visual Basic 1.0,这是一个基于对象的开发工具,采用可视化界面设计和事件驱动的编程机制,允许程序员在一个所见即所得的图形界面中迅速完成开发任务。1998 年发布的 Visual Basic 6.0 是传统 Visual Basic 中功能最全、应用最广的一个版本。伴随着 NET 平台的问世,Visual Basic. NET 又以一个全新的面目出现。

(3)Pascal 语言。

1968 年,瑞士的 N. Wirth 教授设计完成了 Pascal 语言,为纪念计算机先驱 Blaise Pascal 而命名,1971 年正式发表。Pascal 语言最初是为系统地教授程序设计而设计的。与以往的编程语言相比,Pascal 在程序设计目标上强调结构化程序设计方法,现在的结构化程序设计思想的起源应归功于它,所以 Pascal 语言是一种结构化程序设计语言,特别适合用于教学。

(4)C 语言。

1972 年,C 语言在美国贝尔实验室问世。最初的 C 语言只是为描述和实现 UNIX 操作系统而设计的,后来美国国家标准化协会(ANSI)和国际标准化组织(ISO)对其进行了发展和扩充。C 语言既有高级语言的优点,又有接近汇编语言的效率,是集汇编语言和高级语言的优点于一身的程序设计语言。

到了 20 世纪 80 年代,贝尔实验室在 C 语言的基础上推出了 C + + 程序设计语言,成为广泛使用的面向对象语言的代表。它既可用来编写系统软件,也可用来编写应用软件。

C/C + +具有很大的灵活性,但这是以开发效率为代价的,一般来说,相同的功能,C/C + +开发周期要比其他语言长。人们一直在寻找一种可以在功能和开发效率之间达到更好平衡的语言。好的替代语言应该能为现存和潜在平台上的开发提供更高效率,可以方便地与现存应用结合,并且在必要时可以使用底层代码针对这种需求,Microsoft 公司推出了一种称为 C#的开发语言。C#在更高层次重新实现了 C/C + +,是一种先进的、面向对象的语言,通过 C#可以让开发人员快速建立基于 Microsoft 网络平台的应用,并且提供大量的开发工具和服务。

(5)COBOL 语言。

COBOL 的全称是 Common Business - Oriented Language,意为“通用商业语言”。COBOL 按层次结构来描述数据,完全适合现实数据处理的数据结构。它重视数据项和输入输出记录的处理,对具有大量数据的文件提供了简单的处理方式。COBOL 主要面向数据处理。但由于数据库系统的广泛应用,现在已经很少使用 COBOL 来编写管理程序了。

2. 网络编程语言

(1)Java 语言。

随着 Internet 应用的发展,1995 年 5 月 Java 正式问世,一些著名的计算机公司纷纷购买了 Java 语言的使用权,随之出现了大量用 Java 编写的软件产品,受到工业界的重视与好评。

Java 的基本结构与 C + +极为相似,但却简单得多。它充分吸取了 C + +语言的优点,采用了程序员所熟悉的 C 语言和 C + +语言的许多语法,同时又去掉了 C 语言中指针、内存申请和释放等影响程序运行的部分。Java 语言具有安全、跨平台、面向对象、简单、适用于网络等显著特点,Java 语言已经成为流行的网络编程语言。

(2)脚本语言。

在 Internet 应用中,有大量的脚本语言(Scripting Language),它不能独立运行,通常是嵌入 HTML 文本中,用于解释执行的。脚本语言的出现使信息和用户之间不再只是一种显示和浏览的关系,而是具备了一种实时的、动态的、交互式的表达能力,它使得原先静态的 HTML 页面,被可提供动态、实时信息的 Web 页面所代替,这些页面可以对客户的输入操作做出反应,并动态地在客户端完成页面内容的更新。

脚本(程序)分为服务器端脚本和客户端脚本,两者的主要区别是服务器端脚本在 Web 服务器上执行,由服务器根据脚本的执行结果生成相应的 HTML 页面,发送到客户端浏览器中并显示。而客户端脚本由浏览器进行解释执行,用于客户端脚本的脚本语言有 JavaScript、VB Script 等,用于服务器脚本的脚本语言有 JavaScript、VB Script、Perl、PHP 等。

3. 科学计算语言

20 世纪 80 年代出现了科学计算语言,MATLAB 是其中比较优秀的一种。MATLAB 是 Matrix Laboratory(矩阵实验室)的缩写,它自从 1984 年由美国 MathWorks 公司推出以来,经过不断改进和发展,现已成为国际公认的优秀的工程应用开发环境。MATLAB 的功能强大、简单易学、编程效率高,深受广大科技工作者的欢迎。

MATLAB 以矩阵作为数据操作的基本单位,这使得矩阵运算变得非常简捷、方便、高效。MATLAB 还提供了十分丰富的函数,能完成数值计算、符号计算、绘制图形等功能,而且 MATLAB 具有传统编程语言的特征,能很方便地实现程序控制。MATLAB 还提供很多工具箱。功能性工具箱扩充了其符号计算功能和可视建模仿真功能,学科性工具箱专业性比较强,可以直接利用这些工具箱进行相关领域的科学研究。

3.2 软件开发工具简介

应用软件开发工具一般由三个基本的功能部分构成:程序编辑工具、编译器、程序调试器。程序开发通常都包括的工作:先根据程序的功能需求在某种编辑器中写入源程序代码,然后用相应程序语言的编译器将源程序翻译成某种形式的二进制目标代码,其间使用程序调试器不断检查和发现程序中的错误,对于规模较大的程序开发项目则有必要使用软件版本管理软件对代码进行管理。

3.2.1 程序的编辑

程序编辑器主要完成源程序代码的输入、编辑、按名存储。原则上可以使用任意一种文本编辑程序建立源程序,如 Windows 下的记事本程序、写字板程序,Linux 或 UNIX 操作系统中的 VI 编辑器等。需要说明的是,无论使用哪种文本编辑器书写代码,文件名一般按编译器的要求命名。比如 C 语言程序,使用 c 作为扩展名,C + + 程序使用 cpp 作为扩展名,除非使用编译选项指定源文件的语言类型,否则编译器会认为源程序是不合法的输入文件。

3.2.2 程序的编译

在编辑器中建立的应用程序,一般是高级语言程序,一些与硬件关系密切的应用程序也可能是用汇编语言编写的程序,这些程序必须经过编译器或者解释器、汇编器翻译成机器语言程序之后才能在硬件上执行。如 C/C + + 程序必须经过编译生成目标代码,再经过链接生成可执行程序后才能被加载入内存由 CPU 执行;而 UNIX 和 Linux 系统中在命令行界面执行的 Shell 脚本程序是解释执行的;Java 源程序先被编译成字节码程序,然后在不同的目标机器上被 Java 虚拟机解释后执行。

3.2.3 程序的调试

程序调试器(Debugger)是帮助程序员发现程序中错误的工具,其功能通常包括以下方面。

1. 控制程序运行

调试器最基本的功能之一就是通过设置断点中断正在运行的程序,并使其按照程序调试者的意愿执行。

2. 查看程序运行中的信息

通过调试器可以查看程序的当前信息,如当前线程的寄存器信息、堆栈信息、内存信息、反汇编信息等。

Windows 系统中图形界面的集成开发环境中,程序调试的功能作为开发环境的组成部分被集成在开发环境中,程序的编辑、编译、调试都通过菜单选项的操作来启动,程序调试器的各种操作可通过鼠标单击菜单选项或者使用组合的快捷键来完成。而在 UNIX 或者 Linux 的终端命令行环境中,通过命令和参数启动程序调试器,使用特定的按键来完成各种调试操作。

3.3 Visual Studio 2010 简介

Visio Studio 2010(简称 VS 2010)是微软公司推出的一个基于 Windows 操作系统的集成开发环境,提供了设计、开发和调试 Windows 应用程序、Web 应用程序、XML Web Services 和传统的客户端应用程序所需要的功能,可以快速开发 Windows 桌面应用程序、ASP. NET Web 应用程序、XML Web Services 和移动应用程序等。本节主要以 Visio Studio 2010 为例简单介绍图形化开发环境的构成以及在其中如何完成程序的编辑、编译和调试。

3.3.1 主窗体介绍

Visio Studio 2010 开发环境的主窗口分为菜单栏、工具栏、解决方案资源管理器、窗体设计窗口、属性窗口、工具窗口和输出窗口,其界面如图 3－3 所示。

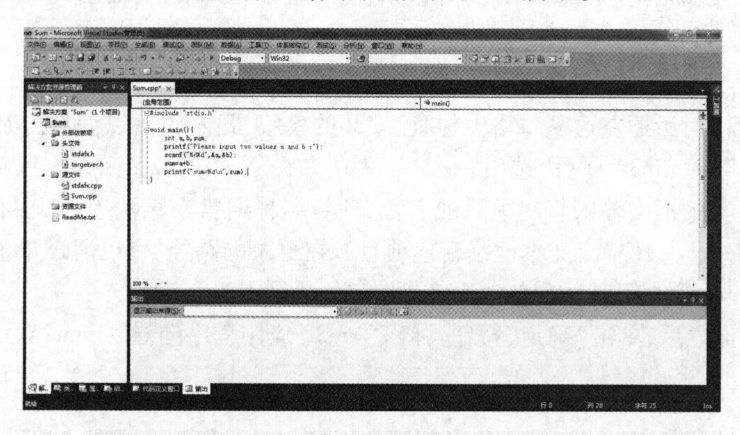

图 3－3　Visual Studio 2010 开发环境主窗口界面

3.3.2 创建控制台应用程序

本节以一个 C 语言程序实例简单介绍在 VS 2010 中如何新建、编辑、编译、调试和运行控制台应用程序。

实例程序的源代码如下:

```
#include <stdio.h>
void main(){
    int a,b,sum;
    printf("please input two values a and b :");
    scanf("%d%d",&a,&b);
sum = a + b;
    printf("sum = %d\n",sum);
    }
```

打开 VS 2010 开发环境,进入主界面。

通过选择菜单栏中“文件”→“新建” →“项目”命令(箭头指向为上级菜单的子菜单,然后使用类似的表达方式)，打开如图 3 - 4 所示的“新建项目”对话框。

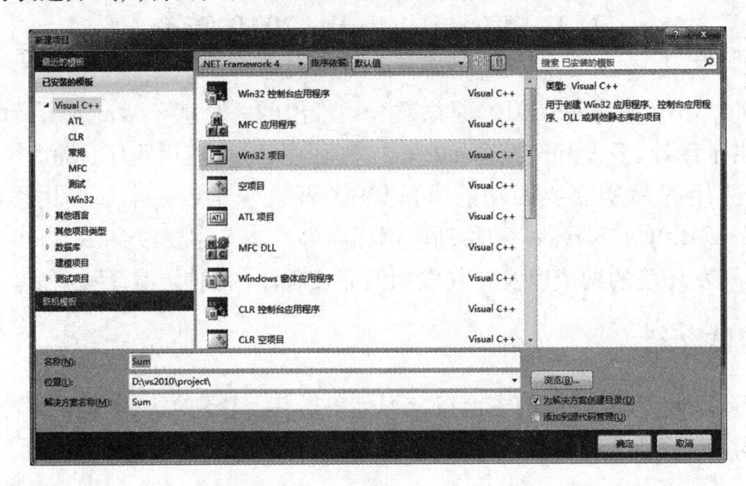

图 3 - 4 “新建项目”对话框

“新建项目”对话框左边窗口格中的“已安装的模版”显示了可以创建的项目类型，选择“Visual C + +”→“win32 项目”选项。

在“名称”文体框中输入新建项目的名称，项目名称通常命名为有意义的英文名，本例中输入的是“Sum”。“位置”文本框是新建项目所在目录的路径，可以通过单击“浏览”按钮改变该路径，使生成的新项目在自己新建或指定的目录下。

上一步完成之后，单击“确定”按钮，弹出“win32 应用程序向导 - Sum”对话框，如图 3 - 5 所示。

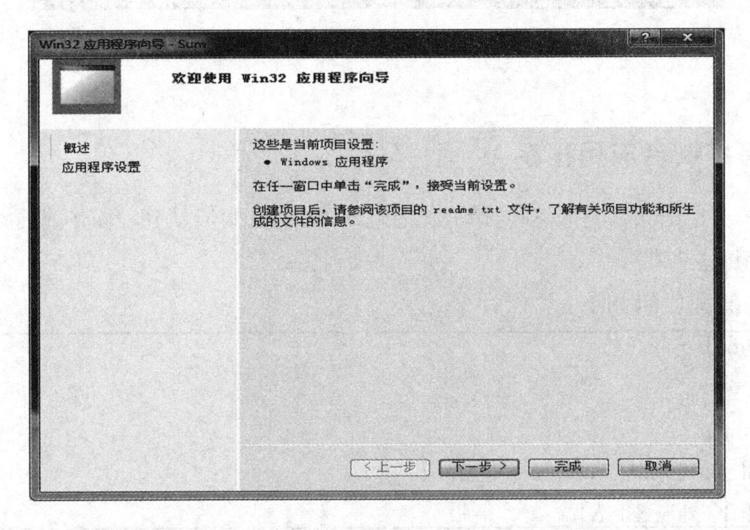

图 3 - 5 “win32 应用程序向导 - Sum”对话框

对话框解释了当前项目设置。单击“下一步”按钮，则出现“应用程序设置”项，如图 3 - 6所示。

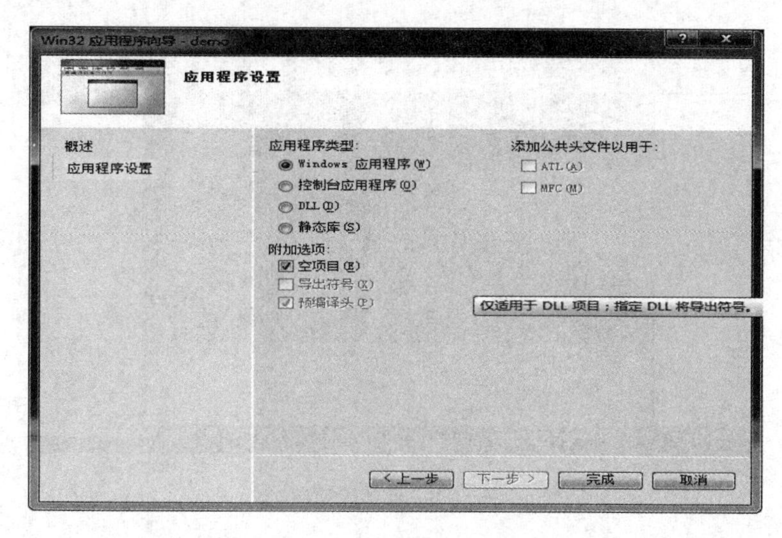

图3－6　应用程序设置

选中“控制台应用程序”单选按钮和“空项目”复选框，单击“完成”按钮，完成一个空的程序项目的创建，如图3－7所示。

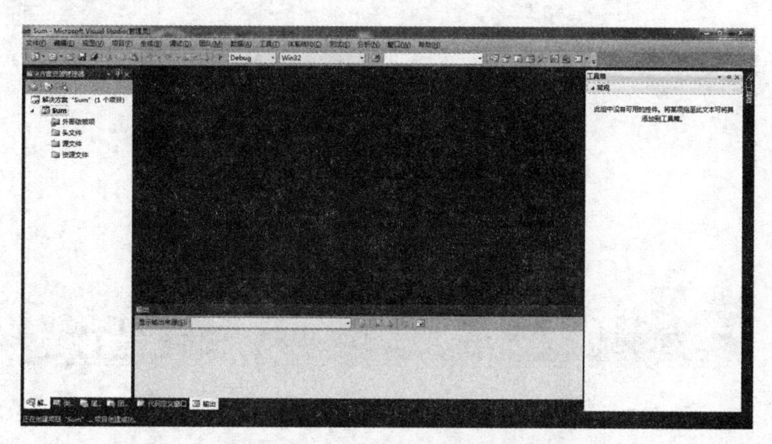

图3－7　“Sum”空程序项目界面

项目新建完成后，开始编辑程序代码。右击“解决方案资源管理器”下的“Sum”目录的“源文件”文件夹，进入如图3－8所示的界面，选择“添加”→“新建项”选项。

出现如图3－9所示的对话框，选择“C＋＋文件”，并且在“名称”文件框中输入“Sum.c”，单击“添加”按钮或者直接按<Enter>键，项目源文件中就会出现一个新添加的Sum.c文件，如图3－10所示。

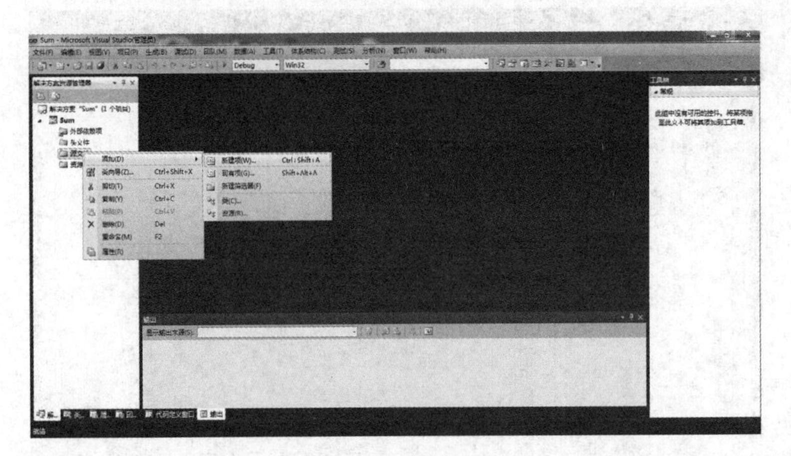

图 3－8　添加新建项

图 3－9　“添加新项－Sum”对话框

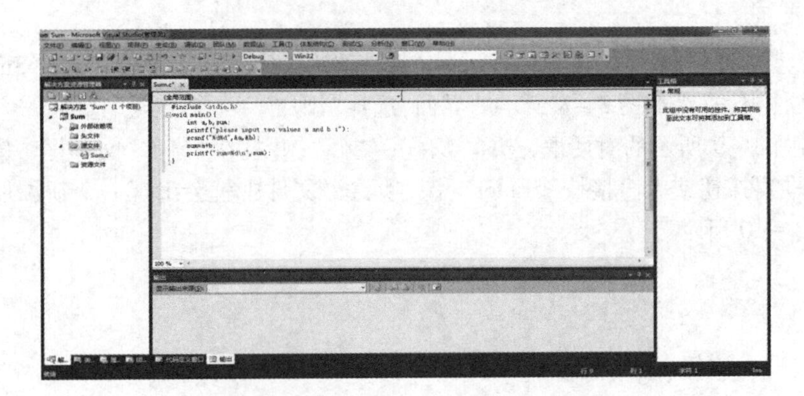

图 3－10　Sum. c 代码编辑

在如图 3－11 所示的界面中进行 Sum. c 程序的编辑。

源程序编辑完成后，需要编译、链接以得到可执行程序。在 VS 2010 中，编译、链接和运行通过图形界面中的一个菜单选项就可以完成。在如图 3－11 所示的界面，选择菜单项中的“调试”→“开始执行（不调试）”或者按 < Ctrl + F5 > 组合键进行编译、链接和运行，进入如图 3－12 所示的界面。

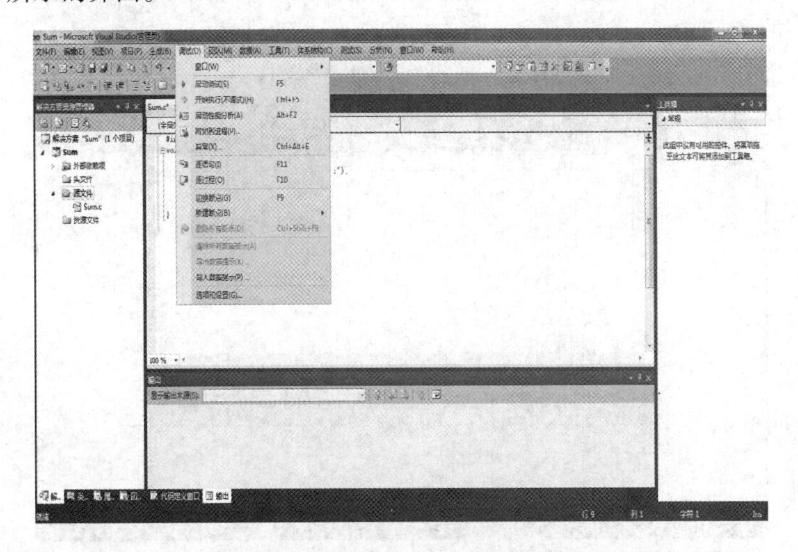

图 3－11　Sum 程序编译、链接、运行

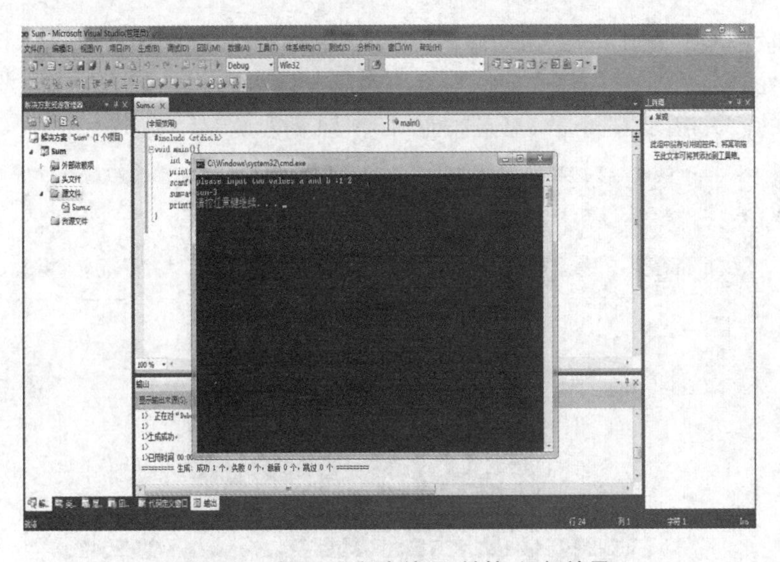

图 3－12　Sum. c 程序编译、链接、运行结果

如果程序没有编译、链接错误，就会出现程序的运行结果，如图 3－12 所示，输入两个加数 1 和 2，输出和 sum＝3。否则，将给出编程编译、链接错误的信息。

在 VS 2010 中调试程序，程序调试的目的是发现程序错误的原因和错误的位置。程序调试工具，也叫程序调试器，能够帮助程序员分析、发现程序的错误，提高程序开发的效率和质量。通常，程序调试工具都有设置断点（被调试程序运行到断点标记的代码运行时会暂停运行)、单步执行、跟踪执行结果的功能。

以 Sum 为例简述程序调试的步骤如下。

(1)在程序中设置断点。选中当前行,同时按 <F9> 键或者在当前代码行右击,从弹出的快捷菜单中选择“断点”→“插入断点”命令,将选中的语句设置成断点。断点设置成功之后 VS 2010 会在代码行的左边用一个圆点(在彩色显示器上这个圆点是紫红色)标记断点,如图 3-13 所示,图中断点设置在第 8 行“sum = a + b;”处。

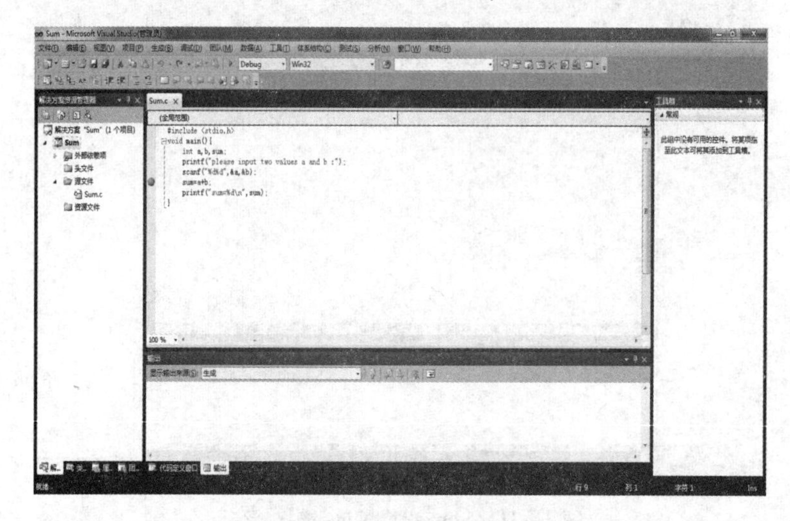

图 3-13　设置程序断点

(2)选择菜单项“调试” →“启动调试”命令或者按 <F5> 键可以启动程序的调试,程序执行到断点处时会暂停,在本例中就是 Sum. c 的第 8 行“sum = a + b;”,该语句此时未执行,代码行左侧的箭头指向程序暂停的位置,如图 3-14 所示。

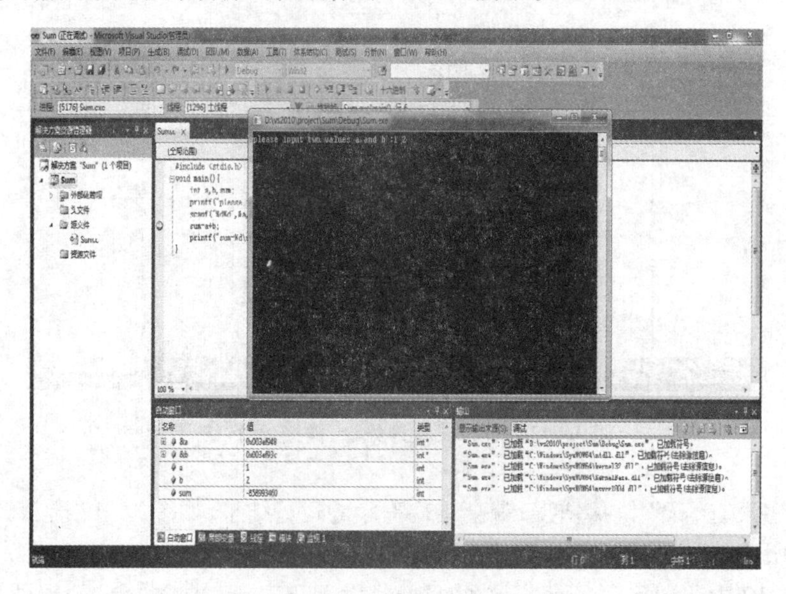

图 3-14　监视变量值

(3)通过监视视图窗口可以查看多个变量和表达式的值。本例跟踪查看的是:a、b、sum

三个变量的值。当程序暂停在"sum = a + b;"处时,a、b、sum 三个变量的值如图3 - 14中监视视图窗口所示。

(4)调试过程中可以通过单击调试工具栏中"逐语句"按钮或者按 <F11> 键进行逐语句调试。如图 3 - 15 所示是通过逐语句调试产生的调试结果,此时语句"sum = a + b;"已执行行,变量 a、b、sum 的值如图 3 - 15 所示。

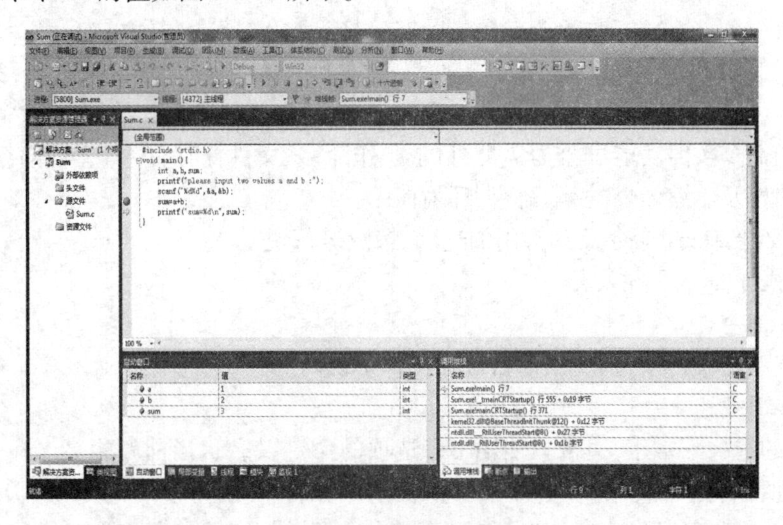

图 3 - 15　逐语句调试

(5)选择菜单栏中"调试"→"停止调试"命令或者在调试工具栏中单击"停止调试"按钮,可以终止调试,按钮 <Shift + F5> 也可以终止调试。

3.4　Linux 编程环境

Linux 操作系统是应用日益广泛的开源操作系统,其不同的发行版都有不同的图形用户界面和命令行界面——Linux Shell,本节以 Linux 的命令行界面为例介绍如何在使用命令行的环境中完成程序的编辑、编译、调试。本质上,图形用户界面中的选项、命令行界面中的命令都对应了完成某种功能的程序,使二者为用户提供的界面形式和程序调用接口不同。本节先介绍 Linux 系统的几个简单、常用的命令,其中包括了启动 VI 编译器命令,然后介绍程序编译工具 GCC 和程序调试工具 GDB 的基本使用方法,然后介绍软件版本管理软件 Git 的功能及使用方法。

3.4.1　Linux 中的命令

Linux 命令是用户系统提交服务请求的一种方式。在图形用户界面下,用户通过鼠标单击工具按钮、菜单命令等方式提交请求,告知系统自己的需求。在命令行方式下,用户通过键盘输入命令向系统提交请求以获取需要的功能服务。本节将介绍 Linux 系统的一些简单的常用命令,以助于用户在 Linux 系统的命令行界面中完成 Sum. c 程序的编辑、编译、链接、调试。

Linux 命令的通用格式:

命令名[选项][参数]

“命令名”是表示功能的字符串；“选项”用于确定命令的具体功能，以减号“ – ”开始，后面跟一个表示功能选项的字符；参数通常表示命令操作的对象。比如，命令

ls – a/bin

ls 是命令名，其功能是显示目录；– a 表示命令 ls 的选项；ls – a 的功能是显示指定目录下所有子目录与文件；参数/bin 表示显示/bin 目录下的所有子目录与文件。

注意：命令名、命令选项、命令参数之间空一格。此外，需要说明的是，命令不一定都有选项和参数，比如，命令 pwd 是只带选项，不带参数的命令；cd 是不带选项，只带参数的命令。

Linux 的命令按照功能可分为 7 类：目录操作命令、文件操作命令、文件内容操作命令、帮助命令、归档及压缩命令、权限命令、环境命令。

下面对部分 Linux 命令及其常用的选项、参数进行说明。

1. 目录操作命令

（1）pwd 命令。

功能：查看工作目录，判断当前目录在文件系统内的确切位置。

格式：pwd[选项]

该命令的选项不常用，通常只使用不带选项的命令以显示当前路径名。命令使用方式如图 3 – 16 所示，图中使用 pwd 命令显示出的当前路径为/home/fish/New/D1/bluetooth。当用户所处的当前目录发生变化时，使用 pwd 命令显示的结果也会随之变化。

```
eth@eth-VirtualBox:~/New/D1/bluetooth$ pwd
/home/eth/New/D1/bluetooth
```

图 3 – 16　pwd 命令示例

（2）cd 命令。

功能：切换工作目录。

格式：cd[参数]

该命令的参数可以使绝对路径名，也可以是相对路径名。如图 3 – 17 所示的实例使用 cd 命令进入当前目录的子目录 bluetooth，此时使用 pwd 命令显示出的当前路径中包含了子目录 bluetooth。

```
eth@eth-VirtualBox:~/New/D1$ cd bluetooth/
eth@eth-VirtualBox:~/New/D1/bluetooth$ pwd
/home/eth/New/D1/bluetooth
```

图 3 – 17　cd 命令示例

（3）ls 命令。

功能：显示目录。

格式：ls[选项][参数]

常用命令选项如下。

–1：以长格式显示文件的详细信息。

–a：显示指定目录下所有子目录和文件。

ls 命令的参数是目录或文件名,命令的使用和结果如图 3－18 所示。

```
eth@eth-VirtualBox: ~
eth@eth-VirtualBox:~$ ls
Desktop    Downloads         Music  Pictures  Templates
Documents  examples.desktop  New    Public    Videos
eth@eth-VirtualBox:~$ ls -a
.              Desktop           .ICEauthority  .sudo_as_admin_successful
..             .dmrc             .local         Templates
.bash_history  Documents         Music          Videos
.bash_logout   Downloads         New            .Xauthority
.bashrc        examples.desktop  Pictures       .xsession-errors
.cache         .gconf            .profile       .xsession-errors.old
.config        .gnupg            Public
eth@eth-VirtualBox:~$ ls -l
total 48
drwxr-xr-x 3 eth eth 4096 3月  24 16:25 Desktop
drwxr-xr-x 2 eth eth 4096 3月   7 13:58 Documents
drwxr-xr-x 2 eth eth 4096 3月   7 13:58 Downloads
-rw-r--r-- 1 eth eth 8980 3月   7 13:28 examples.desktop
drwxr-xr-x 2 eth eth 4096 3月   7 13:58 Music
drwxrwxr-x 4 eth eth 4096 6月   5 12:50 New
drwxr-xr-x 2 eth eth 4096 3月   7 13:58 Pictures
drwxr-xr-x 2 eth eth 4096 3月   7 13:58 Public
drwxr-xr-x 2 eth eth 4096 3月   7 13:58 Templates
drwxr-xr-x 2 eth eth 4096 3月   7 13:58 Videos
```

图 3－18　ls 命令示例

(4) mkdir 命令。

功能:创建新目录。

格式:mkdir[选项][参数]

该命令的常用形式只带参数,不带选项,参数部分给出新创建的子目录名。命令使用方式和结果如图 3－19 所示。

```
eth@eth-VirtualBox:~/New$ mkdir D1
eth@eth-VirtualBox:~/New$ ls
D1
```

图 3－19　mkdir 命令示例

2. 文件操作命令

(1) touch 命令。

功能:如果作为参数的文件不存在,则新建一个空文件;如果作为参数的文件存在,则更新文件时间戳。

格式:touch[参数]

touchh 命令的参数是文件名,命令使用方式与结果如图 3－20 所示。

```
eth@eth-VirtualBox:~/New$ touch f1
eth@eth-VirtualBox:~/New$ touch f2
eth@eth-VirtualBox:~/New$ ls
f1  f2
```

图 3－20　touch 命令示例

(2) cp 命令。

功能:复制文件或目录。

格式:cp[选项][参数]

常用命令选项如下。

－r:复制整个目录树。

－f:以覆盖方式复制同名文件或目录。

cp 命令的参数为文件名或目录名。命令使用方式和结果如图 3－21 所示。该实例先创建了一个子目录 D2,然后使用 cp f1 D2/f3 命令将文件 f1 移动到 D2 下并将 f1 的文件名更新为 f3;使用 cp － r D1 D2 命令将目录 D1 复制到 D2 目录下;使用 cp － f f2 D2 命令将文件 f2 复制到目录 D2 中。

```
eth@eth-VirtualBox:~/New$ mkdir D2
eth@eth-VirtualBox:~/New$ ls
D1  D2  f1  f2
eth@eth-VirtualBox:~/New$ cp f1 D2
eth@eth-VirtualBox:~/New$ cp f1 D2/f3
eth@eth-VirtualBox:~/New$ ls D2
f1  f3
eth@eth-VirtualBox:~/New$ cp -f f2 D2
eth@eth-VirtualBox:~/New$ ls D2
f1  f2  f3
```

图 3－21　cp 命令示例

(3)rm 命令。

功能:删除文件或目录。

格式:rm[选项][参数]

常用命令选项如下。

－f:删除文件或目录,不进行提醒。

－i:删除文件或目录时提醒用户确定。

－r:删除整个目录树。

rm 命令的参数为文件名或目录名。命令使用方式和结果如图 3－22 所示。该实例先用 ls 命令显示当前目录下有两个子目录 D1、D2 和两个文件 f1、f2,然后使用 rm 命令分别删除文件 f1、f2、D1、D2。

```
eth@eth-VirtualBox:~/New$ ls
D1  D2  f1  f2
eth@eth-VirtualBox:~/New$ rm f1
eth@eth-VirtualBox:~/New$ ls
D1  D2  f2
eth@eth-VirtualBox:~/New$ rm -f f2
eth@eth-VirtualBox:~/New$ ls
D1  D2
eth@eth-VirtualBox:~/New$ rm -r D1
eth@eth-VirtualBox:~/New$ ls
D2
eth@eth-VirtualBox:~/New$ rm -ri D2
rm: descend into directory 'D2'? y
rm: remove regular empty file 'D2/f3'? y
rm: remove regular empty file 'D2/f1'? y
rm: remove regular empty file 'D2/f2'? y
rm: remove directory 'D2'? y
```

图 3－22　rm 命令示例

3. 文件内容操作命令(cat 命令)

功能:显示出文件的全部内容。

格式:cat[参数]

cat 命令的参数为文件名或目录名。命令使用方式和结果如图 3－23 所示。

```
fan@ubuntu:~$ cat hello
hello word!
fan@ubuntu:~$
```

图 3－23　cat 命令示例

4. 帮助命令

(1)－－help。

功能:大部分 Linux 外部命令都具有－－help 参数,通过输入:命令－－help,可以查阅当前命令的用法,如图 3－24 所示,输入“ls－－help”命令可以获取命令 ls 的帮助信息,包括 ls 命令的格式、功能、选项说明等。

```
eth@eth-VirtualBox:~$ ls --help
Usage: ls [OPTION]... [FILE]...
List information about the FILEs (the current directory by default).
Sort entries alphabetically if none of -cftuvSUX nor --sort is specified.

Mandatory arguments to long options are mandatory for short options too.
  -a, --all                  do not ignore entries starting with .
  -A, --almost-all           do not list implied . and ..
      --author               with -l, print the author of each file
  -b, --escape               print C-style escapes for nongraphic characters
      --block-size=SIZE      scale sizes by SIZE before printing them; e.g.,
                               '--block-size=M' prints sizes in units of
                               1,048,576 bytes; see SIZE format below
  -B, --ignore-backups       do not list implied entries ending with ~
  -c                         with -lt: sort by, and show, ctime (time of last
                               modification of file status information);
                               with -l: show ctime and sort by name;
                               otherwise: sort by ctime, newest first
  -C                         list entries by columns
      --color[=WHEN]         colorize the output; WHEN can be 'always' (default
                               if omitted), 'auto', or 'never'; more info below
  -d, --directory            list directories themselves, not their contents
  -D, --dired                generate output designed for Emacs' dired mode
```

图 3－24　help 使用示例

(2)man 命令。

功能:man 是手册命令。使用满命令阅读手册页,使用 < ↑ > < ↓ >方向键滚动文本,使用 <Page Up> <Page Down>键翻页、使用 <Q>或 <q>键退出阅读环境,使用 </>键查找内容。

格式:man[参数]

man 的参数是命令。

例如,在命令提示符 $ 下输入:man ls,以获取 ls 命令的手册。执行结果如图 3－25 所示。

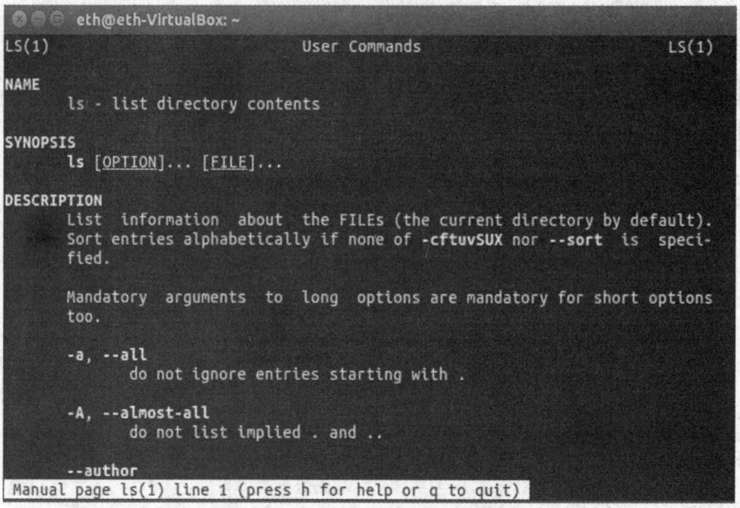

```
eth@eth-VirtualBox: ~
LS(1)                          User Commands                          LS(1)

NAME
       ls - list directory contents

SYNOPSIS
       ls [OPTION]... [FILE]...

DESCRIPTION
       List  information  about  the FILEs (the current directory by default).
       Sort entries alphabetically if none of -cftuvSUX nor --sort  is  speci-
       fied.

       Mandatory  arguments  to  long  options are mandatory for short options
       too.

       -a, --all
              do not ignore entries starting with .

       -A, --almost-all
              do not list implied . and ..

       --author
 Manual page ls(1) line 1 (press h for help or q to quit)
```

图 3－25　**man** 命令执行结果示例

3.4.2　全屏幕编辑器(VI)

VI(VIsual Edit),即可视化的全屏幕文本编辑器,是 UNIX、Linux 系统中常用的文本编辑器。VI 占用资源少,功能全面,使用方便。初学者刚开始可能不习惯 VI 的纯键盘操作方式,而一旦熟练使用 VI 后,可以极大地提升文件的编辑效率。作为 VI 编辑器"升级版",VIM(VI Improved)不仅完全兼容 VI 的功能,还提供了更丰富的功能,已经逐渐取代了 VI 成为 Linux 和 Unix 主流的编辑器,不过大家仍习惯使用 VI 作为 VIM 的简称。

在使用 VI 之前,需要了解 VI 的工作模式。VIde 工作模式有以下三种。

(1)命令模式(Command Mode):首次打开 VI 编辑器,默认进入 VI 命令模式。该模式下可以使用 VI 的快捷键命令,比如移动光标、选择内容、复制、粘贴、删除等。

(2)插入模式(Input Mode):插入模式下,可以在 VI 内输入字符。在命令模式下,按 <a/A> <i/I> <o/O> 等快捷键后可以进入插入模式。最常用的快捷键功能:a:在当前光标字符后插入;A:在当前行尾插入;i:在当前贯标为 = 位置插入;I:在当前行首插入。o:在下一行插入;O:在上一行插入。从插入模式返回命令模式可以按快捷键 <ESC> 或者 <Ctrl + c>。

(3)末行模式(Last Line Mode):末行模式下进行辅助的文字编辑操作,如搜索替换、保存文件、执行 VI 命令、修改 VI 配置等。在命令模式下,按 <:> 键可以进入末行模式,末行模式下输入 VI 命令后按 <Enter> 键执行。由于在末行模式下,VI 命令模式下的快捷键仍然可用,因此也可以把末行模式并入命令模式,后边描述中的末行模式统一称为命令模式。

VI 快捷键和命令十分丰富,很少有人完全掌握所有的操作命令,对于一般的文本编辑需求,掌握一部分常用命令即可满足需要,用户可以根据自己对 VI 的不断熟悉逐渐丰富自己的操作熟练程度。接下来本节结合常用 VI 操作,帮助初学者快速上手使用 VI。

1. 文件操作

(1)打开文件。

使用 VI 命令指定文件名,VI file 可以打开或创建新的文件 file。

(2)保存文件。

使用“:w”命令保存对文件的更改。使用“:w file”可以将文件保存为新文件 file。

(3)退出 VI。

使用“:q”退出 VI。如果需要退出当前保存文件更改,使用“:wq”或“:x”。如果丢弃文件的更改退出,使用“:q!”。

使用 VI 修改文件时,有一种常见的文件情况:当用户编辑无权限的文件时,是无法保存更改的,这时可以使用“:w! subo tee% ”强制保存文件更改,然后使用“:q!”退出即可。不过该操作要求编辑文件的用户具有 sudo 权限。

2. 光标移动

(1)上下左右移动。

使用快捷键 <h> <j> <k> <l>可以左、下、上、右移动光标。快捷键的记忆方式:由于<h> <j> <k> <l>四个键在键盘上为一排,其中<h>在最左边对应左移、<l>在最右边对应右移、<j>对应下移,<k>对应上移。如果不习惯使用这四个键的话,可以使用方向键代替。

(2)行内光标移动。

使用<o>或<^>键将光标移动到下一行的行首,使用<MYM>键将光标移动到行尾。如果要在行首插入时,使用键<I>。如果要在行尾插入模式,使用键<A>。

(3)文件内光标移动。

使用命令“gg”将光标移动到文件首部,使用<G>键将光标移动到文件尾部。在浏览大文件时,可以使翻页快捷键,其中<Ctrl + d>对应向下翻页,<Ctrl + u>对应向上翻页。

(4)逐单词移动。

使用<w>键向后跳过一个单词,使用<b>键向前跳过一个单词。使用<w>键和<B>键也可以做类似的操作,不过该操作可以跳过标点符号。

(5)光标跳转。

使用“:n”或“:nG”命令将光标跳转到第 n 行的行首。其中 n 表示一个正整数,例如“:10”表示将光标跳转到第 10 行。使用命令“:set number”可以打开文件行号,使用命令“:set nonumber”关闭行号。

3. 文本选择

(1)字符选择。

使用<V>键选择当前光标后的字符,结合光标移动可以任意选择一段文本内容。最常用命令“gg + v + G”选择所有文本内容。另外,使用命令“v + n + Enter”选择当前光标到后边 n 行以内的文本,其中 n 为正整数。

(2)行选择。

使用<V>键选择当前行,结合光标移动可以任意选择多行内容。同样使用命令“gg + V + G”也可以选择所有文本内容。

(3)列选择。

使用<Ctrl + v>执行光标所在的列,结合光标移动可以任意选择多列内容。

4. 文本编辑。

使用前面的文本选择命令,结合编辑快捷键可以很方便地对文本进行编辑操作。

(1)复制。

使用 <y> 键复制被选择的文本,也可以只用"yy"直接复制当前行。如果需要复制当前行光标到行尾的所有内容,可以使用命令组合键 <y + MYM>。类似地,复制当前光标到行首的内容,可以使用命令组合件 <y + ^>。

(2)剪切。

使用 <x> 键剪切光标之后的字符,也可以剪切被选择的文本。

(3)粘贴。

使用 <p> 键将上次复制或者剪切的文本内容粘贴到当前光标的下一行。使用 <P> 键可以将上次复制或者剪切的文本内容粘贴到当前光标的上一行处。

(4)删除。

使用"dd"删除当前行。类似地,删除当前光标到行尾的内容使用命令"d + MYM"。

如果需要删除当前光标到行尾的内容并进入插入命令,可以使用快捷键 <C>。

如果需要删除整个文件的内容,可以使用命令"gg + d + G"。

如果需要将行尾的换行符删除,使用 <J> 键可以做到快速合并下一行到当前行。

如果需要将光标后的一个单词删除,使用命令"d + w",反之删除光标前的单词使用命令"d + b"。

(5)撤销与恢复。

使用 <u> 键可以撤销上次编辑操作。反之,恢复操作使用命令 <Ctrl + R>。

(6)列编辑。

列编辑是 VI 提供的强大功能,尤其是需要注释多行代码的时候最为常用。例如为第 10 ~ 20 行的代码文本添加 C 语言单行注释"//",那么可以按照如下命令序列操作。

① 首先使用命令":10"将光标移动到第 10 行行首。

② 使用 <Ctrl + v> 进入列选择模式,选择第 10 行的第一列。

③ 使用"10 + Enter"向后选择后 10 行的第一列。

④ 使用 <I> 快捷键进入列编辑插入模式,此时光标回到第 10 行行首。

⑤ 输入文本"//"插入 C 语言单行注释标注。

⑥ 使用 <Esc> 快捷键退出列编辑模式,此时 VI 会自动将第 10 ~ 20 行插入上一步输入的文本内容,完成 10 ~ 20 行代码的注释。

5. 搜索替换

(1)搜索。

使用"/word"命令可以对单词 word 进行向后搜索。使用 <n> 快捷键可以快速向后跳转到下一个匹配项,使用 <N> 快捷键可以反向跳转到上一个匹配项。类似地,使用"? word"命令可以单词 word 进行向前搜索。对应的快捷键 <n> 和 <N> 功能也与前者相反。

如果需要为搜索的关键字指定大小写敏感匹配,则需要在搜索关键字前插入字符序列"\C",例如向后搜索 word 时大小写敏感匹配,则 VI 命令为"/ \Cword"。VI 支持搜索关键字使用正则表达式,具体使用方法可以参考相关文档。

(2)替换。

文本替换操作也是常用的文本编辑功能,VI 命令模式下,使用":% s/word/newword/g"命令,将所有出现的 word 关键字替换为新的单词 newword。更多替换命令语法的具体使用方法可以参考相关文档。

6. 高级配置

以上仅仅描述了 VI 提供的常用基础功能，如果需要对 VI 进行定制，如更换主题、设置字体和亮度、添加插件、初始化配置等，可以在用户录下的. VImrc 进行自定义设置。关于 VI 自定义设置的内容可以参考相关资料。

7. 实例

在终端使用 VI Sum. c 命令创建 Sum. c 文件，进入插入模式编辑 Sum. c 文件，使用命令“ :wq”保存并退出 VI，如图 3 – 26 和图 3 – 27 所示。

```
eth@eth-VirtualBox:~$ vi Sum.c
```

图 3 – 26　启动 VI 程序已编辑 Sum. c

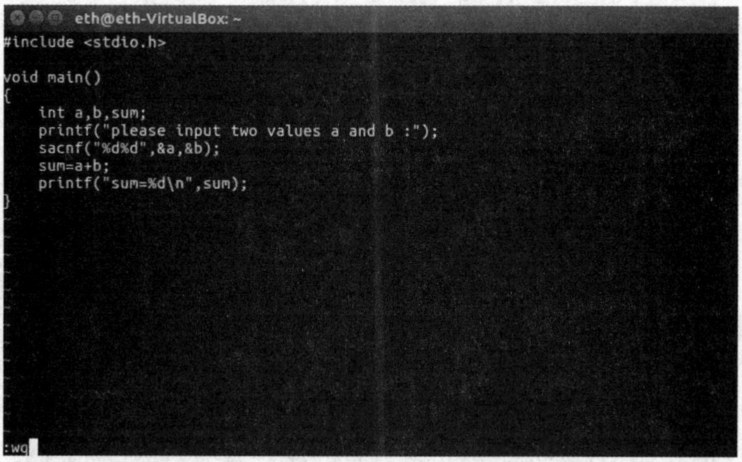

```
eth@eth-VirtualBox: ~
#include <stdio.h>

void main()
{
    int a,b,sum;
    printf("please input two values a and b :");
    sacnf("%d%d",&a,&b);
    sum=a+b;
    printf("sum=%d\n",sum);
}

:wq
```

图 3 – 27　在 VI 的插入模式下编辑 Sum. c

3.4.3　GCC 编辑器

程序在编辑器中被创建后，需要编译、链接后才能执行。本节介绍 Linux 的命令行环境下 GCC 编译器的选项和使用方法。

1. GCC 简介

GCC(GNU Compiler Collection)是 Linux 环境下的编译工具集，是 GNU 编译器套件，支持多种编程语言的编译，如 C/C + + 、Objective – C、Fortran、Java 等。GCC 支持 x86、ARM、MIPS 等多种硬件体系结构。

GCC 编译器对程序的处理要经过预处理、编译、汇编、链接四个阶段，以产生一个可执行文件。GCC 支持默认扩展名，上述四个阶段产生不同的默认文件类型。

用户可以通过终端输入 info gcc 或者 man gcc 分别查看 GCC 命令的选项及选项的说明信息。

GCC 命令及部分选项如下。

(1) gcc – E　file. c – o　file . i。

该命令将 file. c 预编译为源文件 file. i，如图 3 – 28 所示。

```
eth@eth-VirtualBox:~/test$ ls
Sum.c
eth@eth-VirtualBox:~/test$ gcc -E Sum.c -o Sum.i
eth@eth-VirtualBox:~/test$ ls
Sum.c  Sum.i
eth@eth-VirtualBox:~/test$
```

图 3－28　对 Sum. c 预编译

(2) gcc －S file. c －o file . s。

该命令将 file. c 翻译为汇编文件 file. s,file. s 内的汇编代码功能与源文件 file. c 的代码功能完全等价。预编译生成的文件 file. i 也可以作为该命令的输入,此时命令为 gcc －S file. c －o file . s,如图 3－29 所示。

```
eth@eth-VirtualBox:~/test$ ls
Sum.c  Sum.i
eth@eth-VirtualBox:~/test$ gcc -S Sum.c -o Sum.s
eth@eth-VirtualBox:~/test$ ls
Sum.c  Sum.i  Sum.s
eth@eth-VirtualBox:~/test$ rm Sum.s
eth@eth-VirtualBox:~/test$ ls
Sum.c  Sum.i
eth@eth-VirtualBox:~/test$ gcc -S Sum.i -o Sum.s
eth@eth-VirtualBox:~/test$ ls
Sum.c  Sum.i  Sum.s
eth@eth-VirtualBox:~/test$
```

图 3－29　生成 Sum. c 和 Sum. i 的汇编程序

(3) gcc －c file. c －o file . o。

该命令将 file. c 编译为目标文件 file. o。目标文件不能直接执行,需要与其他目标文件或库文件链接为可执行文件才能执行。预编译生成的文件 file. i 和汇编生成的 file. s 也可以作为该命令的输入,如图 3－30 所示。

```
eth@eth-VirtualBox:~/test$ ls
Sum.c  Sum.i  Sum.s
eth@eth-VirtualBox:~/test$ gcc -c Sum.c -o Sum.o
eth@eth-VirtualBox:~/test$ ls
Sum.c  Sum.i  Sum.o  Sum.s
```

图 3－30　生成 Sum. c 和 Sum. i 机器语言程序

(4) gcc file. c －o file。

该命令将 file. c 编译并链接为可执行文件 file。预编译生成的文件 file. i、汇编生成的 file. s 或目标文件 file. o 也可以作为该命令的输入,如图 3－31 所示。

```
eth@eth-VirtualBox:~/test$ ls
Sum.c  Sum.i  Sum.o  Sum.s
eth@eth-VirtualBox:~/test$ gcc Sum.c -o Sum
eth@eth-VirtualBox:~/test$ ls
Sum  Sum.c  Sum.i  Sum.o  Sum.s
```

图 3－31　生成 Sum. c 的可执行程序

(5)gcc file. c － o file －g。

gcc 的“－g”选项表示编译时会生成调试信息,并将调试信息保存到可执行文件中,只有添加了该选项才能使用 GDB 对可执行文件进行调试。

2. 编译程序

本节编译 Sum. c 程序为例简要介绍如何在命令行方式下使用 GCC 完成编译、链接生成可执行文件。Sum. c 代码见本章第二节。

通过文本编译器建立、编译 Sum. c 源代码文件之后,用户可以通过 GCC 来进行编译。使用 gcc Sum. c － o Sum 命令,可直接生成 Sum. c 的可执行文件,使用 ls 命令可知 Sum. c 的可执行文件名为 Sum,无扩展名。

在终端使用./ Sum 命令执行生成的可执行文件 Sum,程序编译及运行结果如图 3－32 所示。

```
eth@eth-VirtualBox:~/test$ ls
Sum.c  Sum.i  Sum.o  Sum.s
eth@eth-VirtualBox:~/test$ gcc Sum.c -o Sum
eth@eth-VirtualBox:~/test$ ls
Sum  Sum.c  Sum.i  Sum.o  Sum.s
eth@eth-VirtualBox:~/test$ ./Sum
please input two values a and b :1 2
sum=3
```

图 3－32　Sum. c 编译、运行

3.4.4　GDB 基础

GDB 是 GNU 开源组织发布的命令调试器。本节以 Sum 的调试为例来简单介绍 GDB 的使用方法。

GDB 主要有以下几个功能。

启动程序,可以按照自定义要求来运行程序。

在程序中设置断点,程序运行到断点处,程序将暂停。

当程序暂停时,可以打印或监视程序中变量或者表达式,将变量或表达式的值显示出来。

单步调试功能,可以跟踪进入函数和从函数中退出。

运行时修改变量的值,GDB 允许在调试状态下改变变量的值。

动态改变程序的执行环境。

反汇编功能,显示程序的汇编代码。

1. 在 GDB 中调试程序

在上一部分内容中,已使用 GCC 将 Sum. c 文件编译、链接成可执行文件 Sum，只要在 GCC 命令中加入－g 选项,就可以使用 GDB 对 Sum 文件进行调试。即先使用 gcc Sum. c － o Sum－g 命令编译、链接生成带调试信息的可执行文件 Sum,然后使用 gdb Sum 命令进入调试模式。GDB 调试的常规步骤如下。

(1)启动调试。

在终端中输入 gdb Sum 命令开始 Sum 程序的调试,如图 3－33 所示。

```
eth@eth-VirtualBox:~/test$ ls
Sum  Sum.c  Sum.i  Sum.o  Sum.s
eth@eth-VirtualBox:~/test$ gcc Sum.c -o Sum -g
eth@eth-VirtualBox:~/test$ ls
Sum  Sum.c  Sum.i  Sum.o  Sum.s
eth@eth-VirtualBox:~/test$ gdb Sum
GNU gdb (Ubuntu 7.11.1-0ubuntu1~16.04) 7.11.1
Copyright (C) 2016 Free Software Foundation, Inc.
License GPLv3+: GNU GPL version 3 or later <http://gnu.org/licenses/gpl.html>
This is free software: you are free to change and redistribute it.
There is NO WARRANTY, to the extent permitted by law.  Type "show copying"
and "show warranty" for details.
This GDB was configured as "x86_64-linux-gnu".
Type "show configuration" for configuration details.
For bug reporting instructions, please see:
<http://www.gnu.org/software/gdb/bugs/>.
Find the GDB manual and other documentation resources online at:
<http://www.gnu.org/software/gdb/documentation/>.
For help, type "help".
Type "apropos word" to search for commands related to "word"...
Reading symbols from Sum...done.
(gdb)
```

图 3－33　启动调试

(2)设置断点。

使用 l/list 命令显示程序，使用 b/breakpoint 命令设置断点，这里使用 b8（或 breakpoint8）命令将断点设置到程序的第 8 行“sum = a + b;”处，如图 3－34 所示。

```
eth@eth-VirtualBox: ~/test
and "show warranty" for details.
This GDB was configured as "x86_64-linux-gnu".
Type "show configuration" for configuration details.
For bug reporting instructions, please see:
<http://www.gnu.org/software/gdb/bugs/>.
Find the GDB manual and other documentation resources online at:
<http://www.gnu.org/software/gdb/documentation/>.
For help, type "help".
Type "apropos word" to search for commands related to "word"...
Reading symbols from Sum...done.
(gdb) l
1       #include <stdio.h>
2
3       void main()
4       {
5           int a,b,sum;
6           printf("please input two values a and b :");
7           scanf("%d%d",&a,&b);
8           sum=a+b;
9           printf("sum=%d\n",sum);
10      }
(gdb) b 8
Breakpoint 1 at 0x400636: file Sum.c, line 8.
(gdb)
```

图 3－34　设置断点

(3)运行程序。

使用 r/run 命令运行程序，程序将会运行到断点的位置暂停，如图 3－35 所示。

(4)调试。

使用 p/print 命令显示：“sum = a + b;”语句执行后各变量的值，如图 3－36 所示。

(5)退出 GDB。

在调试完程序后，可以使用 q/quit 命令退出 GDB，如图 3－37 所示。

```
eth@eth-VirtualBox: ~/test
<http://www.gnu.org/software/gdb/documentation/>.
For help, type "help".
Type "apropos word" to search for commands related to "word"...
Reading symbols from Sum...done.
(gdb) l
1       #include <stdio.h>
2
3       void main()
4       {
5           int a,b,sum;
6           printf("please input two values a and b :");
7           scanf("%d%d",&a,&b);
8           sum=a+b;
9           printf("sum=%d\n",sum);
10      }
(gdb) b 8
Breakpoint 1 at 0x400636: file Sum.c, line 8.
(gdb) r
Starting program: /home/eth/test/Sum
please input two values a and b :1 2

Breakpoint 1, main () at Sum.c:8
8           sum=a+b;
(gdb)
```

图3-35 运行程序

```
eth@eth-VirtualBox: ~/test
10      }
(gdb) b 8
Breakpoint 1 at 0x400636: file Sum.c, line 8.
(gdb) r
Starting program: /home/eth/test/Sum
please input two values a and b :1 2

Breakpoint 1, main () at Sum.c:8
8           sum=a+b;
(gdb) p a
$1 = 1
(gdb) p b
$2 = 2
(gdb) p sum
$3 = 32767
(gdb) n
9           printf("sum=%d\n",sum);
(gdb) p a
$4 = 1
(gdb) p b
$5 = 2
(gdb) p sum
$6 = 3
(gdb)
```

图3-36 单步调试

```
eth@eth-VirtualBox: ~/test
please input two values a and b :1 2

Breakpoint 1, main () at Sum.c:8
8           sum=a+b;
(gdb) p a
$1 = 1
(gdb) p b
$2 = 2
(gdb) p sum
$3 = 32767
(gdb) n
9           printf("sum=%d\n",sum);
(gdb) p a
$4 = 1
(gdb) p b
$5 = 2
(gdb) p sum
$6 = 3
(gdb) q
A debugging session is active.

        Inferior 1 [process 2871] will be killed.

Quit anyway? (y or n)
```

图3-37 退出GDB

2. GDB 常用命令

在本节调试过程中，使用了部分 GDB 命令，下面仅列出常用的 GDB 的命令，命令间的“/”表示或。

(1)(gdb) run。

运行被调试的程序，如果没有设置断点，则执行整个程序。如果设置有断点，则程序暂停在第一个断点处。

(2)(gdb) continue/c。

继续执行被调试的程序，运行到下一个断点位置，如果后面没有断点，则程序运行到结束。

(3)(gdb) b/breakpoint function | file:line | * addressi。

在指定函数名称处、指定文件的行号处或指定内存地址处设置断点。

(4)(gdb) d/delete breakpoint - number。

删除一个以编号表示的断点。

(5)(gdb) p/print variable。

打印出变量或者表达式的值。

(6)(gdb) s/step。

以逐条指令单步执行的方式运行程序，如果代码中有函数调用，则进入该函数。

(7)(gdb) n/next。

以逐条指令单步执行的方式运行程序，如果代码中有函数调用，则执行该函数，但不进入该函数

(8)(gdb) jump。

跳转到任意地址并且从该地址处继续执行，地址可以是行号，也可以是指定的内存地址。

(9)(gdb) l/list number。

列出可执行文件对应源文件的代码。如命令 list1，从第一行开始列出代码，每次按 <Enter>键后顺序列出后续代码。

(10)(gdb) q/quit。

退出 GDB 调试环境。

(11)(gdb) help。

帮助命令，如果使用 help 时没有参数，则提供一个所有可使用的帮助的总列表，如果调用时带命令参数，则提供该参数所表示的命令的帮助信息。

3.5 版本控制工具

软件版本控制工具提供了源代码的管理、提交历史追踪、多分支即多人协同开发的功能。对于个人开发者，版本控制工具可以帮助查看每次代码提交的时间及代码的更改，方便用户回滚到某个历史版本查看代码或者建立新的代码开发分支。对于团队开发者，版本控制工具可以自动合并多人的代码提交，提高了多人协同开发的效率，也可以帮助定位具体代码的修改者和修改内容等。

常用的开源软件版本控制工具有 SVN 和 Git,这两种版本控制工具使用方式比较相似,但是架构区别较大。

SVN 将代码的版本信息集中存放在一个中央仓库内,用户使用 SVN 客户端(如 Tortosie SVN)从中央仓库提取代码更新,或者将本地代码更改提交到中央仓库。有个比较大的问题是,当中央仓库代码无法访问时,无法对代码进行提交或者更新等操作。

Git 与 SVN 有所不同,它是分布式版本控制系统。Git 也可以使用共享的远程代码仓库,Git 工具(git 命令)可以将远程代码仓库复制到本地。用户将代码修改提交到本地仓库,与远程代码仓库的交互操作本质上是分支的合并操作,即提交操作是将本地分支合并到远程分支,更新操作是将远程分支合并到本地分支。这样即使共享代码仓库无法访问时,也可以将代码暂时提交到本地仓库进行管理。

具体版本控制软件的选择要根据用户自己的需要以及实际的开发环境要求而决定。本节以 Git 为例介绍版本控制工具的功能及使用方法。

3.5.1　版本控制工具的功能

版本控制工具提供的基础功能大致相同,比如代码的提交、更新、撤销,代码文件的追踪、对比,版本的历史查看、切换、标签,代码分支的创建、合并等。下面介绍这些功能的具体含义。

(1)代码提交。对代码进行修改后,将代码的更改同步到代码仓库。提交的信息包括代码的修改、提交者信息、提交时间以及提交的注释描述。

(2)代码更新。从代码仓库提取代码更新到本地。更新的信息包括更新的代码文件列表,以及每个文件的代码修改内容。

(3)代码撤销。对代码文件修改后,可以放弃所做的更改将代码文件恢复到修改前的状态。

(4)代码文件追踪。将新的代码文件添加到版本控制工具中,以后对该文件的修改都会被版本控制工具追踪。

(5)代码文件对比。将当前的代码文件内容与最新的代码版本内容进行对比,以确认所做的更改。或者对比代码文件的不同历史版本,以确认每次提交记录中代码文件中被修改的。

(6)版本历史查看。查看代码文件或目录的所有的提交历史,确认代码文件或目录发生的所有变化。

(7)版本切换。切换代码的某个历史版本,查看历史代码内容,或者在历史版本处创建代码分支。

(8)版本标签。可以为某次的代码提交上版本标签,以方便代码版本的切换查看。

(9)代码分支创建。当在某个代码版本出需要提交不同的代码修改时,可以使用代码分支对代码的内容独立管理。尤其是在需要对某个版本的代码进行新功能开发或调试时,可以创建一个独立于当前代码分支的新的分支。

(10)代码分支合并。将一个分支的代码合并到另一个分支上去。比如在新的代码分支开发测试完毕新的功能模块后,可以将所有的代码更改同步到主开发分支。

版本控制工具拥有但不限于以上功能,不同的版本控制工具提供了更多的高级功能。当对一个版本控制工具熟悉后,可以尝试这些高级功能提高代码管理的效率。

3.5.2 版本控制工具 Git 的使用

Git 起初是由 Linus Torvalds 为帮助 Linux 内核开发者进行代码版本控制而开发的开源软件,目前已经被开源社区普遍作为代码版本控制工具。Git 提供了分布式的代码版本控制,允许每一个开发者拥有完整的代码仓库,解除了传统版本控制工具对中心代码仓库的全局依赖,使得任何一个开发者的本地仓库都可以被其他开发者当作代码仓库使用。另外,Git 的代码分支管理功能允许开发者可以多人协同、多分支并行地对代码进行开发管理。

1. 安装配置 Git

使用 Git 版本控制工具,可以从 Git 官网(www. git - scm. com)下载不同操作系统的安装包安装即可。对于使用 yum 包管理器的 Linux 系统,使用如下命令安装即可。

MYMyum install git

安装结束后,使用 Windows 操作系统的 Git Bash 命令行工具过着 Linux 系统中命令行工具输入命令检测 git 是否正常工作。

```
MYM git - - version
git version 2.3.2(Apple Git - 55)
```

在正式使用 Git 前需要对 Git 的提交用户信息进行配置。

```
MYM git config - - global user. name "My Name"
MYM git config - - global user. email "My Email"
```

2. 初始化 Git 仓库

在工程目录下执行 init 命令初始化 Git 仓库。

```
~/myproject MYM git init
```

该命令会在 myproject 目录下创建一个隐藏的目录“. git”保存 Git 仓库信息。

3. 代码提交

新初始化的 Git 仓库没有任何需要提交的内容。新建一个代码文件 Sum. c 后,Git 可以检测到可能需要进行版本控制的文件。

```
~/myproject MYM touch Sum. c
~/myproject MYM git status
On branch master
No commits yet
Untracked files:
  (use "git add <file>..." to include in what will be committed)
        Sum. c
nothing added to commit but untracked files present (use "git add" to track)
将 Sum. c 添加到 git 版本控制。
~/myproject MYM git add Sum. c
~/myproject MYM git status
```

```
On branch master
No commits yet
Changes to be committed:
  (use "git rm --cached <file>..." to unstage)
        new file:   Sum.c
```

Git 检测到 Sum. c 文件是一个新文件,可以将文件提交到仓库。首次提交后,Git 会将当前代码分支命名为 master。commit 命令的选项“-a”表示提交所有的更改,“-m”选项表示提交时带注释。如果不使用该选项,Git 会打开编辑器让提交者输入注释内容。

```
~/myproject MYM git commit -am "create Sum.c"
[master (root-commit) f9f6129] create Sum.c
1 file changed, 0 insertions(+), 0 deletions(-)
create mode 100644 Sum.c
```

提交结束后,可以查看 Git 仓库的状态。Git 检测到工作区目录没有需要提交的内容。

```
~/myproject MYM git status
On branch master
nothing to commit, working tree clean
```

通过 log 命令查看 Git 提交历史。

```
~/myproject MYM git log
commit f9f612943b37c437e8e3d48ea079ba9545d8c50f
Author: My Name <My Email>
Date:   Tue Jun 5 15:16:17 2018 +0800
create Sum.c
```

Git 的提交记录中,commit 表示提交记录的 ID,Author 为提交者的信息,Date 为提交时间。

如果修改了 Sum. c 文件,Git 会检测到该文件内容的改变。

```
~/myproject MYM cat Sum.c
#include <stuio.h>
void main()
{
    int a,b,sum;
    printf("please input two values a and b :");
scanf("%d%d",&a,&a);
sum=a+b;
    printf("sum=%d\n",sum);
}
```

提交代码的更改后,Git 会检测到 Sum. c 改变的内容。如 Sum. c 文件被添加了 9 行数据。

```
~/myproject MYM git commit -am "Sum code"
[master 7027466] Sum code
1 file changed, 9 insertions(+)
```

再次运行 log 命令,可以发现版本历史多了一条记录,并且拥有不同的 commit ID。

```
~/myproject MYM git log
commit 7027466fce09533adbded6636fcf8cea41d48281
Author: My Name <My Email>
Date:   Tue Jun 5 15:25:14 2018 +0800
    Sum code
commit f9f612943b37c437e8e3d48ea079ba9545d8c50f
Author: My Name <My Email>
Date:   Tue Jun 5 15:16:17 2018 +0800
    create Sum.c
```

4. 代码比较

当文件发生改变时,使用 diff 命令可以查看代码发生的变化。

```
~/myproject MYM echo "// new line" >>Sum.c
~/myproject MYM git diff
diff --git a/Sum.c b/Sum.c
index d8d3e33..5df12d7 100644
--- a/Sum.c
+++ b/Sum.c
@@ -4,3 +4,4 @@ void main()
    printf("sum = %d\n",sum);
}
+// new line
```

对 Sum.c 添加了一行注释后,Git 可以比较出新增行的信息。

如果需要比较任意两个版本的差别,只需要将版本的 commit ID 作为参数即可,版本历史记录的 commit ID 可以进行简写。

```
~/myproject MYM git diff f9f61 70274
diff --git a/Sum.c b/Sum.c
index e69de29..d8d3e33 100644
--- a/Sum.c
+++ b/Sum.c
@@ -0,0 +1,9 @@
+#include <stuio.h>
```

```
+void main() + {
+       int a,b,sum;
+       printf("please input two values a and b :");
+       scanf("%d%d",&a,&a);
+       sum = a + b;
+       printf("sum = %d\n",sum);
+}
```

Git 提供了快捷命令方便版本的比较,比如比较当前代码内容与最新版本提交记录的差别。

```
~/myproject MYM git diff HEAD
```

如果比较当前代码内容与上次版本提交记录的差别。

```
~/myproject MYM git diff HEAD ~
```

如果比较最新版本提交记录与上次版本提交记录的差别。

```
~/myproject MYM git diff HEAD ~  HEAD
```

HEAD 是 Git 中比较重要的概念,它是一个指针,默认指向当前代码分支的最新的提交记录。HEAD 后紧跟波浪线表示当前代码分支的倒数第二次提交概率,以此类推。

5. 代码切换

在代码开发中,经常需要回到代码的某个历史状态检查代码,甚至回滚代码到一个历史状态。Git 的 checkout 命令会修改 HEAD 指针的位置,Git 会根据 HEAD 指向的版本记录将代码文件的内容切换到任意一个版本状态。

比如将代码切换到上次提交的版本,Sum.c 文件恢复到刚刚创建的状态。

```
~/myproject MYM git checkout HEAD ~
Previous HEAD position was7027466.... sum code
HEAD is now atf9f6129...create Sum.c
```

如果需要切换回来,则直接切换到 master 分支即可,此时 Sum.c 代码已还原。

```
~/myproject MYM git checkout master
Previous HEAD position was f9f6129...Sum code
Switched to branch ́master ́
```

除了切换到某个历史版本查看代码外,有时候需要将代码的提交信息回滚到某个历史版本,而放弃该版本后的所有提交。使用 reset 命令可以重置代码提交记录。

比如放弃代码的最后一次提交,使用如下命令。此时代码回到最后一次提交前的状态,Git 会检测到 Sum.c 被修改。

```
~/myproject MYM git reset  - - soft HEAD ~
```

如果不仅放弃代码的最后一次提交,而且放弃代码的所有修改内容,使用如下命令。

此时代码的内容将被还原到最后一次编辑前的状态。一般尽量避免这样的操作,否则会丢失所有的代码修改。

```
~/myproject MYM git reset --HARD HEAD~
```

6. 代码文件追踪

Git 中可以自由地对文件进行版本控制。

如果需要对文件进行版本控制,使用 add 命令即可。

```
~/myproject MYM git add Sum.c
```

如果需要将文件移出版本控制,使用 rm 命令。

```
~/myproject MYM git rm Sum.c
```

在实际开发过程中,经常在工程目录中出现各种临时文件,如果不希望这些文件被 Git 提示添加到版本控制,可以再工程目录内创建“.gitignore”文件,并在文件内配置被 Git 忽略的文件。

```
~/myproject MYM ls
Sum.c main.o
~/myproject MYM cat .gitignore
*.o
~/myproject MYM git status
On branch master
nothing to commit, working tree clean
```

在“.gitignore”内忽略了该文件本身以及所有以“.o”结尾的文件,这样 Git 就不会提示这些文件需要添加到版本控制了。

7. 代码标签

当代码提交了一个比较重要的版本时,可以为提交的版本打赏标签。

```
~/myproject MYM git tag 1.0
~/myproject MYM git tag -l
1.0
```

上述 Git 的 tag 命令为当前版本打上了 1.0 的标签,并可以使用“-l”选项查看所有的标签。

标签和 commit ID 有同样的地位,可以出现在 diff、checkout、reset 等命令中。

8. 代码分支

代码分支是 Git 中比较重要的功能,它使得代码开发可以并行优化。

视同 branch 命令可以创建代码分支。

```
~/myproject MYM git branch new
~/myproject MYM git branch
* master
```

```
  new
~/myproject MYM git checkout new
Switched to branch ńew´
```

此处创建了分支 new,由于创建分支是 HEAD 指针指向 master 分支的最新提交,因此分支 new 拥有 master 分支的所有提交记录。

```
~/myproject MYM echo "// new line"  > >Sum. c
~/myproject MYM git commit  - am "add new line"
[new ee74954] add new line
1 file changed, 11 insertions( + )
~/myproject MYM git checkout master
Switched to branch ḿaster´
~/myproject MYM git merge new
Updating 7027466. . ee74954
Fast - forward
Sum. c | 1 +
1 filed changed, 1 insertion( + )
```

在分支 new 上,向 Sum. c 添加了一行数据并提交。然后切换到 master 分支,使用 merge 命令将 new 分支上的提交合并到 master 分支。此时可以发现 master 做了 new 分支上的修改。

如果 HEAD 指针指向 master 的某个历史版本,那么执行 branch 命令创建的分支将拥有 master 分支部分的提交。

```
~/myproject MYM git checkout HEAD ~
HEAD is now at f9f6129...create Sum. c
~/myproject MYM git branch test
~/myproject MYM git checkout test
Switched to branch ťest´
```

添加一行数据到空的 Sum. c 文件,并提交。最后在合并 test 分支到 master 分支时出现合并冲突。

```
~/myproject MYM echo "// test branch"  > >Sum. c
~/myproject MYM git commit  - am "new Sum. c in test brach"
[test 2463fdf] new Sum. c in test brach
1 file changed, 1 insertion( + )
~/myproject MYM git merge test
Auto  -  merging Sum. c
CONFLICT (content): Merge conflict in Sum. c
Automatic merge failed; fix conflicts and then commit the result.
```

打开 Sum. c 文件,可以看到 Git 生成的冲突标志。

```
<<<<<<< HEAD
#include <stuio.h>
void main()
{
    int a,b,sum;
    printf("please input two values a and b :");
    scanf("%d%d",&a,&a);
    sum = a + b;
    printf("sum = %d\n",sum);
}
===========
// test branch
>>>>>>> test
```

根据冲突标记得提示修改 Sum. c 文件,由于合并分支操作希望将 test 分支的 Sum. c 的内容追加到 master 分支的 Sum. c 文件内,因此这里移出分支标记即可。修改完毕后,将修改后的内容提交。

```
~/myproject MYM git commit -am "merge test"
[master e413b69] merge test
```

3.5.3 使用 github

前面通过示例介绍了 Git 中常用的命令,但是仅限于本地仓库的管理命令,而并未涉及与远程仓库的交互。Github 提供了共有的代码仓库,使用 Git 可以将本地的代码仓库推送到 github。

首选需要在 www. github. com 上申请注册并登陆,新建一个"Repository",命名为 myproject。

然后在本地执行如下命令添加远程仓库地址。

```
MYM git remote add origin https://github.com/MyGitupId/myproject.git
```

最后使用 push 命令将本地仓库推送到 github。以下命令将 master 推送并合并到 origin/master 远程分支。

```
~/myproject MYM git push origin master
Counting objects: 12, done.
Delta compressin using up to 4 threads.
Compressing objects: 100% (6/6), done.
Writing objects: 100% (12/12), 927 bytes | 0 byte/s, done.
Total 12 (delta 2), reused 0 (delta 0)
To https://github.com/MyGitupId/myproject.git
 * [new branch] master → master
```

代码推送完成后,访问地址可以看到 github 提供的仓库管理目录。

如果本地仓库意外丢失或者更换开发机器,可以从 github 上直接将仓库复制到本地。

```
~ MYM git clone https://github.com/MyGitupId/myproject
Cloning into 'myproject'...
Remote: Counting objects: 12, done.
Remote: Compressing objects: 100% (4/4), done.
Remote: Total 12 (delta 2), reused 12 (delta 2), pack - reused 0
Unpacking objects: 100% (12/12), done.
Checking connectivity...done.
```

从异地提交到 github 的代码更改可以通过 pull 命令取回到本地仓库中。以下命令将 origin/master 远程分支提取并合并到本地分支。

```
~/myproject MYM git push origin master
From https://github.com/MyGitupId/myproject
* branch master → FETCH_HEAD
Updating 7027466..e413b69
Fast - forward
```

习　　题

一、 选择题

1. 下列关于 Java 语言特点的叙述中,错误的是(　　)。
   A. Java 是面向过程的编程语言
   B. Java 支持分布式计算
   C. Java 是跨平台的编程语言
   D. Java 支持向量
2. 下列叙述中,正确的是(　　)。
   A. 声明变量时必须指定一个类型
   B. Java 认为变量 number 与 Number 相同
   C. Java 中唯一的注释方式是"//"
   D. 源文件中 public 类可以有 0 或多个
3. (　　)是构成 C 语言程序的基本单位。
   A. 函数　　B. 过程　　C. 子程序　　D. 子例程
4. 常用的传统高级语言有(　　)。
   ①FORTRAN 语言　②BASIC 语言　③Pascal 语言　④C 语言　⑤COBOL 语言
   A. ①②③④　　B. ②③④⑤　　C. ②④⑤　　D. ①②③④⑤

二、简答题

1. 应用软件开发工具一般都具有哪三个基本的功能构成部分?
2. 哪些编辑器能完成源程序的编辑?

3. 程序调试器的功能是什么?

4. C + +语言有什么特点? 主要应用于哪些软件的开发?

5. 汇编语言有什么特点? 主要应用于哪些软件的开发?

6. 软件版本控制工具的功能是什么?

第4章　计算机网络

计算机网络是计算机科学技术与通信技术逐步发展、紧密结合的产物，是信息社会的基础设施，是信息交换、资源共享和分布式应用的重要手段。随着信息社会的蓬勃发展和计算机网络技术的不断更新，计算机网络的应用已经渗透到了各行各业乃至于千家万户，并且不断改变着人们的思想观念、工作模式和生活方式。一个国家的信息基础设施和网络化程度已成为衡量其现代化水平的重要标志。

4.1　计算机网络的形成与发展

由于计算机网络的飞速发展，计算机网络已经成为现代信息社会的基础设施之一。计算机网络被广泛应用于社会日常生活的各个方面，从日常生活中的电子社区、电子商务、网上银行、学校远程教育，到政府日常办公、企业的现代化生产管理，计算机网络在当今无处不在。

4.1.1　计算机网络的形成

计算机网络真正的工作始于20世纪60年代后期，并且只是以传输数字信息为目的。1967年美国国防部设立了国防高级研究计划署DARPA，开始资助计算机网络的研究，1969年建成了连接美国西海岸的四所大学和研究所的小规模分组交换网——ARPA网。到1972年，该网络发展到具有34个接口报文处理机(IMP)的网络。当时，使用的计算机是PDP-11小型计算机，使用的通信线路有专用线、无线、卫星等。另外，在该网中首次使用了分组交换和协议分层的概念。1983年，在ARPA网上开发了安装在UNIX BSD版上的TCP/IP，从而使得该网络的应用和规模得到了进一步的扩展。由于使用了用于国际互联的TCP/IP，ARPA网也由过去的单一网络发展成为连接多种不同网络的世界上最大的互联网——因特网。

4.1.2　计算机网络的发展

随着计算机技术和通信技术的不断发展，计算机网络也经历了从简单到复杂，从单机到多机的发展过程，大致分为以下四个阶段。

(1)第一代计算机网络。

第一代计算机网络是面向终端的计算机网络。20世纪60年代，随着集成电路技术的发展，为了实现资源共享和提高计算机的工作效率，出现了面向终端的计算机通信网。在这种方式中，主机是网络的中心和控制者，终端可分布在不同的地理位置并与主机相连，用户通过本地的终端使用远程的主机。这种方式在早期使用的是单机系统，后来为减少主机负载出现了多机联机系统。

(2)第二代计算机网络。

第二代计算机网络是计算机通信网络。在面向终端的计算机网络中，只能在终端和主机之间进行通信,子网之间无法通信。从20世纪60年代中期开始,出现了多个主机互联的系统,可以实现计算机与计算机之间的通信。它由通信子网和用户资源子网(第一代计算机网络)构成,用户通过终端不仅可以共享主机上的软、硬件资源,还可以共享子网中其他主机上的软、硬件资源。到了20世纪70年代初,四个结点的分组交换网——美国国防部高级研究计划署网络(ARPANET)的研制成功标志着计算机通信网络的诞生。

(3)第三代计算机网络。

第三代计算机网络是Internet,这是网络互联阶段。到了20世纪70年代,随着微型计算机的出现,局域网诞生了,并以以太网为主进行了推广使用。这与早期诞生的广域网一样,广域网是由于远距离的主机之间需要信息交流而诞生的。而微型计算机的功能越来越强,造价不断下降,使用它的领域不断扩大,近距离的用户(一栋楼、一个办公室等)需要信息交流和资源共享,因而,广域网诞生了。1974年,IBM公司研制了它的系统网络体系结构,其他公司也相继推出本公司的网络体系结构。这些不同公司开发的系统体系结构只能连接本公司的设备。为了使不同体系结构的网络相互交换信息,国际标准化组织(International Standards Organization,ISO)于1977年成立专门机构并制定了世界范围内网络互联的标准,称为开放系统基本参考模型(Open System Interconnection/Reference Model,OSI/RM)。它标志着第三代计算机网络的诞生。OSI/RM已被国际社会广泛地认可和执行,它对推动计算机网络的理论与技术的发展,对统一网络体系结构和协议起到了积极的作用。今天的Internet就是ARPANET逐步演变而来的。ARPANET使用的是TCP/IP,并一直使用到今天。Internet自产生以来就飞速发展,是目前全球规模最大、覆盖面积最广的国际互联网。

(4)第四代计算机网络。

第四代计算机网络是千兆位网络。千兆位网络也称为宽带综合业务数字网(B-ISDN),它的传输速率可达到1Gb/s(b/s是网络传输速率的单位,即每秒传输的比特数)。这标志着网络真正步入多媒体通信的信息时代,使计算机网络逐步向信息高速公路的方向发展。万兆位网络目前也在发展之中,并且在许多行业中得到了应用。

(5)计算机网络的发展趋势。

网格是计算机网络的发展趋势之一。网格(Grid)是把地理位置上分散的资源集成起来的一种基础设施。通过这种基础设施,用户不需要了解这个基础设施上资源的具体细节就可以使用自己需要的资源。资源包括计算资源、存储资源、通信资源、软件资源、信息资源、知识资源等。网格的资源共享、协同工作能力将改变目前信息系统存在的信息孤岛、资源浪费的局面,使得新一代的信息系统建立在更有效的平台之上。

网格的目标是让网格用户能够容易地访问网格资源。在网格上,用户不需要使用远程登录(Telnet)、文件传输协议(FTP)等网络工具就可以使用远程结点上的信息资源,还可以共享使用网格上的各种计算资源,包括CPU、存储器、数据库、软件等。网格的目标本身不在于规模的大小,而在于共享资源的种类、共享资源的形式、对用户共享资源的要求、共享的透明程度、接口的简单程度等。网格将分布在不同地理位置的计算资源通过互联网和网格软件组成新的计算环境。

4.2 计算机网络的定义与分类

在计算机网络发展的不同阶段,人们对计算机网络的定义和分类也不相同。不同的定义和分类反映着当时网络技术发展的水平以及人们对网络的认识程度。

4.2.1 计算机网络的定义及基本特征

随着计算机应用技术的迅速发展,计算机的应用已经逐渐渗透到各类技术领域和整个社会的各个行业。社会信息化的趋势和资源共享的要求,推动了计算机应用技术向着群体化的方向发展,促使当代的计算机技术和通信技术实现紧密的结合。计算机网络就是现代通信技术与计算机技术结合的产物。

目前,计算机网络的应用已远远超过计算机的应用,并使用户们真正理解"计算机就是网络"这一概念的含义。

计算机网络是利用通信线路和通信设备,把分布在不同地理位置的具有独立处理功能的若干台计算机按照一定的控制机制和连接方式互相连接在一起,并在网络软件的支持下实现资源共享的计算机系统。

这里所定义的计算机网络包含四部分内容。

(1)通信线路和通信设备。

①通信线路是网络连接介质,包括同轴电缆、双绞线、光缆、铜缆、微波和卫星等。

②通信设备是网络连接设备,包括网关、网桥、集线器、交换机、路由器、调制解调器等。

(2)具有独立处理功能的计算机,包括各种类型计算机、工作站、服务器、数据处理终端设备。

(3)一定的控制机制和连接方式是指各层网络协议和各类网络的拓扑结构。

(4)网络软件是指各类网络系统软件和各类网络应用软件。

4.2.2 计算机网络的分类

计算机网络有几种不同的分类方法:按通信方式分类,如点对点和广播式;按带宽分类,如窄带网和宽带网;按传输介质分类,如有线网和无线网;按拓扑结构分类,如总线型、星型、环型、树型、网状;还有按地理范围分类,如局域网、城域网和广域网。一般所说的分类常指按地理范围的分类,所以下面就介绍按地理范围的计算机网络的分类。

1. 局域网

局域网(Local Area Network,LAN)是将较小地理范围内的各种数据通信设备连接在一起,实现资源共享和数据通信的网络(一般几千米以内)。这个小范围可以是一间办公室、一座建筑物或近距离的几座建筑物,如一个工厂或一个学校。局域网具有传输速度快,准确率高的特点。另外它的设备价格相对低一些,建网成本低。局域网适合在某一个数据较重要的部门、某一企事业单位内部使用这种计算机网络,实现资源共享和数据通信。

2. 城域网

城域网(Metropolitan Area Network,MAN)是一个将距离在几十千米以内的若干个局域网连接起来以实现资源共享和数据通信的网络。它的设计规模一般在一个城市之内。它的传输速度相对局域网低一些。

3. 广域网

广域网(Wide Area Network,WAN)实际上是将距离较远的数据通信设备、局域网、城域网连接起来实现资源共享和数据通信的网络。广域网一般覆盖面较大,一个国家、几个国家甚至于全球范围,如 Internet 就可以说是最大的广域网。广域网一般利用公用通信网络提供的信息进行数据传输,传输速度相对较低,网络结构较复杂,造价相对较高。

4.3 计算机网络的拓扑结构

尽管 Internet 网络结构非常庞大且复杂,组成复杂庞大网络的基本单元结构却具有一些基本特征和规律。计算机网络拓扑就是用来研究网络基本结构和特征规律的。

4.3.1 计算机网络拓扑的概念

所谓"拓扑"就是把实体抽象成与其大小、形状无关的"点",而把连接实体的线路抽象成"线",进而以图的形式来表示这些点与线之间关系的方法,其目的在于研究这些点、线之间的相连关系。表示点和线之间关系的图被称为拓扑结构图。拓扑结构与几何结构属于两个不同的数学概念。在几何结构中,我们要考察的是点、线之间的位置关系,或者说几何结构强调的是点与线所构成的形状及大小。如梯形、正方形、平行四边形及圆都属于不同的几何结构,但从拓扑结构的角度去看,由于点、线间的连接关系相同,从而具有相同的拓扑结构即环型结构。也就是说,不同的几何结构可能具有相同的拓扑结构。

类似地,在计算机网络中,我们把计算机、终端、通信处理机等设备抽象成点,把连接这些设备的通信线路抽象成线,并将由这些点和线所构成的拓扑称为网络拓扑结构。

4.3.2 计算机网络拓扑的分类方法及基本拓扑类别

计算机网络的拓扑结构是计算机网络上各结点(分布在不同地理位置上的计算机设备及其他设备)和通信链路所构成的几何形状。常见的拓扑结构有五种:总线型、星型、环型、树型和网状。

1. 总线型结构

总线型拓扑结构采用一条公共线(总线)作为数据传输介质,所有网络上结点都连接在总线上,通过总线在网络上结点之间传输数据,如图 4-1 所示。

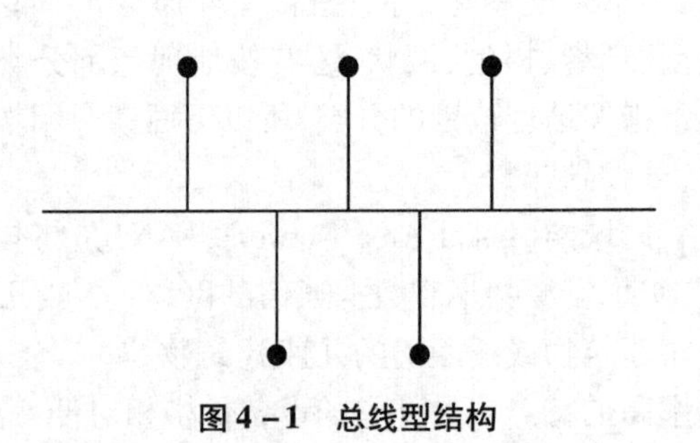

图 4-1 总线型结构

总线型拓扑结构使用广播或传输技术,总线上的所有结点都可以发送数据到总线上,数据在总线上传播。在总线上所有其他结点都可以接收总线上的数据,各结点接收数据之后,首先分析总线上的数据的目的地址,再决定是否真正的接收。由于各结点共用一条总线,所以在任一时刻只允许一个结点发送数据,因此,传输数据易出现冲突现象,总线出现故障,将影响整个网络的运行。总线型拓扑结构具有结构简单,建网成本低,布线、维护方便,易于扩展等优点。著名的以太网就是典型的总线型拓扑结构。

2. 星型结构

在星型结构的计算机网络中，网络上每个结点都由一条点到点的链路与中心结点(网络设备，如交换机、集线器等)相连，如图4-2所示。

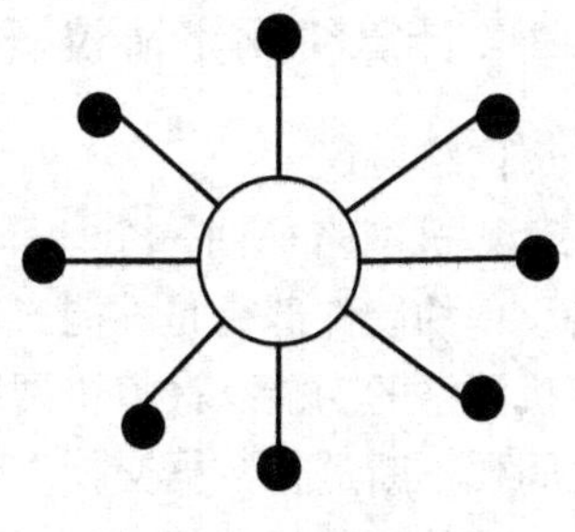

图4-2 星型结构

在星型结构中，信息的传输是通过中心结点的存储转发技术来实现的。这种结构具有结构简单、便于管理与维护，易于结点扩充等优点。缺点是中心结点负担重，一旦中心结点出现故障，将影响整个网络的运行。

3. 环型结构

在环型拓扑结构的计算机网络中，网络上各结点都连接在一个闭合环形通信链路上，如图4-3所示。

在环型结构中，信息的传输沿环的单方向传递，两结点之间仅有唯一的通道。网络上各结点之间没有主次关系，各结点负担均衡，但网络扩充及维护不太方便。如果网络上有一个结点或者是环路出现故障，将可能引起整个网络故障。

4. 树型结构

树型拓扑结构是星型结构的发展，在网络中各结点按一定的层次连接起来，形状像一棵倒置的树，所以称为树型结构，如图4-4所示。

在树型结构中，顶端的结点称为根结点，它可带若干个分支结点，每个分支结点又可以再带若干个子分支结点。信息的传输可以在每个分支链路上双向传递。网络扩充、故障隔离比较方便。如果根结点出现故障，将影响整个网络运行。

5. 网状结构

在网状拓扑结构中，网络上的结点连接是不规则的，每个结点可以与任何结点相连，且每个结点可以有多个分支，如图4-5所示。在网状结构中，信息可以在任何分支上进行传输，这样可以减少网络阻塞的现象，但由于结构复杂，不易管理和维护。

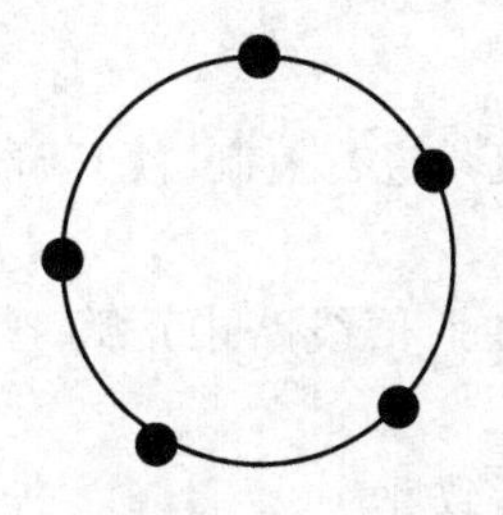

图4-3 环型结构

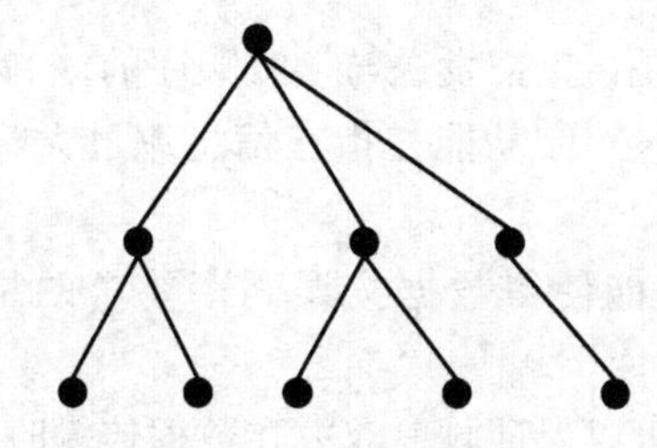

图4-4 树型结构

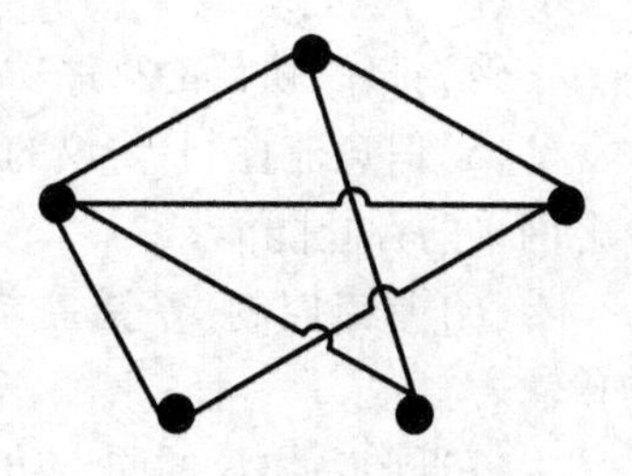

图4-5 网状结构

4.4 计算机网络的体系结构

计算机之间的通信是实现资源共享的基础，相互通信的计算机必须遵守一定的协议。协议是负责在网络上建立通信通道和控制信息流的规则，这些协议依赖于网络体系结构，由硬件和软件协同实现。

4.4.1 计算机网络协议概述

1. 网络协议

计算机网络如同一个计算机系统包括硬件系统和软件系统两大部分一样,因此,只有网络设备的硬件部分是不能实现通信工作的,需要有高性能网络软件管理网络,才能发挥计算机网络的功能。计算机网络功能是实现网络系统的资源共享,所以网络上各计算机系统之间要不断进行数据交换。但不同的计算机系统可能使用完全不同的操作系统或采用不同标准的硬件设备等。为了使网络上各个不同的计算机系统能实现相互通信,通信的双方就必须遵守共同一致的通信规则和约定,如通信过程的同步方式、数据格式、编码方式等。这些为进行网络中数据交换而建立的规则、标准或约定称为协议。

2. 协议的内容

在计算机网络中任何一种协议都必须解决语法、语义、定时这三个主要问题。

(1)协议的语法:在协议中对通信双方采用的数据格式、编码方式等进行定义。如报文中内容的组织形式、内容的顺序等。这都是语法中解决的问题。

(2)协议的语义:在协议中对通信的内容做出解释。如对于报文,它是由几部分组成,哪些部分用于控制数据,哪些部分是真正的通信内容。这些是协议的语义中解决的问题。

(3)协议的定时:定时也称时序,在协议中对通信内容中先讲什么、后讲什么、讲的速度进行了定义。如通信中采用同步还是异步传输等。这些是协议的定时中要解决的问题。

3. 协议的功能

计算机网络协议应具有以下功能。

(1)分割与重组:协议的分割功能,可以将较大的数据单元分割成较小的数据单元,其相反的过程为重组。

(2)寻址:寻址功能使网络上设备彼此识别,同时可以进行路径选择。

(3)封装与拆封:协议的封装功能是将在数据单元的始端或者末端增加控制信息,其相反的过程是拆封。

(4)排序:协议的排序功能是指报文发送与接收顺序的控制。

(5)信息流控制:协议的流量控制功能是指在信息流过大时,对流量进行控制,使其符合网络的吞吐能力。

(6)差错控制:差错控制功能使得数据按误码率要求的指标,在通信线路中正确地传输。

(7)同步:协议的同步功能可以保证收发双方在数据传输时保证一致性。

(8)干路传输:协议的干路传输功能可以使多个用户信息共用干路。

(9)连接控制:协议的连接控制功能是可以控制通信实体之间建立和终止链路的过程。

4. 协议的种类

协议按其不同的特性可分为以下三种。

(1)标准或非标准协议:标准协议涉及各类的通用环境;而非标准协议只涉及专用环境。

(2)直接或间接协议:设备之间可以通过专线进行连接,也可以通过公用通信网络相连接。当网络设备直接进行通信时,需要一种直接通信协议;而网络设备之间间接通信时,则需要一种间接通信协议。

(3)整体的协议或分层的结构化协议:整体协议是一个协议,也就是一整套规则。分层的结构化协议,分为多个层次实施,这样的协议是由多个层次复合而成。

4.4.2 OSI参考模型

国际标准化组织(International Standard Organization,ISO)提出一个通用的网络通信参考模型OSI(Open System Interconnect Model)模型,称为开放系统互联模型。将整个网络系统分成七层,每层各自负责特定的工作,各层都有主要的功能,如图4-6所示。

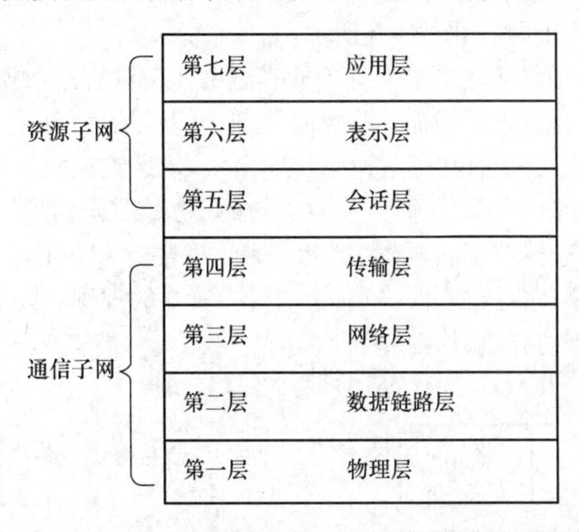

图4-6 OSI参考模型网络七层结构

(1)OSI参考模型分层原则:按网络通信功能性质进行分层,性质相似的工作计划分在同一层,每一层所负责的工作范围,层次分得很清楚,彼此不重叠,处理事情时逐层处理,绝不允许越层,功能界限清晰,并且每层向相邻的层提供透明的服务。

(2)各层功能:简单介绍各层主要功能。

①物理层:也称最低层,它提供计算机操作系统和网络线之间的物理连接,它规定电缆引线的分配、线上的电压、接口的规格以及物理层以下的物理传输介质等。在这一层传输的数据以比特为单位。

②数据链路层:数据链路层完成传输数据的打包和拆包的工作。把上一层传来的数据按一定的格式组织,这个工作称为组成数据帧,然后将帧按顺序传出。另外,它主要解决数据帧的破坏、遗失和重复发送等问题,目的是把一条可能出错的物理链路变成让网络层看起来是一条不出差错的理想链路。数据链路层传输的数据以帧为单位。

③网络层:主要功能是为数据分组进行路由选择,并负责通信子网的流量控制、拥塞控制。要保证发送端传输层所传下来的数据分组能准确无误地传输到目的结点的传输层。网络层传输的数据以数据单元为单位。一般称以上介绍的三层为通信子网。

④传输层:主要功能是为会话层提供一个可靠的端到端连接,以使两通信端系统之间透明地传输报文。传输层是计算机网络体系结构中最重要的一层,传输层协议也是最复杂的,其复杂程度取决于网络层所提供的服务类型及上层对传输层的要求。传输层传输的数据以报文为单位。

⑤会话层:主要功能是使用传输层提供的可靠的端到端连接,在通信双方应用进程之

间建立会话连接,并对会话进行管理和控制,保证会话数据可靠传送。会话层传输的数据以报文为单位。

⑥表示层:主要功能是完成被传输数据的表示工作,包括数据格式、数据转化、数据加密和数据压缩等语法变换服务。表示层传输的数据以报文为单位。

⑦应用层:它是 OSI 参考模型中的最高层,功能与计算机应用系统所要求的网络服务目的有关。通常是为应用系统提供访问 OSI 环境的接口和服务,常见的应用层服务如信息浏览、虚拟终端、文件传输、远程登录、电子邮件等。应用层传输的数据以报文为单位。一般称第五至第七层为资源子网,如图 4-6 所示。

(3)在 OSI 模型中数据传输方式。在 OSI 模型中通信双方的数据传输时由发送端应用层开始向下逐层传输,并在每层增加一些控制信息,可以理解为每层对信息加一层信封,到达最低层源数据加了七层信封;再通过网络传输介质,传送到接收端的最低层,再由下向上逐层传输,并在每层去掉一个信封,直到接收端的最高层,数据还原成原始状态为止。

另外,当通信双方进行数据传输时,实际上是对等层在使用相应的规定进行沟通。这里使用的规定称为协议,它是在不同终端,相同层中实施的规则。如果在同一终端,不同层中称为接口或称为服务访问点,如图 4-7 所示。

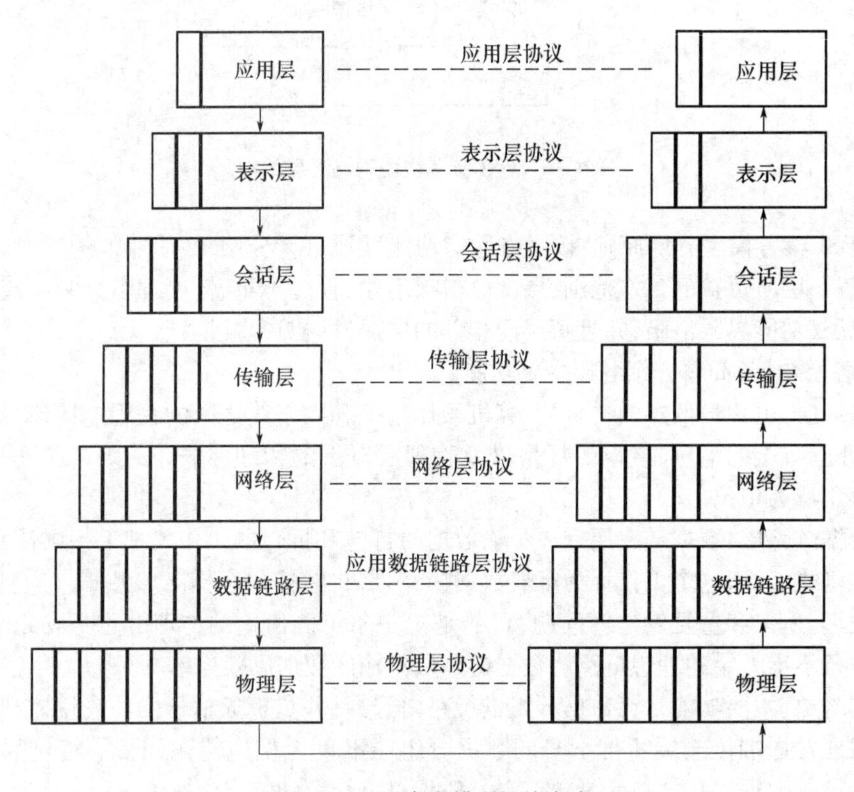

图 4-7 OSI 参考模型通信方式

4.4.3 TCP/IP 模型

由于 TCP/IP 参考模型与 OSI 参考模型设计的出发点不同,OSI 是为国际标准而设计的,因此考虑因素多,协议复杂,产品推出较为缓慢;TCP/IP 起初是为军用网设计的,将异构网的互联、可用性、安全性等特殊要求作为重点考虑。因此TCP/IP参考模型分为四层:网络接口层、互联层、传输层和应用层,如表4-1所示。

表4-1　TCP/IP参考模型

OSI中的层	TCP/IP协议簇
应用层	Telenet、FTP、SMTP、DNS
传输层	TCP协议、UDP协议
互联层	IP协议
网络接口层	局域网、无线网、卫星网、X25

1. TCP/IP中各层功能

(1)网络接口层:它是Internet协议的最低层,它与OSI的数据链路及物理层相对应。这一层的协议标准也很多,包括各种逻辑链路控制和媒体访问协议,如各种局域网协议、广域网协议等任何可用于IP数据报文交换的分组传输协议。作用是接收互联层传来的IP数据报;或从网络传输介质接收物理帧,将IP数据报传给互联层。

(2)互联层:它与OSI的网络层相对应,是网络互联的基础,提供无连接的分组交换服务。互联层的作用是将传输层传来的分组装入IP数据报,选择去往目的主机的路由,再将数据报发送到网络接口层;或从网络接口层接收数据报,先检查其合理性,然后进行寻址,若该数据报是发送给本机的,则接收并处理后,传送给传输层;如果不是送给本机的,则转发该数据报。另外,还有对差错、控制报文、流量控制等功能。

(3)传输层:传输层与OSI的传输层相对应。传输层的作用是提供通信双方的主机之间端到端的数据传送,在对等实体之间建立用于会话的连接。它管理信息流,提供可靠的传输服务,以确保数据可靠地按顺序到达。在传输层包括传输控制协议TCP和用户数据报协议UDP两个协议,这两个协议分别对应不同的传输机制。

(4)应用层:应用层与OSI中的会话层、表示层和应用层相对应。向用户提供一组常用的应用层协议。提供用户调用应用程序访问TCP/IP互联网络的各种服务。常见的应用层协议包括网络终端协议Telnet、文件传输协议FTP、简单邮件传输协议SMTP、域名服务DNS和超文本传输协议HTTP。

2. Internet协议应用

网络协议是计算机系统之间通信的各种规则,只有双方按照同样的协议通信,把本地计算机的信息发出去,对方才能接收。因此每台计算机上都必须安装执行协议的软件。协议是网络正常工作的保证,所以针对网络中不同的问题制定了不同的协议。常用的协议包括以下几类。

(1)Internet网络协议。

①传输控制协议TCP:TCP负责数据端到端的传输,是一个可靠的、面向连接的协议,保证源主机上的字节准确无误地传递到目的主机。为了保证数据可靠传输,TCP对从应用层传来的数据进行监控管理,提供重发机制,并且进行流量控制,使发送方以接收方能够接收的速度发送报文,不会超过接收方所能处理的报文数。

②网际协议IP:IP是提供无连接的数据报服务,负责基本数据单元的传送,规定了通过

TCP/IP 的数据的确切格式，为传输的数据进行路径选择和确定如何分组及数据差错控制等。IP 是在互联层，实际上在这一层配合 IP 的协议还有在 IP 之上的互联网络控制包文协议 ICMP；有在 IP 之下的正向地址解析协议 ARP 和反向地址解析协议 RARP。

③用户数据报协议 UDP：提供不可靠的无连接的数据包传递服务，没有重发和记错功能。因此，UDP 适用于那些不需要 TCP 的顺序与流量控制而希望自己对此加以处理的应用程序。如在语言和视频应用中需要传输准同步数据，这时用 UDP 传输数据，如果使用有重发机制的 TCP 来传输数据，就会使某些音频或视频信号延时较长，这时即使这段音频或视频信号再准确也毫无意义。在这种情况下，数据的快速到达比数据的准确性更重要。

(2) Internet 应用协议。

①网络终端协议 Telnet：实现互联网中远程登录功能。

②文件传输协议 FTP：实现互联网中交互式文件传输功能。

③简单邮件传输协议 SMTP：实现互联网中的电子邮件传输功能。

④域名服务 DNS：实现网络设备的名字到 IP 地址映射的网络服务。

⑤路由信息协议 RIP：具有网络设备之间交换路由信息功能。

⑥超文本传输协议 HTTP：用于 WWW 服务，可传输多媒体信息。

⑦网络文件系统 NFS：用于网络中不同主机间的文件共享。

(3)其他协议

①面向数据报协议 IPX：是局域网 NetWare 的文件重定向模块的基础协议。

②连接协议 SPX：是会话层的面向连接的协议。

4.4.4 Internet 地址

在局域网中各台终端上的网络适配器即网卡都有一个地址，称为网卡物理地址或 MAC 地址。它是全球唯一的地址，每一块网卡上的地址与其他任何一块网卡上的地址不会相同。而在 Internet 上的主机，每一台主机也都有一个与其他任何主机不重复的地址称为 IP 地址。IP 地址与 MAC 地址之间没有什么必然的联系。

1. IP 地址

每个 IP 地址用 32 位二进制数表示，通常被分割为 4 个 8 位二进制数，即 4 个字节(IPv4 协议中)，如 11001011. 01100010. 01100001. 01001111。为了记忆，实际使用 IP 地址时，将二进制数用十进制数来表示，每 8 位二进制数用一个 0 ~ 255 的十进制数表示，且每个数之间用小数点分开。如上面的 IP 地址可以用 203. 98. 97. 143 表示网络中某台主机的 IP 地址。计算机系统很容易地将用户提供的十进制地址转换成对应的二进制 IP 地址，以识别网络上的互联设备。

2. 域名

由于人们更习惯用字符型名称来识别网络上互联设备，所以通常用字符给网上设备命名，这个名称由许多域组成，域与域之间用小数点分开。如哈尔滨商业大学校园网域名为：www. hrbcu. edu. cn，这是该大学的 www 主机的域名。在这个域名中从右至左越来越具体，最右端的域为顶级域名 cn，表示中国；edu 是二级域名表示教育机构；hrbcu 是用户名；www 是主机名。如 www. tsinghua. edu. cn 是清华大学校园网 www 主机的域名。这两个域名主机名和后两个域名都相同，但用户名不同，就代表 Internet 上的两台不同的主机。在 Internet 上域名或 IP 地址一样都是唯一的，只不过表示方式不同。在使用域名查找网上设备时，需要有一个翻译将域名翻译成 IP 地址,这个翻译由称为域名服务系统 DNS 来承担,它可以根据输入的域名来查找相对的 IP 地址,如果在本服务系统中没找到,再到其他服务系统中去查找。

每个国家和地区在顶级域名后还必须有一个用于识别的域名,用标准化的两个字母表示国家和地区的名字,即顶级域名,如中国用 cn,中国香港用 hk 等。常用的二级域名有:edu 表示教育机构,com 表示商业机构,mil 表示军事部门,gov 表示政府机构,org 表示其他机构。

3. IP 地址的分类

IP 地址分为五类,分别为 A 类、B 类、C 类、D 类和 E 类。其中 A、B、C 三类地址是主类地址,D、E 类地址是次类地址。

(1) IP 地址的格式。

IP 地址的格式由类别、网络地址和主机地址三部分组成,如图 4 - 8 所示。

类别	网络地址	主机地址

图 4 - 8　IP 地址的格式

(2) IP 地址的分类。

按 IP 地址的格式将 IP 地址分为五类。如 A 类地址类别号为 0,第一字节中剩余的 7 位表示网络地址,后三个字节用来表示主机地址。具体分类如图 4 - 9 所示。

位	0	1	2	3	4	5	6	7	8…15	16…23	24…31	地址范围
A 类	0	网络地址 2^{7}							主机地址 2^{24}			0.1.0.0 ~ 126.225.255.255
B 类	1	0	网络地址 2^{14}							主机地址 2^{16}		128.0.0.0 ~ 191.255.255.255
C 类	1	1	0	网络地址 2^{21}							主机地址 2^{8}	192.0.0.0 ~ 223.255.255.255
D 类	1	1	1	0	广播地址							240.0.0.0 ~ 247.255.255.255
E 类	1	1	1	1	0	留用						224.0.0.0 ~ 239.255.255.255

图 4 - 9　IP 地址分类

一般全 0 的 IP 地址不使用,有特殊用途。

从图 4 - 9 可以看出 A 类地址的网络数最少,但网络中的主机数目较大,与其对应的 C 类地址网络数较大,但每个网络中的主机数较少。

4.5　计算机网络的传输介质

网络传输介质是网络中传输数据、连接各网络结点的实体,在局域网中常见的网络传输介质有双绞线、同轴电缆和光纤。其中,双绞线是经常使用的传输介质,它一般用于星状网络中,同轴电缆一般用于总线网络,光纤一般用于主干网的连接。

4.5.1 双绞线

是由两条相互绝缘的导线按照一定的规格互相缠绕(一般以顺时针缠绕)在一起而制成的一种通用配线,属于信息通信网络传输介质。双绞线过去主要是用来传输模拟信号的,但现在同样适用于数字信号的传输。把两根绝缘的铜导线按一定规格互相绞在一起,可降低信号干扰的程度,每一根导线在传输中辐射的电波会被另一根线上发出的电波抵消。其中外皮所包的导线两两相绞,形成双绞线对。根据有无屏蔽层,双绞线分为屏蔽双绞线(Shielded Twisted Pair,STP)与非屏蔽双绞线(Unshielded Twisted Pair,UTP)。

屏蔽双绞线在双绞线与外层绝缘封套之间有一个金属屏蔽层。屏蔽双绞线分为STP和FTP(Foil Twisted - Pair),STP指每条线都有各自的屏蔽层,而FTP只在整个电缆有屏蔽装置,并且两端都正确接地时才起作用。所以要求整个系统是屏蔽器件,包括电缆、信息点、水晶头和配线架等,同时建筑物需要有良好的接地系统。屏蔽层可减少辐射,防止信息被窃听,也可阻止外部电磁干扰的进入,使屏蔽双绞线比同类的非屏蔽双绞线具有更高的传输速率。

非屏蔽双绞线是一种数据传输线,由四对不同颜色的传输线所组成,广泛用于以太网路和电话线中。非屏蔽双绞线电缆具有以下优点:①无屏蔽外套,直径小,节省所占用的空间,成本低;②重量轻,易弯曲,易安装;③将串扰减至最小或加以消除;④具有阻燃性;⑤具有独立性和灵活性,适用于结构化综合布线。因此,在综合布线系统中,非屏蔽双绞线得到广泛应用。

双绞线标准如下所述。

三类:传输频率为16 MHz,最高传输速率为10 Mbps(10 Mbit/s),电话多用,目前已淡出市场。

四类:传输频率为20 MHz,最高传输速率为16 Mbps,未被广泛采用。

五类:最高频率带宽为100 MHz,最高传输速率为100 Mbps,这是常用的以太网电缆。

超五类:最高频率带宽为155 MHz,最高传输速率为100 Mbps,这是常用的以太网电缆,推荐用于1 000 M网络中。

六类:最高频率带宽为250 MHz,最高传输速率为1 000 Mbps。

超六类:最高频率带宽为255 MHz,最高传输速率为1 000 Mbps,增加十字架。

七类:传输频率600 MHz,最高传输速率为10 Gbps(10 Gbit/s)。

八类:Siemon公司已宣布开发出八类线。

4.5.2 同轴电缆

同轴电缆(Coaxial cable)是一种电线及信号传输线,一般是由四层物料造成:最内里是一条导电铜线,线的外面有一层塑胶(做绝缘体、电介质之用)围拢,绝缘体外面又有一层薄的网状导电体(一般为铜或合金),然后导电体外面是最外层的绝缘物料作为外皮。

同轴电缆分为细缆:RG-58和粗RG-11两种。细缆的直径为0.26 cm,最大传输距离185 m,使用时与50 Ω终端电阻、T型连接器、BNC接头与网卡相连,线材价格和连接头成本都比较便宜,而且不需要购置集线器等设备,十分适合架设终端设备较为集中的小型以太网络。缆线总长不要超过 185 m,否则信号将严重衰减。细缆的阻抗是 50 Ω。粗缆(RG－11)的直径为 1.27 cm,最大传输距离达到 500 m。由于直径相当大,因此它的弹性较差,不适合在室内狭窄的环境内架设,而且 RG－11 连接头的制作方式也相对要复杂许多,并不能直接与电脑连接,它需要通过一个转接器转成 AUI 接头,然后再接到电脑上。由于粗缆的强度较强,最大传输距离也比细缆长,因此粗缆的主要用途是扮演网络主干的角色,用来连接数个由细缆所结成的网络。粗缆的阻抗是 75 Ω。

4.5.3　光纤

光纤由纤芯和硅石覆层构成。纤芯是氧化硅和其他元素组成的石英玻璃,用来传输光射线。硅石覆层的主要成分也是氧化硅,但是其折射率要小于纤芯。

光纤传输是根据光学的全反射定律。当光线从折射率高的纤芯射向折射率低的覆层的时候,其折射角大于入射角,如图 4－10 所示。如果入射角足够大,就会出现全反射,即光线碰到覆层时就会折射回纤芯。这个过程不断重复下去,光也就沿着光纤传输下去了。

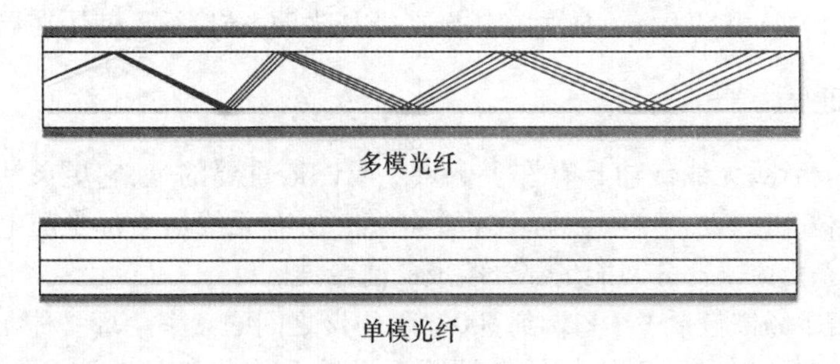

图 4－10　单模光纤和多模光纤

现代的生产工艺可以制造出超低损耗的光纤,光可以在光纤中传输数公里而基本上没有什么损耗。我们甚至在布线施工中,在几十楼层远的地方用手电筒的光肉眼来测试光纤的布放情况,或分辨光纤的线序(注意,切不可在光发射器工作的时候用这样的方法。激光光源的发射器会损坏眼睛)。

由全反射原理可以知道,光发射器的光必须在某个角度范围才能在纤芯中产生全反射。纤芯越粗,这个角度范围就越大。当纤芯的直径减小到只有一个光的波长,则光的入射角度就只有一个,而不是一个范围。

可以存在多条不同的入射角度的光纤,不同入射角度的光线会沿着不同折射线路传输。这些折射线路被称为“模”。如果光纤的直径足够大,以至有多个入射角形成多条折射线路,这种光纤就是多模光纤。

单模光纤的直径非常小,只有一个光的波长。因此单模光纤只有一个入射角度,光纤中只有一条光线路。

单模光纤的特点如下所述。

纤芯直径小,只有 5 ~ 8 μm。

几乎没有散射。

适合远距离传输。标准距离达 3 km,非标准传输可以达几十千米。

使用激光光源。

多模光纤的特点是:

纤芯直径比单模光纤大,有 50 ~ 62.5 μm,或更大。

散射比单模光纤大,因此有信号的损失。

适合远距离传输,但是比单模光纤小。标准距离 2 km。

使用 LED 光源。

我们可以简单的记忆为:多模光纤纤芯的直径要比单模光纤约大 10 倍。多模光纤使用发光二极管作为发射光源,而单模光纤使用激光光源。我们通常看到用 50/125 或 62.5/125 表示的光缆就是多模光纤。而如果在光缆外套上印刷有 9/125 的字样,即说明是单模光纤。

在光纤通信中,常用的三个波长是 850 nm、1 310 nm 和 1 550 nm。这些波长都跨红色可见光和红外光。对于后两种频率的光,在光纤中的衰减比较小。850 nm 的波段的衰减比较大,但在此波段的光波其他特性比较好,因此也被广泛使用。

单模光纤使用 1 310 nm 和 1 550 nm 的激光光源,在长距离的远程连接局域网中使用。多模光纤使用 850 nm、1 300 nm 的发光二极管 LED 光源,被广泛地使用在局域网中。

4.5.4 无线通信

与有线传输相比,无线传输具有许多优点。或许最重要的是,它更灵活。无线信号可以从一个发射器发出到许多接收器而不需要电缆。所有无线信号都是随电磁波通过空气传输的,电磁波是由电子部分和能量部分组成的能量波。

在无线通信中频谱包括了 9 kHz 到 300 000 GHz 之间的频率。每一种无线服务都与某一个无线频谱区域相关联。无线信号也是源于沿着导体传输的电流。电子信号从发射器到达天线,然后天线将信号作为一系列电磁波发射到空气中。信号通过空气传播,直到它到达目标位置为止。在目标位置,另一个天线接收信号,一个接收器将它转换回电流。接收和发送信号都需要天线,天线分为全向天线和定向天线。在信号的传播中由于反射、衍射和散射的影响,无线信号会沿着许多不同的路径到达其目的地,形成多径信号。

无线通信是利用电波信号可以在自由空间中传播的特性进行信息交换的一种通信方式。在移动中实现的无线通信又统称为移动通信,人们把二者合称为无线移动通信。简单讲,无线通信是仅利用电磁波而不通过线缆进行的通信方式。

所有无线信号都是随电磁波通过空气传输的,电磁波是由电子部分和能量部分组成的能量波。声音和光是电磁波的两个例子。无线频谱(也就是说,用于广播、蜂窝电话以及卫星传输的波)中的波是不可见也不可听的——至少在接收器进行解码之前是这样的。

"无线频谱"是用于远程通信的电磁波连续体,这些波具有不同的频率和波长。无线频谱包括了 9 kHz 到 300 000 GHz 之间的频率。每一种无线服务都与某一个无线频谱区域相关联。例如,AM 广播涉及无线通信波谱的低端频率,使用 535 ~ 1 605 kHz 之间的频率。

无线频谱是所有电磁波谱的一个子集。在自然界中还存在频率更高或者更低的电磁波,但是它们没有用于远程通信。低于 9 kHz 的频率用于专门的应用,如野生动物跟踪或车库门开关。频率高于 300 000 GHz 的电磁波对人类来说是可见的,正是由于这个原因,它们不能用于通过空气进行通信。例如,我们将频率为 428 570 GHz 的电磁波识别为红色。

当然,通过空气传播的信号不一定会保留在一个国家内。因此,全世界的国家就无线远程通信标准达成协议是非常重要的。国际电信联盟(ITU)作为管理机构,确定了国际无线服务的标准,包括频率分配、无线电设备使用的信号传输和协议、无线传输及接收设备、卫星轨道等。如果政府和公司不遵守ITU标准,那么在制造无线设备的国家之外就可能无法使用它们。

在理想情况下,无线信号直接在从发射器到预期接收器的一条直线中传播。这种传播被称为“视线”(Line of Sight,LOS),它使用很少的能量,并且可以接收非常清晰的信号。不过,因为空气是无制导介质,而发射器与接收器之间的路径并不是很清晰,所以无线信号通常不会沿着一条直线传播。当一个障碍物挡住了信号的路线时,信号可能会绕过该物体、被该物体吸收,也可能发生以下任何一种现象:发射、衍射或者散射。物体的几何形状决定了将发生这三种现象中的哪一种。

(1)反射、衍射和散射。

无线信号传输中的“反射”与其他电磁波(如光或声音)的反射没有什么不同。波遇到一个障碍物并反射或者弹回到其来源。对于尺寸大于信号平均波长的物体,无线信号将会弹回。例如,考虑一下微波炉。因为微波的平均波长小于1 mm,所以一旦发出微波,它们就会在微波炉的内壁(通常至少有15 cm长)上反射。究竟哪些物体会导致无线信号反射取决于信号的波长。在无线LAN中,可能使用波长在1~10 m之间的信号,因此这些物体包括墙壁、地板天花板及地面。

在“衍射”中,无线信号在遇到一个障碍物时将分解为次级波。次级波继续在它们分解的方向上传播。如果能够看到衍射的无线电信号,则会发现它们在障碍物周围弯曲。带有锐边的物体——包括墙壁和桌子的角——会导致衍射。

“散射”就是信号在许多不同方向上扩散或反射。散射发生在一个无线信号遇到尺寸比信号的波长更小的物体时。散射还与无线信号遇到的表面的粗糙度有关。表面越粗糙,信号在遇到该表面时就越容易散射。在户外,树木会路标都会导致移动电话信号的散射。另外,环境状况(如雾、雨、雪)也可能导致反射、散射和衍射。

(2)多路径信号。

由于反射、衍射和散射的影响,无线信号会沿着许多不同的路径到达其目的地。这样的信号被称为“多路径信号”。多路径信号的产生并不取决于信号是如何发出的。它们可能从来源开始在许多方向上以相同的辐射强度,也可能从来源开始主要在一个方向上辐射。不过,一旦发出了信号,由于反射、衍射和散射的影响,它们就将沿着许多路径传播。

无线信号的多路径性质既是一个优点又是一个缺点。一方面,因为信号在障碍物上反射,所以它们更可能到达目的地。在办公楼这样的环境中,无线服务依赖于信号在墙壁、天花板、地板以及家具上的反射,这样最终才能到达目的地。

多路径信号传输的缺点是因为它的不同路径,多路径信号在发射器与接收器之间的不同距离上传播。因此,同一个信号的多个实例将在不同的时间到达接收器,导致衰落和延时。

4.6 计算机网络的连接设备

随着网络规模的不断扩大,网络带宽不堪重负,局域网最初的设计也将不能满足需要。因此,需要实现网络的互联。网络互连就是将多个独立的网络,通过一定的方法,用一种或多种通信处理设备互相连接起来,以构成更大的网络系统,便于访问远程资源和分布控制。

4.6.1 网卡

网络接口卡(NIC)又称为网络适配器(Network Interface Adapter,NIA),简称网卡,如图4-11所示。网卡用于实现联网计算机和网络电缆之间的物理连接,为计算机之间相互通信提供一条物理通道,并通过这条通道进行高速数据传输。在局域网中,每一台联网计算机都需要安装一块或多块网卡,通过介质连接器将计算机接入网络电缆系统。网卡完成物理层和数据链路层的大部分功能。

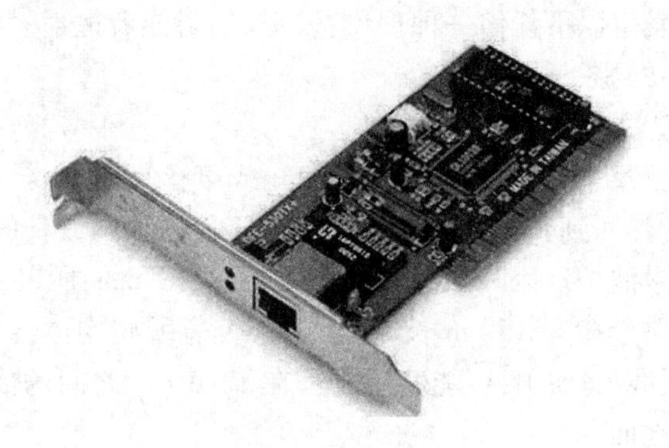

图4-11 网络接口卡

1. 网卡的分类

根据不同的分类标准,网卡可以分为不同的种类。

按网络类型分,常用的网卡为以太网卡,其他的类型包括令牌环网卡、FDDI网卡、无线网卡等。

按传输速率分,常用的网卡有两种:10 M网卡和10/100 M自适应网卡。它们价格便宜,比较适合于一般用户,10/100 M自适应网卡在各方面都要优于10 M网卡。千兆(1 000 M)网卡主要用于高速的服务器。

按总线类型分,最常用的网卡接口类型为PCI接口;PCMCIA网卡适用于笔记本电脑;USB接口网卡用于外置式网卡;其他接口的网卡基本上已经被淘汰。

2. 连接线接口类型

RJ-45接口适用于10Base-T双绞线以太网的接口类型,通过双绞线与集线器或交换机上的RJ-45接口相连。

BNC接口适用于10Base-2细同轴电缆以太网的接口类型,通过T形头与细同轴电缆相连。

AUI接口适用于10Base-5粗同轴电缆以太网的接口类型,通过收发器与粗同轴电缆相连。

3. 网卡的选购

在购买网卡时,要从网络类型、网络速度、总线类型、接口等方面考虑,以使其能够适应用户所组建的网络。否则,很有可能造成网络缓慢,甚至不能使用。

例如,目前基于Pentium 4主板的计算机一般不再提供ISA接口,所以最好选择PCI接口的网卡。另外,选择网卡时,必须考虑网络的实际应用性和可扩展性,所以应当选择10/100 M自适应网卡。

4. 网卡的安装

要实现网络的组建,一个前提条件是必须在所要组建网络的计算机上安装上网卡及其驱动程序,并且针对不同的网络还需要添加不同的协议。

在常用的 PC 机(操作系统为 Windows XP)上安装 PCI 接口网卡,其操作步骤如下。

(1)关闭主机电源,拔下电源插头,打开机箱。

(2)将网卡对准空闲的 PCI 插槽,注意有输出接口的一侧面向机箱后侧,适当用力平稳地将网卡向下压入插槽中。

(3)完成网卡硬件安装后,还需要安装相应的设备驱动程序,这样才能实现接收和发送信息。

硬件安装完成并开启计算机后,Windows 能够自动检测到网卡的存在,将出现找到新硬件设备的画面,此时可按提示进行安装(注:如果用户使用的是 Windows XP,则系统一般能够自动进行安装,不需要用户手动安装);如果 Windows 未能自动检测到网卡并安装驱动程序,用户可以利用“控制面板”中的工具来手动安装网卡驱动程序。操作方法是:双击“控制面板”中的“添加新硬件”选项,启动“添加新硬件”向导来完成网卡驱动程序的安装。

4.6.2　集线器

局域网中站点,可以通过传输介质与集线器相连,从而组成星状局域网。集线器(Hub)主要用于共享网络的组建,是解决从服务器直接到桌面的最佳、最经济的方案。

集线器是一个共享设备,其实质是一个多端口的中继器,可以对接收到的信号进行再生放大,以扩大网络的传输距离,如图 4－12 所示。集线器不具备自动寻址能力,所有的数据均被传送到与之相连的各个端口,容易形成数据堵塞。所以,当网络较大时,应该考虑采用交换机来代替集线器。

图 4－12　集线器

根据不同的分类标准,集线器可以分为不同的种类。

按带宽分,集线器可分为三种:10 M 集线器、100 M 集线器和 10/100 M 自适应集线器。10 M 集线器中的所有端口只能提供 10 Mbps 的带宽;100 M 集线器中的所有端口只能提供 100 Mbps 带宽;10/100 M 自适应集线器的所有端口可以在 10 M 和 100 M 之间进行切换,每个端口都能自动判断与之相连接的设备所能提供的连接速率,并自动调整到与之相适应的最高速率。

按管理方式分,集线器可分为两种:智能型集线器和非智能型集线器。非智能型集线器不可管理,属于低端产品;智能集线器是指能够通过 SNMP 协议对集线器进行简单管理的集线器,比如启用和关闭某些端口等。这种管理大多是通过增加网管模块来实现的。

按扩展方式分,集线器可分为两种:堆叠式集线器和级联式集线器两种。堆叠式集线器使用专门的连接线,通过专用的端口将若干集线器堆叠在一起,从而将堆叠中的几个集线器视为一个集线器来使用和管理;级联式集线器使用可级联的端口(此端口上常标有Uplink或MDI字样)与其他的集线器进行级联(如果没有提供专门的端口,在进行级联时,连接两个集线器的双绞线在制作时必须要进行错线)。

按尺寸分,集线器可分为两种:机架式集线器和桌面式集线器。机架式集线器是指几何尺寸符合工业规范,可以安装在19英寸(1英寸=2.54 cm)机柜中的集线器,该类集线器以8口、16口和24口的设备为主流。由于集线器统一放置在机柜中,既方便集线器间的连接或堆叠,又方便对集线器的管理;桌面式集线器是指几何尺寸不符合19英寸工业规范、不能够安装在机柜中、只能直接置放于桌面的集线器。该类集线器大多遵循8~16口规范,也有个别4~5口的产品,仅适用于只有几台计算机的超小型网络。

4.6.3 交换机

交换机(Switch)也叫交换式集线器,是局域网中的一种重要设备,如图4-13所示。它可将用户收到的数据包根据目的地址转发到相应的端口。它与一般集线器的不同之处是:集线器是将数据转发到所有的集线器端口,即同一网段的计算机共享固有的带宽,传输通过碰撞检测进行,同一网段计算机越多,传输碰撞也越多,传输速率会变慢;交换机则具备自动寻址能力,只需将数据转发到目的端口,所以每个端口为固定带宽,传输速率不受计算机台数增加的影响,具有更好的性能。

图4-13 交换机

由于交换机使用现有的电缆和工作站的网卡相连,不需要硬件升级,而且交换机对工作站是透明的,易于管理,可以很方便地增加或移动网络结点。目前,在需要高性能的网络中,交换机逐渐取代了集线器。

1.交换机的分类

根据不同的分类标准,交换机可以分为不同的种类,常见的分类方法如下所述。

(1)按网络类型分类。

局域网交换机根据使用的网络技术可分为:以太网交换机、令牌环交换机、FDDI交换机、ATM交换机、快速以太网交换机等。

(2)按应用领域分类。

交换机如果按交换机应用领域来分可分为:台式交换机、工作组交换机、主干交换机、企业交换机、分段交换机、端口交换机、网络交换机等。

交换机根据应用规模可分为工作组交换机、部门级交换机和企业级交换机。工作组交换机是传统集线器的理想替代产品,一般为固定配置,配有一定数目的10BaseT或10/100BaseTX以太网口;部门级交换机属于中端交换机,可以是固定配置,也可以是模块配置,一般有光纤接口,具有智能型特点,便于灵活配置管理;企业级交换机属于高端交换机,它采用模块化的结构,可作为网络骨干来构建高速局域网。

(3)按 OSI 分层结构分类。

交换机根据其工作的 OSI 层可分为二层交换机、三层交换机和多层交换机等。二层交换机是工作在 OSI 参考模型的第二层(数据链路层)上的交换机,主要功能包括物理编址、错误校验、帧序列及流控制;三层交换机工作在 OSI 参考模型的第三层(网络层),是一个具有三层交换功能的设备,即带有第三层路由功能的第二层交换机;多层交换机工作在 OSI 参考模型的第四层以上,扩展了第三层和第二层交换,提供基于策略的路由功能,能够支持更细粒度的网络调整,以及对通信流的优先权划分,从而实现服务质量(Quality of Service, QOS)控制。

(4)根据架构特点分类。

交换机根据架构特点可分为:机架式、带扩展槽固定配置式、不带扩展槽固定配置式。机架式交换机是一种插槽式的交换机,这种交换机扩展性较好,可支持不同的网络类型,它是应用于高端的交换机;带扩展槽固定配置式交换机是一种有固定端口数并带少量扩展槽的交换机,这种交换机在支持固定端口类型网络的基础上,还可以通过扩展其他网络类型模块来支持其他类型网络;不带扩展槽固定配置式交换机仅支持一种类型的网络(一般是以太网),可应用于小型企业或办公室环境下的局域网,应用很广泛。

2. 交换机的选购

局域网交换机是组成网络系统的核心设备。对用户而言,局域网交换机最主要的指标是端口的配置、数据交换能力、包交换速度等因素。因此,在选择交换机时要注意:交换端口的数量和类型,交换机总交换能力和系统的扩充能力,网络管理能力等。

4.6.4　路由器

路由器(Router,又称路径器)是一种电信网络设备,提供路由与转送两种重要机制,可以决定数据包从来源端到目的端所经过的路由路径(host 到 host 之间的传输路径),这个过程称为路由。将路由器输入端的数据包移送至适当的路由器输出端(在路由器内部进行),这称为转送。路由工作在 OSI 模型的第三层——网络层,例如网际协议(IP)。图 4-14 为路由器。

图 4-14　路由器

路由器就是连接两个以上个别网络的设备。由于位于两个或更多个网络的交汇处,从而可在它们之间传递分组(一种数据的组织形式)。路由器与交换机在概念上有一定重叠但也有不同:交换机泛指工作于任何网络层次的数据中继设备(尽管多指网桥),而路由器则更专注于网络层。

路由器与交换机的差别,路由器是属于 OSI 第三层的产品,交换机是 OSI 第二层的产品。第二层的产品功能在于,将网络上各个电脑的 MAC 地址记在 MAC 地址表中,当局域网中的电脑要经过交换机去交换传递数据时,就查询交换机上的 MAC 地址表中的信息,将数据包发送给指定的电脑，而不会像第一层的产品（如集线器）每台在网络中的电脑都发送。而路由器除了有交换机的功能外，更拥有路由表作为发送数据包时的依据，在有多种选择的路径中选择最佳的路径。此外，路由器可以连接两个以上不同网段的网络，而交换机只能连接两个同时具有 IP 分享的功能，如：区分哪些数据包是要发送至 WAN 的。

4.7 计算机网络的常用服务

4.7.1 WWW 服务

WWW（World Wide Web）的含义是“环球网”，俗称“万维网”、3W、Web。它是由欧洲粒子物理实验室（CERN）研制的基于 Internet 的信息服务系统。WWW 以超文本技术为基础，用面向文件的阅览方式替代通常的菜单的列表方式，提供具有一定格式的文本、图形、声音、动画等。通过将位于 Internet 上不同地点的相关数据信息有机地编织在一起，WWW 提供一种友好的信息查询接口，用户仅需提出查询要求，而到什么地方查询及如何查询则由 WWW 自动完成。因此，WWW 带来的是世界范围的超级文本服务，只要操纵计算机的鼠标，就可以通过 Internet 从全世界任何地方调来用户所希望得到的文本、图像（活动影像）和声音等信息。

WWW 是建立在客户机/服务器模型之上的。WWW 是以超文本标注语言 HTML（Hyper Text Markup Language），与超文本传输协议 HTTP（Hyper Text Transfer Protocol），为基础。能够提供面向 Internet 服务的、一致的用户界面的信息浏览系统。其中 WWW 服务器采用超文本链路来链接信息页，这些信息页既可放置在同一主机上，也可放置在不同地理位置的主机上；本链路由统一资源定位器（URL）维持，WWW 客户端软件（即 WWW 浏览器）负责信息显示与向服务器发送请求。

Internet 采用超文本和超媒体的信息组织方式，将信息的链接扩展到整个 Internet 上。目前，用户利用 WWW 不仅能访问到 Web Server 的信息，而且可以访问到 FTP、Telnet 等网络服务。因此，它已经成为 Internet 上应用最广和最有前途的访问工具，并在商业范围内日益发挥着越来越重要的作用。

WWW 客户程序在 Internet 上被称为 WWW 浏览器（Browser），它是用来浏览 Internet 上 WWW 主页的软件。目前，流行的浏览器软件主要有 360 安全浏览器、Google Chrome、Microsoft Internet Explorer 和 Mozilla Fire FOX。

WWW 浏览器不仅为用户打开了寻找 Internet 上内容丰富、形式多样的主页信息资源的便捷途径，而且提供了 Usenet 新闻组、电子邮件与 FTP 等功能强大的通信手段。

4.7.2 电子邮件服务

电子邮件（Electronic Mail，E－mail）是 Internet 上的重要信息服务方式。普通邮件通过邮局、邮递员送到人们的手上，而电子邮件是以电子的格式（如. docx 文档、. txt 文档等）通过互联网为世界各地的 Internet 用户提供了一种极为快速、简单和经济的通信和交换信息的方法。与常规信函相比，E－mail 的传递速度很快，把信息传递时间由几天到十几天减少到几分钟，而且 E－mail 使用非常方便，即写即发，省去了粘贴邮票和跑邮局的烦恼。与电话相比，E－mail 的使用是非常经济的，传输几乎是免费的。而且这种服务不仅仅是一对一的服务,用户还可以向一批人发信件或者向一个人发送。正是由于这些优点,Internet 上数以亿计的用户都有自己的 E - mail 地址,E - mail也成为利用率最高的 Internet 应用。

E - mail 的地址是由用户使用的网络服务器在 Internet 上的域名地址决定的,它的格式是:用户名@主机域名,其中,符号@读作英文的 at;@左侧的字符串是用户的信箱名,右侧是邮件服务器的主机名。例如,wt001@126. com。

在电子邮件系统中有两种服务器,一个是发信服务器,即将电子邮件发送出去;另一个是收信服务器,接收来信并保存。使用的服务器为简单邮件传输协议(Simple Mail Transfer Protocol,SMTP)服务器和邮局协议(Post Office Protocol,POP)服务器。SMTP 服务器是邮件发送服务器,采用 SMTP 协议传递,POP 服务器是邮件接收服务器,即从邮件服务器到个人计算机。POP3(第3版)协议传递,其中有用户的信箱。若用户数量较少,则 SMTP 服务器和 POP 服务器可由同一台计算机担任。

申请电子邮箱。用户首先要向 ISP 申请一个邮箱,由 ISP 在邮件服务器上为用户开辟一块磁盘空间,作为分配给该用户的邮箱,并给邮箱取名,所有发向该用户的邮件都存储在此邮箱中。有些网站为用户提供免费或收费的电子邮箱。

4.7.3 文件传输协议

FTP(File Transfer Protocol)是文件传输协议的简称。

FTP 的主要作用就是让用户连接上一个远程计算机(这些计算机上运行着 FTP 服务器程序)查看远程计算机有哪些文件,然后把文件从远程计算机上复制到本地计算机,或把本地计算机的文件送到远程计算机去。

在 FTP 的使用当中,用户经常遇到两个概念:“下载”(Download)和“上传”(Upload)。“下载”文件就是从远程主机复制文件至自己的计算机上;“上传”文件就是将文件从自己的计算机中复制至远程主机上。用 Internet 语言来说,用户可通过客户机程序向(从)远程主机上传(下载)文件。

使用 FTP 时必须首先登录,在远程主机上获得相应的权限以后,方可上传或下载文件。也就是说,要想与哪一台计算机传送文件,就必须具有哪一台计算机的适当授权。换言之,除非有用户 ID 和口令,否则便无法传送文件。这种情况违背了 Internet 的开放性,Internet 上的 FTP 主机成千上万,不可能要求每个用户在每一台主机上都拥有账号。匿名 FTP 就是为解决这个问题而产生的。匿名 FTP 是一种机制,用户可通过它连接到远程主机上,并在其中下载文件,而无须成为其注册用户。系统管理员建立了一个特殊的用户 ID,名为 Anonymous,Internet 上的任何人在任何地方都可使用该用户 ID。

在 IE 浏览器的地址栏内直接输入 FTP 服务器的地址。例如,在资源管理器的地址栏中输入 ftp://speedtest. tele2. net/(公共测试 ftp),出现如图 4 - 15 所示的窗口。

在该窗口中,显示方式及操作方法与 Windows 的资源管理器类似。如果要下载某一个文件夹或文件,首先右击该文件夹或文件,在弹出的快捷菜单中选择“复制到文件夹”命令,弹出如图 4 - 16 所示的对话框,在该对话框中选择要保存的文件或文件夹的磁盘位置,单击“确定”按钮即可。

当然,除了使用 IE 浏览器登录 FTP 服务器外,也可以使用 Windows 操作系统自带的 FTP 命令完成文件的下载与上传,但需掌握 FTP 命令的用法,所以对于普通用户来说用得较少。

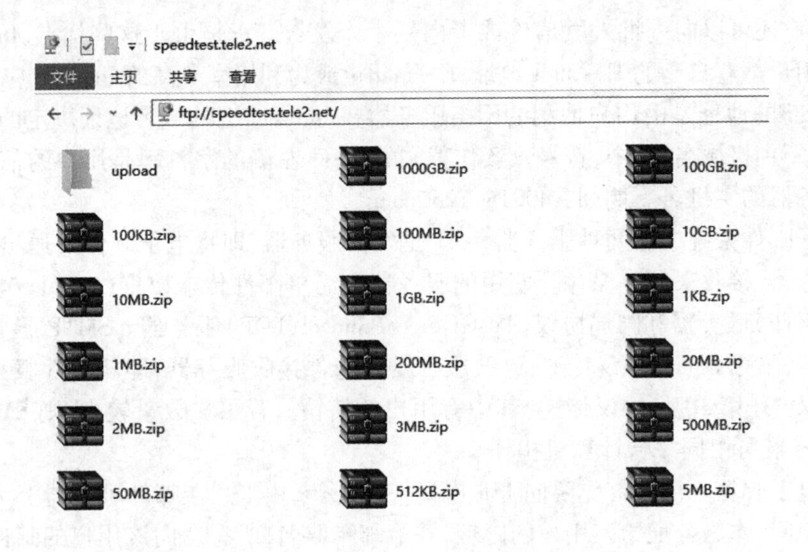

图 4－15　输入 FTP 服务器地址

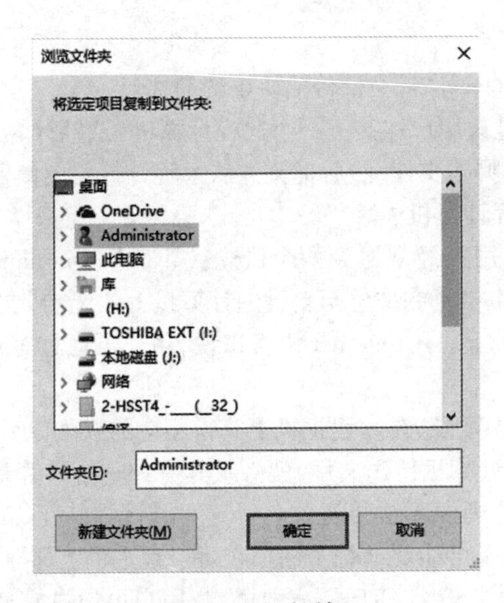

图 4－16　对话框

现在出现了 FTP 工具软件，如常见的 CuteFTP、FlashFXP、SmartFTP 和 FTP Broker 等，都是 FTP 工具软件。这些软件工具操作简单、实用，使 Internet 上的 FTP 服务更方便、快捷。

4.7.4　域名系统

域名就是 Internet 上主机的名字，人们知道在 Internet 上主机是通过 IP 地址标识的，但是 IP 地址不容易记忆，因此 Internet 上设计了一种用自然语言的符号命名的系统——DNS (Domain Name System，域名系统)。采用域名来表示主机，一方面容易记忆，另一方面便于管理。

域名系统采用分层命名的方式，域名的各个部分用小数点分开。一台主机的域名通常由主机名、机构名和顶层域名组成。

例如,哈尔滨商业大学的主机的域名为:

www. hrbcu. edu. cn

理解一个域名需从右至左破译。上述域名可理解为:该主机位于中国(cn),是教育系统(edu)的,主机名称为 hrbcu。

域名中的顶层域名(域名中最右部分)分为两大类:一类是由三个字母组成的代表机构的种类;一类是由两个字母组成的代表国家或地区,如表 4 – 2 和表 4 – 3 所示。

Internet 主机的 IP 地址和域名都可被用来访问该主机,用户在访问网络资源时,都习惯于用域名。但计算机和路由器却只识别 IP 地址。因此,网络中应有一台称为域名服务器的主机,专门提供主机域名和 IP 地址之间的转换服务。

表 4 – 2　机构域名

域名	说明	域名	说明
com	商业机构	mil	军事部门
edu	教育机构	net	网络机构
gov	政府部门	org	其他组织机构

表 4 – 3　国家或地区顶级域名

域名	国家或地区	域名	国家或地区
au	澳大利亚	ca	加拿大
de	德国	fr	法国
it	意大利	jp	日本
ru	俄罗斯	cn	中国
ch	瑞士	dk	丹麦
uk	英国	us	美国

习　题

一、选择题

1. 第二代计算机网络的主要特点是(　　)。

A. 主机与终端通过通信线路传递数据

B. 网络通信的双方都是计算机

C. 各计算机制造厂商网络结构标准化

D. 基于网络体系结构的国际化标准

2. 计算机网络是一门综合技术的合成,其主要技术是(　　)。

A. 计算机技术与多媒体技术

B. 计算机技术与通信技术

C. 电子技术与通信技术

D.数字技术与模拟技术

3.下面不属于网络拓扑结构的是(　　)。

A.环型结构

B.总线结构

C.层次结构

D.网状结构

4.计算机网络可供共享的资源中,最为重要的资源是(　　)。

A.CPU 处理能力

B.各种数据文件

C.昂贵的专用硬件设备

D.大型工程软件

5.计算机网络最突出的优点是(　　)。

A.精度高

B.共享资源

C.可以分工协作

D.传递信息

6.下列说法中正确的是(　　)。

A.如果网络的服务区域不仅局限在一个局部范围内,则可能是广域网或城域网

B.今后计算机网络将主要面向于商业和教育

C.调制解调器是网络中必需的硬件设备

D.计算机网络的唯一缺点是无法实现可视化通信

7.以下哪一个协议是数据链路层协议(　　)。

A.IP

B.PPP

C.TCP

D.DNS

8.在 OSI/RM 模型中,提供路由选择功能的层次是(　　)。

A.物理层

B.数据链路层

C.网络层

D.传输层

二、简答题

1.计算机网络的发展可以分为哪几个阶段?

2.什么是局域网?局域网的主要特点有哪些?

3.什么是分组交换?简述它的工作过程和有点。

4.名词解释:OSI/RM 参考模型,网络通信协议。

第5章 信息系统安全

信息作为一种新的资源,其重要性已越来越被人们认识。计算机网络的快速发展与普及为信息的传播提供了便捷的途径,但同时也带来了很大的安全威胁。随着全球互联网的不断发展,安全问题越来越突出,由于网络系统的不完善性,提高人们对网络信息系统安全的认识并研究网络安全技术十分必要。

5.1 信息系统安全概述

信息系统的安全技术问题非常复杂,涉及物理环境、硬件、软件、数据、传输、体系结构等各个方面。除了传统的安全保密理论、技术及单机的安全问题以外,信息系统安全技术包括了计算机安全、通信安全、访问控制安全以及安全管理和法律制裁等诸多内容,并逐渐形成独立的学科体系。

5.1.1 网络安全定义

国际标准化组织(ISO)和国际电工委员会在ISO 7498-2文献中对安全是这样定义的:"安全就是最大限度地减少数据和资源被攻击的可能性。"Internet最大的特点就是开放性,对于安全来说,这又是它致命的弱点。

网络安全的广义定义是指网络系统的硬件、软件及其系统中的数据受到保护,不因偶然的或者恶意的原因而遭到破坏、更改、泄露,系统能连续、可靠地正常运行,提供不中断的网络服务。网络安全的具体含义会随着"视角"的不同而改变。

从用户(个人或企业等)的角度来说,希望涉及个人隐私或商业利益的信息在网络上传输时在机密性、完整性和真实性方面得到保护,避免其他人或对手利用窃听、冒充、篡改、抵赖等手段侵犯用户的利益和隐私,同时也避免其他用户的非授权访问和破坏。

从社会教育和意识形态角度来讲,网络上不健康的内容会对社会的稳定和人类的发展造成阻碍,必须对其进行控制。

5.1.2 网络安全属性

网络安全从本质上来讲主要是指网络上信息的安全。伴随网络的普及,网络安全日益成为影响网络效能的重要问题。无论网络入侵者使用何种方法和手段,最终都要通过攻击信息网络的如下几种安全属性来达到目的。

1.保密性

保密性(Confidentiality)是指保证信息只让合法用户访问,信息不泄露给非授权的个人和实体。信息的保密性可以具有不同的保密程度或层次,所有人员都可以访问的信息为公开信息,需要限制访问的信息一般为敏感信息,敏感信息又可以根据信息的重要性及保密要求分为不同的密级。例如,国家根据秘密泄露对国家经济、安全利益产生的影响不同,将国家秘密分为"秘密""机密"和"绝密"3个等级,可根据信息安全要求的具体情况在符合

《中华人民共和国保守国家保密法》的前提下将信息划分为不同的密级。对于具体信息的保密性还有时效性(如秘密到期了即可进行解密)等要求。

2. 完整性

完整性(Integrity)~方面是指信息在利用、传输、存储等过程中不被篡改、丢失、缺损等,另一方面是指信息处理方法的正确性。不正当的操作有可能造成重要信息的丢失。信息完整性是信息安全的基本要求,破坏信息的完整性是影响信息安全的常用手段。例如,破坏商用信息的完整性可能意味着整个交易的失败。

3. 可用性

可用性(Availability)是指有权使用信息的人在需要的时候可以立即获取。例如,有线电视线路被中断就是信息可用性的破坏。

4. 可控性

可控性(Controllability)是指对信息的传播及内容具有控制能力。实现信息安全需要一套合适的控制机制,如策略、惯例、程序、组织结构或软件功能,这些都是用来保证信息的安全目标能够最终实现的机制。例如,美国制定和倡导的"密钥托管""密钥恢复"措施就是实现网络信息安全可控性的有效方法。

不同类型的信息在保密性、完整性、可用性及可控性等方面的侧重点会有所不同,如专利技术、军事情报、市场营销计划的保密性尤其重要,而对于工业自动控制系统,控制信息的完整性相对其保密性则重要得多。

确保信息的完整性、保密性、可用性和可控性是网络信息安全的最终目标。

5.1.3 网络安全体系结构

OSI参考模型是研究设计新的计算机网络系统和评估、改进现有系统的理论依据,是理解和实现网络安全的基础。OSI安全体系结构是在分析对开放系统产生威胁和其自身脆弱性的基础上提出来的。在OSI安全参考模型中主要包括安全服务(Security Service)、安全机制(Security Mechanism)和安全管理(Security Management),并给出了OSI网络层次、安全服务和安全机制之间的逻辑关系。

为了适应网络技术的发展,国际标准化组织的计算机专业委员会根据开放系统互连参考模型制定了一个网络安全体系结构:《信息处理系统、开放系统互连基本参考模型第二部分——安全体系结构》,即ISO 7498-2,这个三维模型从比较全面的角度考虑网络与信息的安全问题,主要解决网络系统中的安全与保密问题。我国将其作为GB/T 9387-2标准,并予以执行。该模型结构中包括5类安全服务以及提供这些服务所需要的8类安全机制。

1. 安全服务

网络安全需求应该是全方位的、整体的。在OSI 7个层次的基础上,将安全体系划分为4个级别:网络级安全、系统级安全、应用级安全及企业级安全管理,而安全服务渗透到每一个层次,从尽量多的方面考虑问题,有利于减少安全漏洞和缺陷。

安全服务是由参与通信的开放系统的某一层所提供的服务,是针对网络信息系统安全的基本要求而提出的,旨在加强系统的安全性以及对抗安全攻击。ISO 7498-2标准中确定了五大类安全服务,即鉴别、访问控制、数据保密性、数据完整性和禁止否认。

(1)鉴别(Authentication)。

这种服务用于保证双方通信的真实性,证实通信数据的来源和去向是我方或他方所要求和认同的。鉴别包括对等实体鉴别和数据源鉴别。

(2)访问控制(Access Control)。

这种服务用于防止未经授权的用户非法使用系统中的资源,保证系统的可控性。访问控制不仅可以提供给单个用户,也可以提供给用户组。

(3)数据保密性(Data Confidentiality)。

这种服务的目的是保护网络中各系统之间交换的数据,防止因数据被截获而造成泄密。

(4)数据完整性(Data Integrity)。

这种服务用于防止非法用户的主动攻击(如对正在交换的数据进行修改、插入,使数据延时以及丢失数据等),以保证数据接收方收到的信息与发送方发送的信息完全一致,包括可恢复的连接完整性、无恢复的连接完整性、选择字段的连接完整性、无连接完整性、选择字段无连接完整性。

(5)禁止否认(Non - Repudiation)。

这种服务有两种形式:第一种形式是源发证明,即某一层向上一层提供的服务,它用来确保数据是由合法实体发出的,它为上一层提供对数据源的对等实体进行鉴别,以防假冒;第二种形式是交付证明,用来防止发送数据方发送数据后否认自己发送过数据,或接收方接收数据后否认自己收到过数据。

2. 安全机制

为了实现以上这些安全服务,需要一系列安全机制作为支撑。安全机制可以分为两大部分共8个类别:其一与安全服务有关,是实现安全服务的技术手段;其二与管理功能有关,用于加强对安全系统的管理。ISO 7498也所提供的8类安全机制如下。

①加密机制:应用现代密码学理论,确保数据的机密性。

②数字签名机制:保证数据完整性和不可否认性。

③访问控制机制:与实体认证相关,且要牺牲网络性能。

④数据完整性机制:保证数据在传输过程中不被非法入侵篡改。

⑤认证交换机制:实现站点、报文、用户和进程认证等。

⑥流量填充机制:针对流量分析攻击而建立的机制。

⑦路由控制机制:可以指定数据通过网络的路径。

⑧公证机制:用数字签名技术由第三方来提供公正仲裁。

5.2 系统攻击技术

网络具有连接形式多样性、终端分布不均匀性和网络开放性、互连性等特征,致使网络易受黑客、恶意软件和其他不轨行为的攻击。所以网络信息的安全和保密是一个至关重要的问题,无论是在局域网还是在广域网中,都存在着自然和人为等诸多因素的脆弱性和潜在威胁,因此网络的安全措施应能全方位地针对各种不同的威胁和脆弱性,这样才能确保网络信息的保密性、完整性和可用性。

网络安全所面临的威胁大体可分为两种:其一是对网络中信息的威胁;其二是对网络中设备的威胁。影响网络安全的因素很多,有些因素可能是有意的,也可能是无意的;可能是人为的,也可能是非人为的;也有可能是外来黑客对网络系统资源的非法使用。

5.2.1 计算机病毒概述

在生物学界,病毒(Virus)是一类没有细胞结构,但有遗传、复制等生命特征,主要由核酸和蛋白质组成的有机体。计算机病毒(Computer Virus)具有与生物界中的病毒极为相似特征的程序。在《中华人民共和国计算机信息系统安全保护条例》中,病毒代码被明确定义为"计算机病毒,是指编制或者在计算机程序中插入的破坏计算机功能或者毁坏数据、影响计算机使用,并能自我复制的一组计算机指令或者程序代码"。

通常,人们也简单地把计算机病毒定义为:利用计算机软件与硬件的缺陷,破坏计算机数据并影响计算机正常工作的一组指令集或程序代码。更广义地说,凡是能够引起计算机故障,破坏计算机数据的程序代码都可称为计算机病毒。

病毒主要具有如下特征。

1. 传染性

传染是病毒最本质的特征之一,是病毒的再生机制。生物界的病毒可以从一个生物体传播到另一个生物体,病毒也可以从一个程序、部件或系统传播到另一个程序、部件或系统。

在单机环境下,病毒的传染基本途径是通过磁盘引导扇区、操作系统文件或应用文件进行传染;在网络中,病毒主要是通过电子邮件、Web 页面等特殊文件和数据共享方式进行传染。一般将传染分为被动传染和主动传染。通过网络传播或文件复制,使病毒由一个载体被携带到另一个载体,称为被动传染。病毒处于激活状态下,满足传染条件时,病毒从一个载体自我复制到另一个载体,称为主动传染。

从传染的时间性上看,传染分为立即传染和伺机传染。病毒代码在被执行瞬间,抢在宿主程序执行前感染其他程序,称为立即传染。病毒代码驻留内存后,当满足传染条件时才感染其他程序,称为伺机传染。

2. 潜伏性与隐蔽性

病毒一旦取得系统控制权,可以在极短的时间内传染大量程序。但是,被感染的程序并不是立即表现出异常,而是潜伏下来,等待时机。

病毒的潜伏性还依赖于其隐蔽性。为了隐蔽,病毒通常非常短小,一般只有几百字节或上千字节,此外还寄生于正常的程序或磁盘较隐蔽的地方,也有个别以隐含文件形式存在,不经过代码分析很难被发现。

3. 寄生性

寄生是病毒的重要特征。病毒实际上是一种特殊的程序,必然要存储在磁盘上,但是病毒为了进行自身的主动传播,必须使自身寄生在可以获取执行权的寄生对象——宿主程序上。

就目前出现的各种病毒来看,其寄生对象有两种,一种是寄生在磁盘引导扇区;另一种是寄生在可执行文件(.EXE 或.COM)中。这是由于不论是磁盘引导扇区还是可执行文件,它们都有获取执行权的可能,这样病毒寄生在它们的上面,就可以在一定条件下获得执行权,从而使病毒得以进入计算机系统,并处于激活状态,然后进行病毒的动态传播和破坏活动。对于寄生在磁盘引导扇区的病毒来说,病毒引导程序占有了原系统引导程序的位置,并把原系统引导程序搬移到一个特定的地方。这样系统一启动,病毒引导模块就会自动地装入内存并获得执行权,然后该引导程序负责将病毒代码的传染模块和发作模块装入内存的适当位置,并采取常驻内存技术以保证这两个模块不会被覆盖,接着对该两个模块设定某种激活方式,使之在适当的时候获得执行权。处理完这些工作后,病毒引导模块将系统引导模块装入内存,使系统在带毒状态下运行。对于寄生在可执行文件中的病毒来说,病毒一般通过修改原有可执行文件,使该文件一执行就先转入病毒引导模块。该引导模块也完成把病毒的其他两个模块驻留内存及初始化的工作,然后把执行权交给执行文件,使系统及执行文件在带毒的状态下运行。

病毒的寄生方式有两种,一种是替代法;另一种是链接法。所谓替代法是指病毒用自己的部分或全部指令代码替代磁盘引导扇区或文件中的全部或部分内容。所谓链接法则是指病毒将自身代码作为正常程序的一部分与原有正常程序链接在一起,病毒链接的位置可能在正常程序的首部、尾部或中间,寄生在磁盘引导扇区的病毒一般采取替代法,而寄生在可执行文件中的病毒一般采用链接法。

4. 非授权执行性

一个正常的程序是由用户调用的。被调用时,要从系统获得控制权,得到系统分配的相应资源,来实现用户要求的任务的。病毒虽然具有正常程序所具有的一切特性,但是其执行是非授权进行的:它隐蔽在合法程序和数据中,当用户运行正常程序时,病毒伺机取得系统的控制权,先于正常程序执行,并对用户呈透明状态。

5. 可触发性

潜伏下来的病毒一般要在一定的条件下才被激活,发起攻击。病毒具有判断这个条件的功能。下面列举一些病毒的触发(激活)条件。

(1)日期/时间触发:病毒读取系统时钟,判断是否激活。例如,“黑色星期五”逢13日的星期五发作等,CIH-1.2版于每年的4月26日发作,CIH-1.3则在6月26日发作,CIH-1.4的发作日期则为每个月的26日。

(2)计数器触发:病毒内部设定一个计数单元,对系统事件进行计数,判定是否激活。例如,2708病毒当系统启动次数达到32次时被激活,发起对串、并口地址的攻击。

(3)键触发:当输入某些字符时触发(如AIDS病毒,在输入A、I、D、S时发作)、或以击键次数(如Devil's Dance病毒在用户第2000次击键时被触发)或按键组合等为激发条件(如Invader病毒在按下Ctrl+Alt+Del键时发作)。

(4)启动触发:以系统的启动次数作为触发条件。例如,Anti-Tei和Telecom病毒当系统第400次启动时被激活。

(5)感染触发:以感染文件个数、感染序列、感染磁盘数或感染失败数作为触发条件。例如,Black Monday病毒在运行第240个染毒程序时被激活;VHP2病毒每感染8个文件就会触发系统热启动操作等。

(6)条件触发:用多种条件综合使用,作为病毒代码的触发条件。

6. 破坏性

破坏性体现了病毒的杀伤能力。大多数病毒还具有破坏性,并且其破坏方式总在花样翻新。常见的病毒破坏性有以下几个方面:

(1)占用或消耗CPU资源以及内存空间,导致一些大型程序运行受阻,系统性能下降。

(2)干扰系统运行,例如不执行命令、干扰内部命令的执行、虚发报警信息、打不开文件、内部栈溢出、占用特殊数据区、时钟倒转、重启动、死机、文件无法存盘、文件存盘时丢失字节、内存减小、格式化硬盘等。

(3)攻击 CMOS。CMOS 是保存系统参数(如系统时钟、磁盘类型、内存容量等)的重要场所。有的病毒(如 CIH 病毒)可以通过改写 CMOS 参数破坏系统硬件的运行。

(4)攻击系统数据区。硬盘的主引导记录、分区引导扇区、FAT(文件分配表)、文件目录等是系统重要的数据,这些数据一旦受损,将造成相关文件的破坏。

(5)攻击文件。现在发现的病毒中,大多数是文件型病毒。这些病毒会使染毒文件的长度、文件存盘时间和日期发生变化。

(6)干扰外部设备运行,如封锁键盘、产生换字、抹掉缓存区字符、输入紊乱、使屏幕显示混乱以及干扰声响、干扰打印机等。

(7)破坏网络系统的正常运行,例如发送垃圾邮件、占用带宽,使网络拒绝服务等。

5.2.2 病毒的分类

按照不同的分类标准,病毒可以分为不同的类型,下面介绍几种常用的分类方法。

1. 按照所攻击的操作系统分类

DOS 病毒:攻击 DOS 系统。

UNIX/Linux 病毒:攻击 UNIX 或 Linux 系统。

Windows 病毒:攻击 Windows 系统,如 CIH 病毒。

OS/2 病毒:攻击 OS/2 系统。

Macintosh 病毒:攻击 Macintosh 系统,如 Mac. simpsons 病毒。

手机病毒。

网络病毒。

2. 按照寄生位置分类

(1)引导型病毒。

引导型病毒是寄生在磁盘引导区的病毒。图 5-1 显示了硬盘的逻辑结构。可以看出,磁盘有两种引导区:主引导区和分区的引导区。所以也就有两种引导型病毒:

① MBR 病毒,也称主引导区病毒。该类病毒寄生在硬盘主引导程序所占据的硬盘 0 头 0 柱面第 1 个扇区中,典型的病毒有大麻病毒、2708 病毒、火炬病毒等。

②BR 病毒,也称为分区引导病毒。该类病毒寄生在硬盘活动分区的逻辑 0 扇区(即 0 面 0 道第 1 个扇区),典型的病毒有 Brain、小球病毒、Girl 病毒等。

(2)文件型病毒。

按照所寄生的文件类型可以分为 4 类:

①可执行文件,即扩展名为 COM、EXE、PE、BAT、SYS、OVL 等的文件。一旦运行这类病毒的载体程序,就会将病毒注入、安装并驻留在内存中,伺机进行感染。感染了该类病毒的程序往往会减慢执行速度,甚至无法执行。

②文档文件或数据文件,例如 Word 文档、Excel 文档、Access 数据库文件。宏病毒(Macro)就感染这些文件。

③Web 文档,如 HTML 文档和 HTM 文档。已经发现的 Web 病毒有 HTML/Prepend 和 HTML/Redirect 等。

④目录文件,如 DIR2 病毒。

(3)引导兼文件型病毒。

这类病毒在文件感染时还伺机感染引导区,例如 CANCER 病毒、HAMMER V 病毒等。

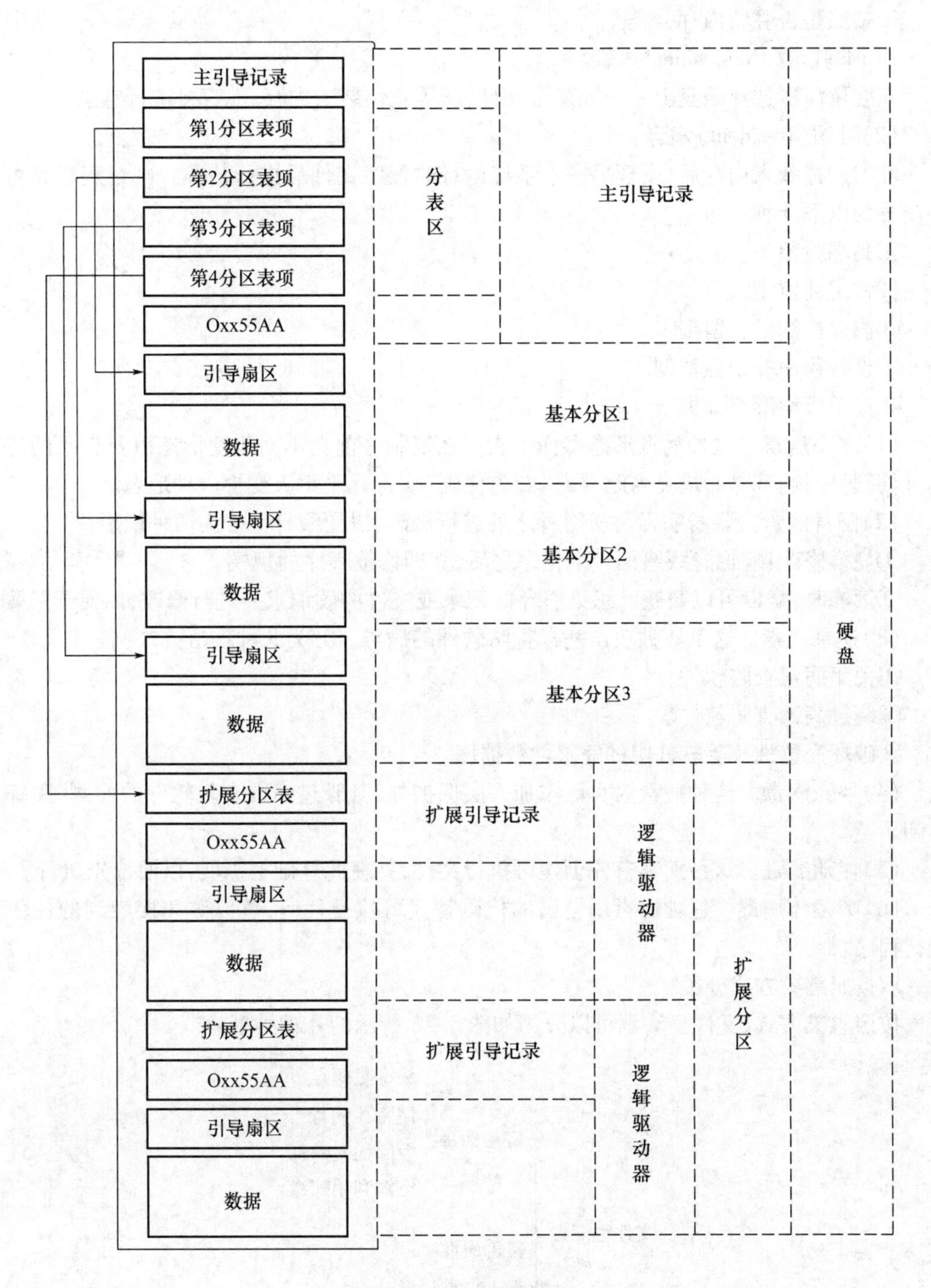

图 5－1　硬盘逻辑结构

（4）CMOS 病毒.

CMOS 是保存系统参数和配置的重要地方,它也存在一些没有使用的空间。CMOS 病毒就隐藏在这一空间中,从而可以躲避磁盘的格式化清除。

3. 按照是否驻留内存分类

(1)非驻留(Nonresident)病毒。

非驻留病毒选择磁盘上一个或多个文件,不等它们装入内存,就直接进行感染。

(2)驻留(Resident)病毒。

驻留病毒装入内存后,发现另一个系统运行的程序文件后进行传染。驻留病毒又可进一步分为以下几种:

①高端驻留型。

②常规驻留型。

③内存控制链驻留型。

④设备程序补丁驻留型。

4. 按照病毒形态分类

(1)多态病毒。这种病毒形态多样。它们在复制之前会不断改变形态以及自己的特征码,以躲避检测。例如,最臭名昭著的"红色代码"病毒几乎每天变换一种形态。

(2)隐身病毒。隐身病毒对所隐身之处进行修改,以便藏身。分为两种情形:

①规模修改:病毒隐藏感染一个程序之后,立即修改程序的规模。

②读修改:病毒可以截获已感染引导区记录或文件的读请求并进行修改,以便于隐藏。

(3)逆录病毒。这是一种攻击病毒查防软件的病毒。分为3种攻击方式:

①关闭病毒查防软件。

②绕过病毒查防软件。

③破坏完整性校验软件中的完整性数据库。

(4)外壳病毒。这种病毒为自己添加一层保护外套,躲过病毒查防软件的检测、跟踪和拆卸。

(5)伴随病毒。这种病毒首先创建可执行文件,并在此基础上扩展,以便抢先执行。

(6)噬菌体病毒。这种病毒用自己的代码替代可执行代码,可以破坏接触到的任何可执行程序。

5. 按照感染方式分类

按照感染方式,文件型病毒可以分为如图5-2所示的几种类型。

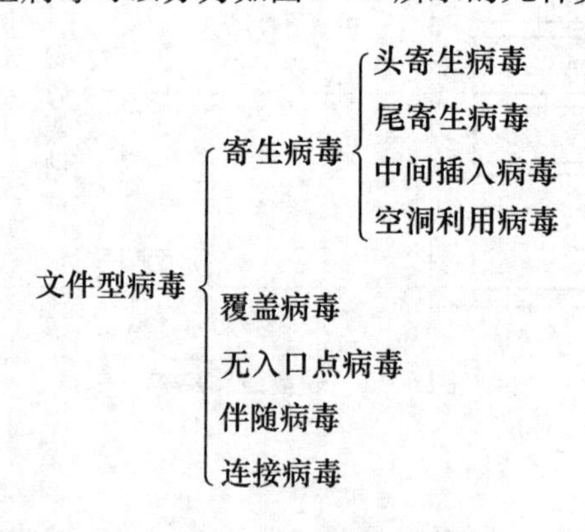

图5-2 文件病毒类型

(1)寄生病毒。这类病毒在感染的时候,将病毒代码加入正常程序之中,原来程序的功能部分或者全部被保留。根据病毒代码加入的方式不同，寄生病毒可以分为文件型病毒、头寄生、尾寄生、中间插入和空洞利用4种。

头寄生是将病毒代码加入文件的头部。具体有两种方法：一种是将原来程序的前面一部分拷贝到程序的最后，然后将文件头用病毒代码覆盖；另外一种是生成一个新的文件，首先在头的位置写上病毒代码，然后将原来的可执行文件放在病毒代码的后面，再用新的文件替换原来的文件，从而完成感染。头寄生方式适合于不需要重新定位的文件，如批处理病毒和COM文件。

尾寄生是将病毒代码加入文件的尾部，避开了文件重定位的问题，但为了先于宿主文件执行，需要修改文件头，使用跳转指令使病毒代码先执行。不过，修改头部也是一项复杂的工作。

中间插入是病毒将自己插入被感染的程序中，可以整段插入，也可以分成很多段，靠跳转指令连接。有的病毒通过压缩原来的代码的方法保持被感染文件的大小不变。

空洞利用多用于视窗环境下的可执行文件。因为视窗程序的结构非常复杂，其中都会有很多没有使用的部分，一般是空的段或者每个段的最后部分。病毒寻找这些没有使用的部分，然后将病毒代码分散到其中，这样就实现了难以察觉的感染（著名的CIH病毒就使用了这种方法）。

(2)覆盖病毒。这种病毒的手法极其简单，是初期的病毒感染技术，它仅仅直接用病毒代码替换被感染程序，使被感染的文件头变成病毒代码的文件头，不用做任何调整。

(3)无入口点病毒。这种病毒并不是真正没有入口点，在被感染程序执行的时候，并不立刻跳转到病毒的代码处开始执行，病毒代码无声无息地潜伏在被感染的程序中，可能在非常偶然的条件下才会被触发，开始执行。采用这种方式感染的病毒非常隐蔽，杀毒软件很难发现在程序的某个随机的部位有这样一些在程序运行过程中会被执行到的病毒代码。

大量的可执行文件是使用C语言编写的，这些程序有这样一个特点，程序中会使用一些基本的库函数，比如字符串处理、基本的输入输出等。为了使用这些库函数，编译器会在启动用户开发的程序之前增加一些代码对库进行初始化。这给了病毒一个机会，病毒可以寻找特定的初始化代码，并修改这段代码的开始语句，使得执行完病毒之后再执行通常的初始化工作。“纽克瑞希尔”病毒就采用了这种方法进行感染。

(4)伴随病毒。这种病毒不改变被感染的文件，而是为被感染的文件创建一个伴随文件（病毒文件），这样当被感染文件执行的时候，实际上执行的是病毒文件。

(5)链接病毒。这类病毒将自己隐藏在文件系统的某个地方，并使目录区中文件的开始簇指向病毒代码。这种感染方式的特点是每一个逻辑驱动器上只有一份病毒的副本。

6. 按照破坏能力分类

按照破坏能力可将病毒分为以下几种类型。

(1)无害型：除了传染时减少磁盘的可用空间外，对系统没有其他影响。

(2)无危险型：这类病毒仅仅是减少内存、显示图像、发出声音等。

(3)危险型：这类病毒在计算机系统操作中造成严重的错误。

(4)非常危险型：这类病毒删除程序，破坏数据，清除系统内存区和操作系统中重要的信息。

5.2.3 蠕虫

1982 年,Xerox PARC 的 John F. Shoch 等人为了进行分计算的模型实验,编写了称为蠕虫(Worm)的程序。布式可他们没有想到,这种“可以自我复制”并可以“从一台计算机移动到另一台计算机”的程序,后来竟给计算机界带来了巨大的灾难。1988 年被罗伯特·莫里斯(Robert Morris,图 5-3)释放的 Morris 蠕虫在 Internet 上爆发,在几个小时之内迅速感染了所能找到的、存在漏洞的计算机。

图 5-3 罗伯特·莫里斯

蠕虫与病毒都是具有恶意的程序代码,简称恶意代码。它们都可以传播,但两者也有许多不同,如表 5-1 所示。

表 5-1 蠕虫与病毒的比较

比较项目	蠕 虫	病 毒
存在形式	独立存在	寄生在宿主程序中
运行机制	自主运行	条件触发
攻击对象	计算机、网络	文件
繁殖方式	自我复制	感染宿主程序
传播途径	系统漏洞	文件感染

下面进一步说明蠕虫的特点。

(1)存在的独立性。病毒具有寄生性,寄生在宿主文件中;而蠕虫是独立存在的程序个体。

(2)攻击的对象是计算机。病毒代码的攻击对象是文件系统,而蠕虫的攻击对象是计算机系统。

(3)感染的反复性。病毒与蠕虫都具有感染性,它们都可以自我复制。但是,病毒与蠕虫的感染机制有 3 点不同:

①病毒感染是一个将病毒代码嵌入到宿主程序的过程,而蠕虫的感染是自身的复制。

②病毒的感染目标针对本地程序(文件),而蠕虫是针对网络上的其他计算机。

③病毒是在宿主程序运行时被触发进行感染,而蠕虫是通过系统漏洞进行感染。

此外,由于蠕虫是一种独立程序,所以它们也可以作为病毒的寄生体,携带病毒,并在发作时释放病毒,进行双重感染。

病毒防治的关键是将病毒代码从宿主文件中摘除;蠕虫防治的关键是为系统打补丁(Patch),而不是简单地摘除,只要漏洞没有完全修补,就会重复感染。

(4)攻击的主动性。计算机使用者是病毒的感染的触发者,而蠕虫的感染与操作者是否进行操作无关,它搜索到计算机的漏洞后即可主动攻击进行感染。也就是说,蠕虫与病毒的最大不同在于它不需要人为干预,能够自主不断地复制和传播。所以通常认为:

“Internet 蠕虫是无须计算机使用者干预即可运行的独立程序,它通过不停地获得网络中存在漏洞的计算机上的部分或全部控制权来进行传播。”

(5)破坏的严重性。病毒虽然对系统性能有影响,但破坏的主要是文件系统。而蠕虫主要是利用系统及网络漏洞影响系统和网络性能,降低系统性能。例如,它们的快速复制以及在传播过程中的大面积漏洞搜索,会造成巨量的数据流量,导致网络拥塞甚至瘫痪;对一般系统来说,多个副本形成大量进程,会大量耗费系统资源,导致系统性能下降,对网络服务器尤为明显。其破坏的严重性造成了巨大的经济损失。例如:

·1988 年 11 月 2 日,Morris 蠕虫发作,一夜之间攻击了约 6 200 台 VAX 系列小型机和 Sun 工作站。Purdue 大学 Gene Spafford 估计整个经济损失为 20 万美元,而美国病毒代码协会的 John McAfee 的报告认定的损失大约为 9 600 万美元。

·1998 年爆发的 CIH 蠕虫在世界范围内造成 2 000 ~ 8 000 万美元的损失。

·1999 年"美丽杀手"蠕虫使政府部门和一些大公司紧急关闭了网络服务器,经济损失超过 12 亿美元。

·2000 年 5 月"爱虫"开始流传,造成大量计算机感染,迄今造成的损失超过 100 亿美元以上。

·2001 年 7 月 19 日,"红色代码"(Code Red)蠕虫爆发,几个小时内就攻击了 25 万台计算机,造成的损失超过一亿美元。之后该蠕虫产生了威力更强的几个变种,大约在世界范围内造成 280 万美元的损失。

·2001 年 12 月开始流传的"求职信"造成大量邮件服务器堵塞,损失达数百亿美元。2003 年 1 月,Sql 蠕虫王造成网络大面积瘫痪,银行自动提款机运作中断,直接经济损失超过 26 亿美元。

·2003 年 1 月 25 日,Slammer 首次出现,其目标是服务器,在十分钟内感染了 7.5 万台计算机,曾使整个韩国的计算机网络瘫痪了 12 小时,全球受感染服务器超过 50 万台,5 天之内造成的损失超过 10 亿美元。

·2003 年夏季,"冲击波"(Blaster)爆发,数十万台计算机被感染,给全球造成 20 亿 ~ 100 亿美元的损失。

·2003 年 8 月 19 日,Sobig 的变种"霸王虫"(Sobig. F)爆发,在最初的 4 小时内自身复制了 100 万次,给全球带来 50 亿 ~ 100 亿美元的损失。

·2004 年 1 月 18 日,"贝革热"(Bagle)爆发,给全球带来数千万美元的损失。

·2004 年 1 月 26 日出现在网络上的 MyDoom,传播速度大大超过了"霸王虫"。"霸王虫"在传播高峰期的记录是每 17 封邮件就有一封被感染,而 MyDoom 在 1 月 28 日就创下了每 12 封邮件中就有一封被感染的记录。到了 1 月 30 日,感染率在大客户中是每 10 封邮件中就有一封被感染,在小客户中是每 3 封邮件中就有一封被感染。在 2004 年最烧钱的病毒代码评比中,MyDoom 称冠。

·2004 年 4 月 30 日,"震荡波"(Sasser)爆发,给全球带来数千万美元的损失。

·2005 年 8 月 16 日,Zotob 蠕虫及其数个变种流行。

·2006 年 6 月 2 日,"维金"蠕虫(Viking)被截获,截至该年年底,受攻击用户达1 740 679。

·2006 年 10 月 16 日,"熊猫烧香"(别名"尼姆亚"或"武汉男生",后又化身为"金猪报喜")爆发,据中国国家计算机网络应急处理中心估计,其造成的损失超过 76 亿元。

·2008 年 11 月,"扫荡波"(Worm. SaodangBo. a. 94208)蠕虫被发现。当时,它已经造成大量企业用户局域网瘫痪,数十万用户网络崩溃。

·2008 年底,Conficker 蠕虫开始传播。一旦计算机被感染,就被加入一个大规模的僵尸网络,并被蠕虫作者控制。在首次被检测到之后,Conficker 已经感染了数百万台计算机和多个国家的企业网络。

·2008 年年底,“刻毒虫”(Kido)开始流行,到 2010 年已经成为感染面积最大的蠕虫。

·2010 年 6 月,“震网”(Stuxnet)首次被白俄罗斯安全公司 VirusBlokAda 发现。实际上它的传播是从 2009 年 6 月开始甚至更早。它是首个针对工业控制系统的蠕虫,也是已知的第一个以关键工业基础设施为目标的蠕虫。

·2011 年 9 月 5 日,首个 QQ 群蠕虫(Pincav)被截获。该蠕虫伪装成电视棒破解程序欺骗网民下载,盗取魔兽、邮箱及社交网络账号,计算机被感染后,蠕虫会自动访问 QQ 群共享空间来进行传播。其感染量每天约 2 万个。

(6)行踪的隐蔽性。由于蠕虫传播过程的主动性,不需要像病毒那样由计算机使用者的操作触发,因而难以察觉。

从上述讨论可以看出,蠕虫虽然与病毒有些不同,但也有许多共同之处。如果将凡是能够引起计算机故障,破坏计算机数据的程序均统称为病毒代码,那么,从这个意义上说,蠕虫也应当是一种病毒。它以计算机为载体,以网络为攻击对象,是通过网络传播的恶性病毒。

图 5－4 表明了蠕虫的基本工作过程。蠕虫首先随机生成一个 IP 地址作为要攻击的对象,接着对被攻击的对象进行扫描,探测有无存在漏洞的主机。当程序向某个主机发送探测漏洞的信息并收到成功的反馈信息后,就得到一个可传播的对象,随后就可以将蠕虫主体迁移到目标主机。然后,蠕虫程序进入被感染的系统,对目标主机进行现场处理。现场处理部分的工作包括隐藏、信息搜集等。蠕虫入侵计算机系统之后,会在被感染的计算机上产生自己的多个副本,每个副本启动搜索程序寻找新的攻击目标。一般要重复上述过程 m 次(m 为蠕虫产生的繁殖副本数量)。不同的蠕虫采取的 IP 生成策略可能并不相同,甚至随机生成。各个步骤的繁简程度也不同,有的十分复杂,有的则非常简单。

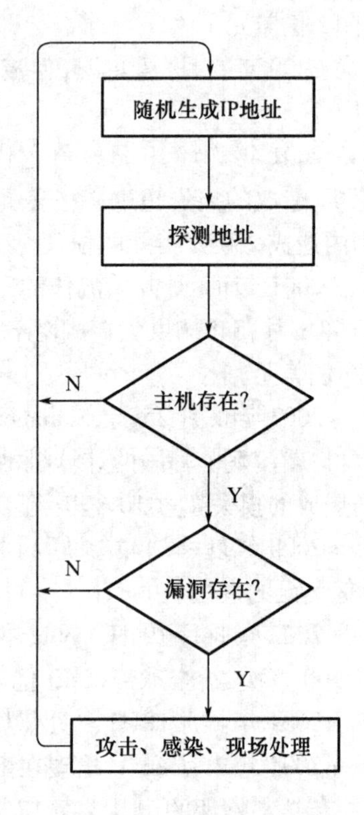

图 5－4　蠕虫的工作流程

5.2.4　木马

古希腊诗人荷马(Homer)在其史诗《伊利亚特》(The Iliad)中描述了这样一个故事:希腊王的王妃海伦被特洛伊(Troy)的王子掠走,希腊王在攻打特洛伊城时,使用了木马计(the strategy of Trojan horse),在巨大的木马内装满了士兵,然后假装撤退,把木马留下。特洛伊人把木马被当作战利品拉回特洛伊城内。到了夜间,木马内的士兵钻出来作为内应,打开城门,希腊王得以攻下特洛伊城。此后,人们就把特洛伊木马(Trojan horse)作为伪装的内部颠覆者的代名词。

RFC 1244(Request for Comments:1244)中,关于特洛伊木马程序的定义是:特洛伊木马程序是一种恶意程序,它能提供一些有用的或者令人感兴趣的功能;但是还具有用户不知道的其他功能,例如在用户不知晓的情况下复制文件或窃取密码。简单地说,凡是人们能在本地计算机上操作的功能,木马基本上都能实现。

进入21世纪后,木马已经成为恶意程序中增长较快的一种。金山毒霸全球病毒疫情监测系统的数据表明,多年来在每年的新增恶意程序中,木马一直占据70%左右,表5－2为2006～2009年的数据。此外,木马的破坏性大大增强。2010年的数据表明,新型木马的破坏性超过传统木马的10倍。

表5－2　2006～2009年金山毒霸全球病毒疫情监测系统截获的新增病毒、木马数量

年份	新增病毒、木马总数量	新增木马数量	比重/%
2006	240 156		73
2007	11 147	7 659	68.7
2008	13 899 717	7 801 911	56.13
2009	20 684 223	15 223 588	73.6

木马是一种危害性极大的恶意代码。它执行远程非法操作者的指令,进行数据和文件的窃取、篡改和破坏,释放病毒,以及使系统自毁等任务。下面介绍它的特征。

(1)目的性和功能特殊性。一般说来,每个木马程序都赋有特定的使命,其活动目的都比较清楚,例如盗号木马、网银木马、下载木马等。木马的功能都是十分特殊的,除了普通的文件操作以外,还有些木马具有搜索高速缓存中的口令、设置口令、扫描目标计算机的IP地址、进行键盘记录、远程注册表的操作以及锁定鼠标等功能。

(2)非授权性与受控性。所谓非授权性是指木马的运行不需由受攻击系统用户授权,所谓受控性是指木马的活动大都是由攻击者控制的。一旦控制端与服务器端建立连接后,控制端将窃取用户密码,获取大部分操作权限,如修改文件、修改注册表、重启或关闭服务器端操作系统、断开网络连接、控制服务器端鼠标和键盘、监视服务器端桌面操作、查看服务器端进程等。这些权限不是用户授权的,而是木马自己窃取的。

(3)非自繁殖性、非自传播性与预入性。一般说来,病毒具有极强的感染性,蠕虫具有很强大的传播性,而木马不具备繁殖性和自动感染的功能,其传播是通过一些手段植入的。例如,可以在系统软件和应用软件的文件传播中人为植入,也可以在系统或软件设计时被故意放置进来。例如,微软公司曾在其操作系统设计时故意放置了一个木马程序,可以将客户的相关信息发回到其总部。

(4)欺骗性。隐藏是一切恶意代码的存在之本。而木马为了获得非授权的服务,还要通过欺骗进行隐藏。例如,它们使用的是常见的文件名或扩展名,如dll\win\sys\ explorer等字样;或者仿制一些不易被人区别的文件名,如字母l与数字1、字母O与数字0,木马经常修改基本文件中的这些难以分辨的字符,更有甚者干脆借用系统文件中已有的文件名,只不过将它保存在不同的路径之中。木马通过这些手段便可以隐藏自己,更重要的是,通过偷梁换柱的行动,让用户把它当作要运行的软件启动。这类网购木马利用多款银行交易系统接口,后台自动查询银行卡余额,可将中毒网民银行卡的所有余额一次窃走。例如"秒余额"网购木马采用的骗术是:当网民在淘宝网买完东西,骗子说你的订单被卡单了,需要联系某某人处理。不明真相的网民联系后,会被诱导运行不明程序,这个程序就是网购木马。中毒后,只要网民继续购物,就会造成网银资金损失。

表5-3　为木马、病毒以及蠕虫之间的比较

特征 \ 种类	木马	病毒	蠕虫
自我繁殖	几乎没有	强	强
攻击对象	网络	文件	计算机、进程
传播途径	植入	文件感染	漏洞
欺骗性	强	一般	一般
攻击方式	窃取信息	破坏数据	消耗资源
远程控制	可	否	否
存在形式	隐藏	寄生在宿主程序中	独立存在
运行机制	自主运行	条件触发	自主运行

5.2.5 特洛伊木马分类

1. 根据攻击动作方式分类

(1)远程控制型。

远程控制型是木马程序的主流。所谓远程控制就是在计算机间通过某种协议(如TCP/IP协议)建立一个数据通道。通道的一端发送命令,另一端解释并执行该命令,并通过该通道返回信息。简单地说,就是采用Client/Server(客户机/服务器,简称C/S)工作模式。

采用C/S模式的木马程序都由两部分组成:一部分为被控端(通常是监听端口的Server端),另一部分称为控制端(通常是主动发起连接的Client端)。被控端的主要任务是隐藏在被控主机的系统内部,并打开一个监听端口,就像隐藏在木马中的战士等待着攻击的时机,当接收到来自控制端的连接请求后,主线程立即创建一个子线程并把请求交给它处理,同时继续监听其他的请求。控制端的任务只是发送命令,并正确地接收返回信息。

这种类型的木马运行起来非常简单,只要先运行服务器端程序,同时获得远程主机的IP地址,控制者就能任意访问被控制端的计算机,从而使远程控制者在本地计算机上做任何想做的事情。

(2)信息窃取型。

信息窃取型木马的目的是收集系统上的敏感信息,例如用户登录类型、用户名、口令和密码等。这种木马一般不需要客户端,运行时不会监听端口,只悄悄地在后台运行,一边收集敏感信息,一边不断检测系统的状态。一旦发现系统已经连接到Internet上,就在受害者不知情的情形下将收集的信息通过一些常用的传输方式(如电子邮件、FTP)把它们发送到指定的地方。

(3)键盘记录型。

键盘记录型木马只做一件事情,就是将受害者的键盘敲击完整地记录在LOG文件中。

(4)毁坏型。

毁坏型木马以毁坏并删除文件(如受害者计算机上的 DLL、INI 或 EXE)为主要目的。

2. 根据木马程序的功能分类

(1)网络游戏木马。

网络游戏木马常常以盗取网游账号密码为目的,它通常采用记录用户键盘输入、Hook 游戏进程 API 函数等方法获取用户的密码和账号。窃取到的信息一般通过发送电子邮件或向远程脚本程序提交的方式发送给木马作者。

(2)网银木马。

网银木马针对网上交易系统,以盗取用户的卡号、密码甚至安全证书为目的,常常造成受害用户的惨重损失。这类木马作者可能首先对某银行的网上交易系统进行仔细分析,然后针对安全薄弱环节编写病毒程序。如 2004 年的“网银大盗”病毒,在用户进入工行网银登录页面时,会自动把页面换成安全性能较差、但依然能够运转的老版页面,然后记录用户在此页面上填写的卡号和密码;“网银大盗 3”利用招行网银专业版的备份安全证书功能,可以盗取安全证书。

(3)即时通信软件木马。

常见的即时通信类木马一般有如下 3 种。

①发送消息型。这类木马能自动发送含有恶意网址的消息,让收到消息的用户。点击网址中毒,用户中毒后又会向更多好友发送病毒消息。此类病毒的常用技术是搜索聊天窗口,进而控制该窗口自动发送文本内容。发送消息型木马常常充当网游木马的广告,如“武汉男生 2005”木马可以通过 MSN、QQ、UC 等多种聊天软件发送带毒网址,其主要功能是盗取传奇游戏的账号和密码。

②盗号型。这类木马的工作原理和网游木马类似。病毒作者盗得他人账号后,可能偷窥聊天记录等隐私内容,或将账号卖掉。

③传播自身型。这类木马可以发布消息或文件。它们多通过 QQ 聊天软件发送自身进行传播;基本技术都是搜寻到聊天窗口后,对聊天窗口进行控制,来达到发送文件或消息的目的。

(4)网页点击类木马。

网页点击类木马会恶意模拟用户点击广告等动作,在短时间内可以产生数以万计的点击量。木马作者的编写目的一般是为了赚取高额的广告推广费用。此类木马的技术简单,一般只是向服务器发送 HTTP GET 请求。

(5)下载类木马。

这种木马程序的体积一般很小,其功能是从网络上下载其他病毒程序或安装广告软件。由于体积很小,它们更容易传播,传播速度也更快。通常功能强大、体积也很大的后门类病毒,如“灰鸽子”“黑洞”等,传播时都单独编写一个小巧的下载型木马,用户中毒后会把后门主程序下载到本机运行。

(6)代理类木马。

用户感染代理类木马后,会在本机开启 HTTP、SOCKS 等代理服务功能。黑客把受感染计算机作为跳板,以被感染用户的身份进行黑客活动,达到隐藏自己的目的。

5.2.6 木马的功能与结构

1. 木马的功能

一般说来,木马具有如下一些功能。

(1)远程监视、控制。

远程监视和控制是木马最主要的功能,通过这个功能,可以让黑客就像使用自己的计算机一样使用被种植了木马的计算机。同时为了不引起对方的察觉,也可以只是远程监视,则对方的一举一动都在黑客的监视之下。并且当对方有摄像头时,还可以自动启动摄像头捕捉图像,相当于监视对方的环境。

(2)远程管理。

远程管理包括很多功能,比如远程文件管理、远程 Telnet、远程注册表管理等,这些都是为了方便黑客控制主机而设置的。

(3)获得主机信息并发送消息。

在客户端选择被控服务器端,单击"远程控制命令"标签,弹出系统信息,这时可以得到被控服务器端的详细信息,然后将这些消息发送到客户端。

(4)修改系统注册表。

木马可以使黑客单击客户端上的"注册表编辑器"标签,展开远程主机,并在远程主机的注册表上进行修改、添加、删除等一系列操作。

(5)执行远程命令。

执行远程攻击者的命令。

2. 木马软件的结构

木马软件一般由木马配置程序、木马控制程序和木马程序(服务器端程序、受控端程序)组成。

(1)木马配置程序。

木马配置程序用于设置木马程序的端口号、触发条件和木马名称等,使其在服务器端隐藏更深。

(2)木马控制程序。

木马控制程序用于控制远程木马服务器,给服务器发送指令,同时接收服务器传送来的数据。

(3)木马程序(服务器端程序)。

木马程序(服务器端程序)驻留在受害系统中,非法获取其操作权,负责接收控制指令,并根据指令或配置发送数据给控制端。

3. 木马的植入

为了有效地工作,木马一般都采用客户/服务器形式,即由攻击者控制的客户端程序和运行在被控计算机端的服务器程序组成。木马的植入,就是将木马的服务器程序放置到目标主机上。下面介绍木马的几种植入形式。

(1)手工放置。手工放置比较简单,是最常见的做法。手工放置分本地放置和远程放置两种。本地放置就是直接在计算机上进行安装。远程放置就是通过常规攻击手段使获得目标主机的上传权限后,将木马上传到目标计算机上,然后通过其他方法使木马程序运行起来。

(2)以邮件附件的形式传播。控制端将木马改头换面,然后将木马程序添加到附件中,发送给收件人。

(3)通过聊天工具对话,利用文件传送功能发送伪装了的木马程序。

(4)捆绑文件。这种伪装手段是将木马捆绑到一个安装程序上,当安装程序运行时,木马在用户毫无察觉的情况下偷偷地进入了系统。被捆绑的文件一般是可执行文件(即EXE、COM 一类的文件)。

(5)通过病毒或蠕虫程序传播。

(6)通过U盘或光盘传播。

4. 木马程序的一般隐藏策略

隐藏是一切恶意代码生存之本,欺骗是通过伪装来实现隐藏的一种技巧。下面介绍木马的几种隐藏手段。

(1)隐蔽进程。服务器端想要隐藏木马,可以伪隐藏,也可以真隐藏。伪隐藏,就是指程序的进程仍然存在,只不过是让它消失在进程列表里。真隐藏则是让程序彻底消失,不以一个进程或者服务的方式工作。

伪隐藏的方法比较简单。在 Windows 9x 系统中,只要把木马服务器端的程序注册为一个服务(在后台工作的进程)就可以了。这样,木马程序就会从任务列表中消失,系统不再认为其是一个进程,当按下 Ctrl + Alt + Delete 键的时候,也就看不到这个进程。对于 Windows NT、Windows 2000 等,通过服务管理器,则要使用 API 的拦截技术,通过建立一个后台的系统钩子,拦截 PSAPI 的 EnumProcessModules 等相关的函数来实现对进程和服务的遍历调用的控制,当检测到进程 ID(PID)为木马程序的服务器端进程的时候直接跳过,这样就实现了进程的隐藏。

当进程为真隐藏的时候,木马完全融进了系统内核,因此就不把它做成一个应用程序,其服务器程序运行之后,就不具备一般进程的特征,也不具备服务的特征。

(2)修改文件标志。将木马文件伪装成图像、HTML、TXT、ZIP 等文件。

(3)伪装成应用程序扩展组件。将木马程序写成任何类型的文件(如 DLL,OCX 等),然后挂在十分出名的软件中,因为人们一般不怀疑这些软件。

(4)错觉欺骗。利用人的错觉,例如故意混淆文件名中的1(数字)与1(L 的小写)、0(数字)与o(字母)或O(字母)。

(5)合并程序欺骗。合并程序就是将两个或多个可执行文件结合为一个文件,使这些可执行文件能同时执行。木马的合并欺骗就是将木马绑定到应用程序中。

(6)出错显示——施放烟幕弹。有一定木马知识的人都知道,如果打开一个文件,没有任何反应,这很可能就是一个木马程序,木马的设计者也意识到了这个缺陷,所以已经有木马提供“出错显示”功能。当服务器端用户打开木马程序时,会弹出一个错误提示框(这当然是假的),错误内容可自由定义,大多会定制成一些诸如“文件已破坏,无法打开!”之类的信息,当服务端用户信以为真时,木马却悄悄侵入了系统。

(7)定制端口。很多老式的木马端口都是固定的,这给用户判断是否感染了木马带来了方便,只要查一下特定的端口就知道感染了什么木马,所以现在很多新式的木马都加入了定制端口的功能,控制端用户可以在 1 024 ~ 65 535 之间任选一个端口作为木马端口(一般不选 1 024 以下的端口),这样就给用户判断系统所感染的木马类型带来了麻烦。

(8)木马更名。安装到系统文件夹中的木马的文件名一般是固定的,因此只要根据一些查杀木马的文章按图索骥,在系统文件夹查找特定的文件,就可以断定中了什么木马。

所以现在有很多木马都允许控制端自由定制安装后的木马文件名，这样用户就很难判断所感染的木马类型了。

5. 便于木马启动的隐藏方式

植入目标主机的木马只有启动运行，才能开启后门为攻击者提供服务。为了便于启动，可以将木马程序隐藏在下列位置。

(1)集成到程序中。作为一种客户/服务器程序，木马为了不让用户能轻易地把它删除，就常常集成到程序里，一旦用户激活木马程序，木马文件就会和某一应用程序捆绑在一起，然后上传到服务器端覆盖原文件，这样即使木马被删除了，只要运行捆绑了木马的应用程序，木马又会被安装上去了。如果它绑定到系统文件，那么每一次系统启动均会启动木马。

(2)隐藏在配置文件中。利用配置文件的特殊作用，木马很容易在计算机中运行、发作，从而偷窥或者监视其他计算机。不过，这种方式不是很隐蔽，容易被发现。

(3)潜伏在 Win. ini 中。Win. ini 通常是木马比较惬意的潜伏地方。因为 Win. ini 的 [windows] 字段中有启动命令 load = 和 run。在一般情况下一后面是空白的，这为木马程序留了一个合适的隐藏场所。

(4)隐藏在 System. ini 中。Windows 安装目录下的 System. ini 为木马提供了下列隐藏场所。

①木马程序接在 System. ini 的 [boot] 字段的 hell = Explorer. exe 后面。

②System. ini 的 [386Enh] 字段的"driver 一路径\程序名"也有可能被木马所利用。

③System. ini 的 [mic]、[drivers]、[drivers32] 这 3 个字段也是起到加载驱动程序的作用，也是增添木马程序的场所。

(5)隐蔽在 Winstart. bat 中。Winstart. bat 也是一个能自动被 Windows 加载运行的文件，它多数情况下为应用程序及 Windows 自动生成，在执行了 Win. com 并加载了多数驱动程序之后开始执行(这一点可通过启动时按 F8 键再选择逐步跟踪启动过程的启动方式得知)。由于 autoexec. bat 的功能可以由 Winstart. bat 代替完成，因此木马完全可以像在 autoexec. bat 中那样被加载运行。

(6)捆绑在启动配置文件中。黑客利用应用程序的启动配置文件能启动程序的特点，将制作好的带有木马启动命令的同名文件上传到服务器端覆盖这同名文件，这样就可以达到启动木马的目的了。

(7)设置在超级链接中。木马的主人在网页上放置恶意代码，引诱用户点击。

(8)加载程序到启动组。木马隐藏在启动组，虽然不是十分隐蔽，但非常便于自动加载运行。常见的启动组如下：

①"开始"菜单中的启动项，对应的文件夹是 c. \Documents and Settings\用户名\[开始]菜单\程序\启动。

②注册表[HKEY—CURRENT—USER\SOFTWARE\Microsoft\Windows\CurrentVersion\Runl]项。

③注册表[HKEY—LOCAL—MACHINE\SOFTWARE\Microsoft\Windows\CurrentVersion\Run]项。

(9)注册成为服务项。将服务器端程序注册为一个自启动的服务也是木马常用的手段，其在注册表中的键值是[HKEY_LOCAL_MACHINE SYSTEM CurrentControlSet\Services\]，比如"灰鸽子"就是这样。

5.2.7　木马的连接与远程控制

1. 木马的连接

从连接方法来分,木马可以分为3类:正向连接型、反向连接型和反弹连接型。

(1)正向连接型。这种类型的客户端连接服务器的时候是直接根据服务器的IP地址和端口来进行连接,比如Penumbra。这种方法直观、简单,但同时也存在相应的缺陷。它要求知道对方的IP。这对于不是固定IP的被控端而言,过一段时间IP改变后,控制端就无法连接了。为了弥补这个问题,一些正向连接型的木马工具提供了开机发邮件通知等方法在被控端一开机时就把主机信息通知给控制端。但对于有防火墙的主机,这种方法就不一定能成功,毕竟防火墙对于这种直接连接是比较敏感的。基于以上缺陷,发展出了后面的反向连接型木马。

(2)反向连接型。在反向连接型木马系统中,不再是由控制端去连接被控端,而是控制端自动监听,由被控端来进行连接,比如"流萤"。这个办法可以很好地解决正向连接所遇到的问题,但这种方法要求控制端有一个固定的公网IP。如果控制端IP是自动分配的话,过一段时间后IP发生变化,则被控端就不可能连接到了。

(3)反弹连接型。这种木马由反向连接型发展而来,它也是由被控端去连接控制端,但其被控端的木马程序不知道控制端的IP,而是知道一个固定的网页文件地址,这个地址一般是网上的免费空间。典型的例子就是"灰鸽子"。

2. 木马的远程控制

木马连接建立后,控制端端口和木马端口之间将会出现一条通道。控制端上的控制端程序可通过这条通道与服务端上的木马程序取得联系,并通过木马程序对服务器端进行远程控制。

(1)窃取密码。一切以明文的形式、*形式或缓存在Cache中的密码都能被木马侦测到。此外很多木马还提供击键记录功能,它将会通过记录服务器端每次击键的位置和动作,计算出键入的内容。所以一旦有木马入侵,密码将很容易被窃取。

(2)文件操作。控制端可通过远程控制对服务器端上的文件进行删除、新建、修改、上传、下载、运行、更改属性等一系列操作,基本涵盖Windows平台上所有的文件操作功能。

(3)修改注册表。控制端可任意修改服务器端注册表,包括删除、新建,或修改主键、子键、键值。有了这项功能,控制端就可以禁止服务端U盘、光驱的使用,锁住服务器端的注册表,将服务器端上木马的触发条件设置得更隐蔽的一系列高级操作。

(4)系统操作。这项内容包括重启或关闭服务器端操作系统,断开服务器端网络连接,控制服务器端的鼠标和键盘,监视服务器端桌面操作,查看服务器端进程等,控制端甚至可以随时给服务器端发送信息。

3. 木马的数据传送

木马程序的数据传递方法有很多种,通常是靠TCP、UDP传输数据。这时可以利用Winsock与目标机的指定端口建立起连接,使用send和recv等API进行数据的传递,但是这种方法的隐蔽性比较差,往往容易被一些工具软件查看到。例如,在命令行状态下使用netstat命令,就可以查看到当前的活动TCP、UDP连接。

4. 数据传送时躲避侦察的方法

木马常用以下3种方法躲避数据传送时的侦察。

(1)合并端口法:使用特殊的手段,在一个端口上同时绑定两个 TCP 或者 UDP 连接(比如80端口的 HTTP),通过把自己的木马端口绑定于特定的服务端口(比如 80 端口的 HTTP)之上达到隐藏端口的目的。

(2)修改 ICMP 头法:使用 ICMP(Internet Control Message Protocol)进行数据发送,同时修改 ICMP 头,加入木马的控制字段。这样的木马具备很多新的特点,如不占用端口,使用户难以发觉,并可以穿透一些防火墙,从而增大了防范的难度。

(3)为了避免被发现,木马程序必须很好地控制数据传输量,例如把屏幕画面切分为多个部分,并将画面存储为 JPG 格式,使压缩率变高,使数据变得十分小,甚至在屏幕没有改变的情况下传送的数据量为0。

5.2.8 黑客

“黑客”一词是对于网络攻击者的统称。一般说来,黑客是一个精通计算机技术的特殊群体。从攻击的动机看,可以把黑客分为3类:一类称为“侠客”(Hacker),他们多是好奇者和爱出风头者;一类称为“骇客”(Crackers),他们是一些不负责的恶作剧者;一类称为“入侵者”(Intruder),他们是有目的的破坏者。随着 Internet 的普及,黑客的活动日益猖獗,造成了巨大的损失。

黑客进行网络信息系统攻击的主要工作流程是:收集情报、远程攻击、远程登录、取得权限、留下后门、清除日志。主要内容包括目标分析、文档获取、破解密码、日志清除等。这些内容都包括在黑客攻击的3个阶段——准备阶段、实施阶段和善后阶段。

1. 攻击的准备阶段

(1)确定目的。一般说来,入侵者进行攻击的目的主要有 3 种类型:破坏型、获取型和恶作剧型。破坏型攻击指破坏攻击目标,使其不能正常工作,主要的手段是拒绝服务攻击(DoS)。获取型主要是窃取有关信息或获取不法利益。恶作剧型则是进来遛遛,以显示自己的能耐。目的不同,所采用的手段就不同。

(2)踩点,即寻找目标。

(3)查点。搜索目标上的用户、用户组名、路由表、SNMP 信息、共享资源、服务程序及旗标等信息。

(4)扫描。自动检测计算机网络系统在安全方面存在的可能被黑客利用的脆弱点。

(5)模拟攻击。进行模拟攻击,测试对方反应,找出毁灭入侵证据的方法。

2. 攻击的实施阶段

(1)获取权限。获取权限往往是利用漏洞进行的。系统漏洞分为远程漏洞和本地漏洞两种,远程漏洞是指黑客可以在别的主机上直接利用该漏洞进行攻击并获取一定的权限。这种漏洞的威胁性相当大,黑客的攻击一般都是从远程漏洞开始的。但是利用远程漏洞获取的不一定是最高权限,而往往只是一个普通用户的权限,这样常常没有办法做黑客们想要做的事。这时就需要配合本地漏洞来把获得的权限进行扩大,常常是扩大至系统的管理员权限。

(2)权限提升。有时获得了一般用户的权限就足以达到修改主页等目的了,但只有获得了最高的管理员权限之后,才可以做诸如网络监听、打扫痕迹之类的事情。要完成权限的扩大,不但可以利用已获得的权限在系统上执行利用本地漏洞的程序,还可以放一些木马之类的欺骗程序来套取管理员密码,这种木马是放在本地套取最高权限用的,而不能进行远程控制。

(3)实施攻击。如对一些敏感数据的篡改、添加、删除和复制,以及对敏感数据的分析,或者使系统无法正常工作。

3. 攻击的善后工作

(1)修改日志。如果攻击者完成攻击后就立刻离开系统而不做任何善后工作,那么他的行踪将很快被系统管理员发现,因为所有的网络操作系统一般都提供日志记录功能,会把系统上发生的动作记录下来。为了自身的隐蔽性,黑客一般都会抹掉自己在日志中留下的痕迹。为了能抹掉痕迹,攻击者要知道常见的操作系统的日志结构以及工作方式。

(2)设置后门。一般黑客都会在攻入系统后不止一次地进入该系统。为了下次再进入系统时方便一点,黑客会留下一个后门,特洛伊木马就是后门的最好范例。

(3)进一步隐匿。只修改日志是不够的,因为百密必有一疏,即使自认为修改了所有的日志,仍然会留下一些蛛丝马迹。例如安装了某些后门程序,运行后也可能被管理员发现。所以,黑客通过替换一些系统程序的方法来进一步隐藏踪迹。这种用来替换正常系统程序的黑客程序叫作 rootkit,这类程序在一些黑客网站可以找到,比较常见的有 Linux Rootkit,现在已经发展到了 5.0 版本了。它可以替换系统的 Is、ps、netstat、inetd 等一系列重要的系统程序,当替换了 Is 后,就可以隐藏指定的文件,使得管理员在使用 Is 命令时无法看到这些文件,从而达到隐藏自己的目的。

5.3 系统防御手段

1988 年出现的"Morris"网络蠕虫导致了上千台计算机瘫痪,从此改变了人们对互联网安全性的看法,引起了人们对计算机网络安全问题的重视。而在该事件之前,人们的网络安全概念主要是数据加密,重点是保护存储在各种介质上和传输过程中的数据,但随着网络应用的深入和商业化趋势,人们发现网络安全问题无法仅用数据加密技术完全解决,还需要解决硬件系统、操作系统、网络、数据库系统和应用系统的整体安全问题。

人们对网络安全理论和安全技术的研究不断取得令人鼓舞的成果,确立了独立的学科体系,初步制定了相关的法律、规范和标准,网络信息安全的内涵也在不断延伸,从最初的信息保密性发展到信息的完善性、可用性、可控性和不可否认性,进而又发展为"攻(攻击)、防(防范)、测(检测)、控(控制)、管(管理)、评(评估)"等多方面的基础理论和实施技术。

人类不断研究新的网络信息安全技术,开展安全工程实践,为战胜网络信息安全威胁付出了很大的努力。保障网络信息安全的方法很多,涉及许多安全技术。下面简单介绍几种关键的网络安全技术。

5.3.1 防火墙

在建筑群中,防火墙(Firewall,图 5-5)用来防止火灾蔓延。在计算机网络中,防火是设置在可信任的内部网络和不可信任的外界之间的一道屏障,阻滞不希望或者未授权的通信进出内部网络,通过强化边界控制来保障内部的安全,同时不妨碍内部对外部的访问,是目前实现网络安全的最有效的措施之一。

图 5-5 建筑中的防火墙

5.3.2 网络防火墙概述

1. 防火墙的作用

(1)强化网络安全策略。

防火墙是位于所保护网络边界上的关口,可以过滤数据包,可以选择符合规则的服务,对于来往的访问进行双向检查:能将可疑访问拒之门外,也能防止未经允许的访问到外部网络。当然,这就要求无论是从内部到外部的、还是从外部到内部的访问,都必须经过防火墙,并且只有被授权的通信才能通过防火墙,也可以防止内部信息外泄。

(2)防止故障蔓延。

由于防火墙具有双向检查功能,也能够将网络中一个网块(也称网段)与另一个网块隔开。防火墙位于网络的边界上,能有效地监控内部网和外部网之间的一切活动。当所有的访问都经过防火墙,防火墙就能记录下这些访问并做出日志。根据这些记录,管理人员就可以知晓网络的运行状况,知道网络是否受到了攻击,是什么样的攻击。当发生可疑动作时,防火墙能进行适当的报警,并提供网络是否受到监测和攻击的详细信息。

防火墙还可以具有分析功能,通过对有关记录的统计分析,知道网络有哪些威胁,有哪些安全需求,也能清楚防火墙是否能够抵挡攻击者的探测和攻击,并且清楚防火墙的控制是否充足。

(3)提供流量控制(带宽管理)和计费。

流量统计建立在流量控制基础之上。通过对基于IP、服务、时间、协议等的流量进行统计,可以实现与管理界面挂接,并便于流量计费。

流量控制分为基于IP地址的控制和基于用户的控制。基于IP地址的控制是对通过防火墙各个网络接口的流量进行控制;基于用户的控制是通过用户登录来控制每个用户的流量,防止某些应用或用户占用过多的资源,保证重要用户和重要接口的连接。

(4)实现MAC与IP地址的绑定。

MAC与IP地址绑定起来,主要用于防止受控(不允许访问外网)的内部用户通过更换IP地址访问外网。这其实是一个可有可无的功能。不过因为它实现起来太简单了,内部只需要两个命令就可以实现,所以绝大多数防火墙都提供了该功能。

2. 网络防火墙的局限

(1)防火墙有可能是可以绕过的。

防火墙可以确定哪些内部服务允许外部访问,哪些外部用户可以访问所允许的内部服务,哪些外部服务可以由内部用户访问。为了发挥防火墙的作用,出入的信息必须经过防火墙,被授权的信息才能通过。因而,防火墙应当是不可渗透或绕过的,但若防火墙一旦被攻击者击穿或绕过,防火墙将失去作用。

实际上,系统往往会有缺陷,也往往会由于后门攻击而留下一些漏洞。如图5-6所示,如果内部网络中有一个未加限制的拨出,内部网络用户就可以(用向ISP购买等方式)通过SLIP(Serial Line Internet Protocol,串行链路网际协议)或PPP(Pointer-To-Pointerprotocol,点到点协议)与ISP直接连接,从而绕过防火墙。

由于防火墙依赖于口令,所以防火墙不能防范黑客对口令的攻击。几年前,两个在校学生编了一个简单的程序,通过对波音公司的口令字的排列组合试出了开启内部网的钥匙,从网中搞到了一张授权的波音公司的口令表,将口令一一出卖。所以美国马里兰州的

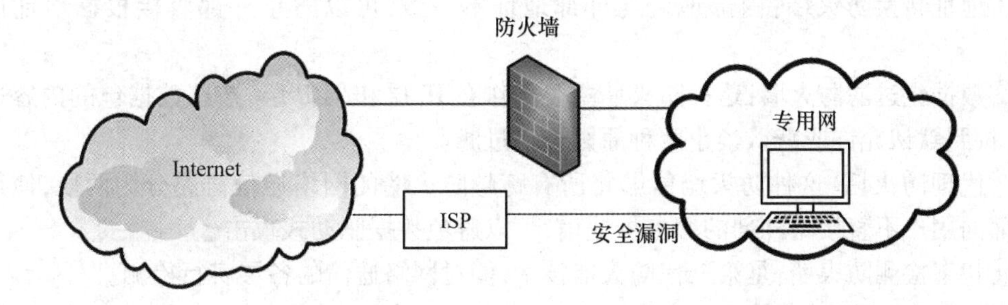

图5-6 防火墙的漏洞

一家计算机安全咨询机构负责人诺尔·马切特说:“防火墙不过是一道较矮的篱笆墙。”黑客像耗子一样,能从这道篱笆墙上的窟窿中出入。这些窟窿常常是人们无意中留下来的,甚至包括一些对安全性有清醒认识的公司。例如,由于Web服务器通常处于防火墙体系之外,而有些公司随意扩展浏览器的功能,使之含有Applet编写工具。黑客们便可以利用这些工具钻空子,接管Web服务器,接着便可以从Web服务器出发溜过防火墙,大摇大摆地“回到”内部网中,好像他们是内部用户,刚刚出来办完事又返回去一样。

(2)防火墙不能防止内部出卖性攻击或内部误操作。

显然,当内部人员将敏感数据或文件复制到U盘等移动存储设备上提供给外部攻击者时,防火墙是无能为力的。此外,防火墙也不能防范黑客,黑客有可能伪装成管理人员或新职工,以骗取没有防范心理的用户的口令,或借用他们的临时访问权限实施攻击。

(3)防火墙不能防止对开放端口(服务)的攻击。

防火墙要保证服务,必须开放相应的端口。防火墙要准许HTTP服务,就必须开放80端口;要提供MAIL服务,就必须开放25端口等。防火墙不能防止对开放的端口进行攻击,即不能防止利用开放服务流入的数据攻击、利用开放服务的数据隐蔽隧道的攻击和对于开放服务软件缺陷的攻击。

(4)防火墙不能防止数据驱动式的攻击。

有些数据表面上看起来无害,可是当它们被邮寄或复制到内部网的主机中后,就可能会发起攻击,或为其他入侵准备好条件。这种攻击就称为数据驱动式攻击。防火墙无法防御这类攻击。

(5)防火墙可以阻断攻击,但不能消灭攻击源。

防火墙是一种被动防卫机制,不是主动安全机制。Internet上的各种攻击源源不断。设置得当的防火墙可以阻挡它们,但是无法清除这些攻击源。

(6)防火墙有可能自身遭到攻击。

防火墙不能干涉还没有到达防火墙的包,如果这个包是攻击防火墙的,只有已经发生了攻击,防火墙才可以对抗。并且防火墙也是一个系统,也有自己的缺陷,也会受到攻击。这时许多防御措施就会失灵。

3. 防火墙的种类

从不同的角度,可以对防火墙进行不同的分类。下面介绍几种重要的防火墙分类。

(1)按照采用的技术分类。

按照采用的技术可将防火墙分为以下4类。

①地址转换防火墙:内部地址与外部地址不一致,可以防止外部直接根据地址进行攻击。

②数据包过滤防火墙:这种防火墙主要工作在IP层和TCP层,按照数据包的内容进行检查,按照默认允许或默认禁止两种原则进行过滤。

③代理防火墙:这种防火墙能够将所有跨越防火墙的网络通信链路分为两段,使得网络内部的用户不直接与外部的服务器通信,可以避免数据驱动式攻击。

④状态检测防火墙:是第三代防火墙技术,能对网络通信的各层实行检测。

(2)按照实现形态分类。

按照实现形态可将防火墙分为以下3类。

①软件防火墙。软件防火墙单独使用软件系统来完成防火墙功能,将软件部署在系统主机中的公共操作系统上。它要占用系统资源,在一定程度上影响系统性能。其一般用于单机系统或是极少数的个人计算机,很少用于计算机网络中,所以也称个人防火墙。

②硬件防火墙。通常称为网络防火墙,其基本原理是把软件防火墙嵌入在硬件中,或者说是在一台服务器上装了软件防火墙。高端的硬件防火墙不是将防火墙软件装在硬盘中,而是固化在BIOS中,这样提高发包效率,并且很难被破坏(因为BIOS是ROM存储器,是只读型的)。

③芯片级防火墙。基于专门的硬件平台,没有操作系统。专有的ASIC芯片促使它们比其他种类的防火墙速度更快,处理能力更强,性能更高。做这类防火墙最出名的厂商有NetScreen、FortiNet、Cisco等。这类防火墙由于使用专用OS(操作系统),因此防火墙本身的漏洞比较少,不过价格比较高昂。

(3)从防火墙结构上分类。

从结构上可将防火墙分为以下3类。

①单一主机防火墙。

②路由器集成式防火墙。

③分布式防火墙。

(4)按防火墙的应用部署位置分类。

按应用部署位置可将防火墙分为以下3类。

①边界防火墙。

②个人防火墙。

③混合防火墙。

(5)按防火墙性能分类。

按照性能可将防火墙分为以下两类。

①百兆级防火墙。

②千兆级防火墙。

5.3.3 入侵检测系统

1.入侵检测与入侵检测系统

入侵检测系统(Intrusion Detection System,IDS)是对计算机和网络系统资源上的恶意使用行为进行识别和响应的处理系统;它像雷达警戒一样,在不影响网络性能的前提下,对网络进行警戒、监控,从计算机网络的若干关键点收集信息,通过分析这些信息,看看网络中是否有违反安全策略的行为和遭到攻击的迹象,从而扩展了系统管理员的安全管理能力,提高了信息安全基础结构的完整性。

IDS最早于1980年4月由James P. Anderson在为美国空军起草的技术报告Computer Security Threat Monitoring and Surveillance(《计算机安全威胁监控与监视》)中提出。他提出了一种对计算机系统风险和威胁的分类方法,将威胁分为外部渗透、内部渗透和不法行为;提出了利用审计跟踪数据监视入侵活动的思想。这份报告被认为是入侵检测的开山之作。

这里,“入侵”(Intrusion)是一个广义的概念,不仅包括发起攻击的人(包括黑客)取得超出合法权限的行为,也包括收集漏洞信息,造成拒绝访问(DoS)等对系统造成危害的行为。而入侵检测(Intrusion Detection)就是对入侵行为的发觉。它通过对计算机网络等信息系统中若干关键点的有关信息的收集和分析,从中发现系统中是否存在违反安全规则的行为和被攻击的迹象。入侵检测系统就是进行入侵检测的软件和硬件的组合。

入侵检测作为一种积极主动的安全防护技术,提供了对内部攻击、外部攻击和误操作的实时保护,被认为是防火墙后面的第二道安全防线。

2. 入侵检测系统的功能

具体说来,入侵检测系统的主要功能如下:

- 监视并分析用户和系统的行为。
- 审计系统配置和漏洞。
- 评估敏感系统和数据的完整性。
- 识别攻击行为,对异常行为进行统计。
- 自动收集与系统相关的补丁。
- 审计、识别并跟踪违反安全法规的行为。
- 使用诱骗服务器记录黑客行为。

3. 实时入侵检测和事后入侵检测

实时入侵检测在网络的连接过程中进行,通过攻击识别模块对用户当前的操作进行分析,一旦发现攻击迹象就转入攻击处理模块,如立即断开攻击者与主机的连接、收集证据或实施数据恢复等。如图5-7所示,这个检测过程是反复循环进行的。

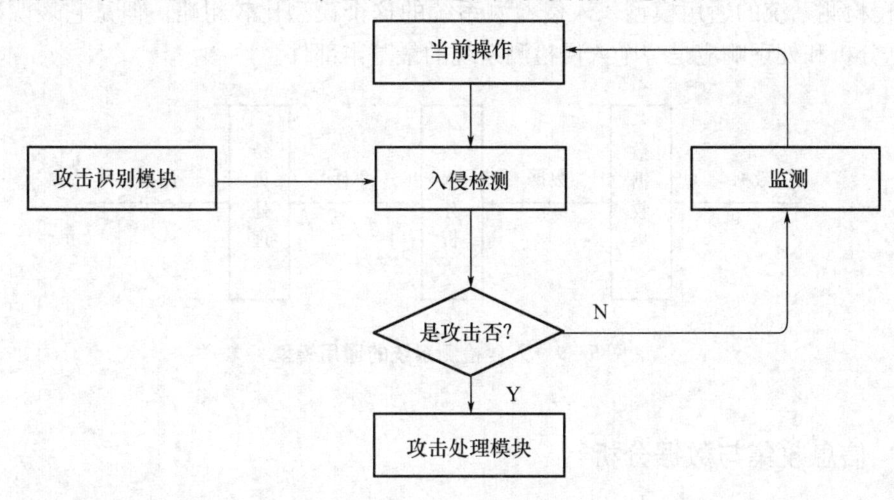

图5-7 实时入侵检测过程

事后入侵检测是根据计算机系统对用户操作所做的历史审计记录,判断是否发生了攻击行为,如果有,则转入攻击处理模块处理。事后入侵检测通常由网络管理人员定期或不定期地进行。图5-8为事后入侵检测的过程。

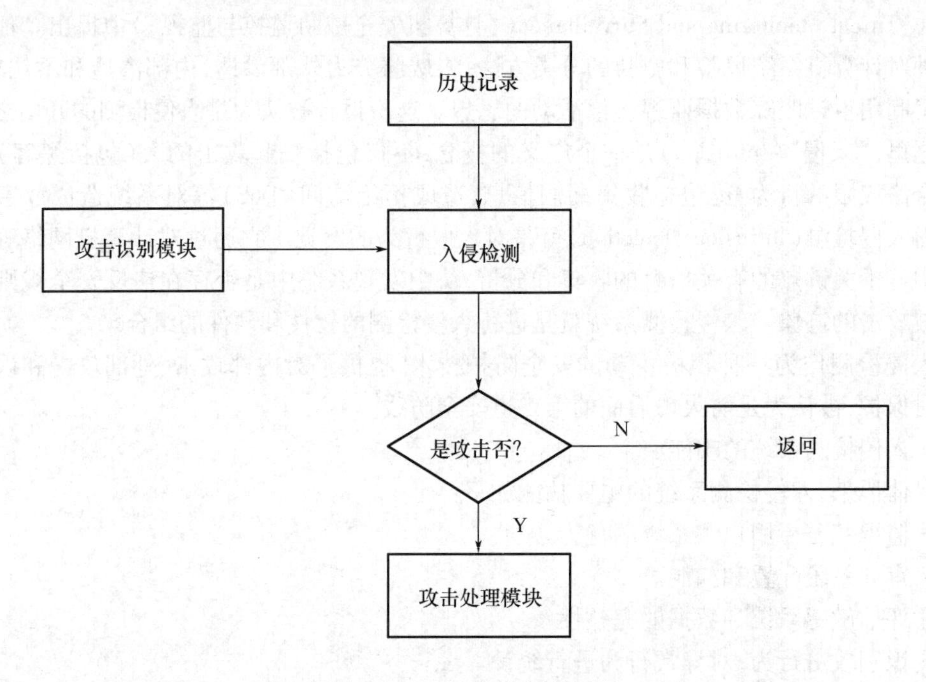

图5-8　事后入侵检测的过程

4.入侵检测系统的基本结构

入侵检测是防火墙的合理补充,帮助系统对付来自外部或内部的攻击,扩展了系统管理员的安全管理能力(如安全审计、监视、攻击识别及其响应),提高了信息安全基础结构的完整性。如图5-9所示,入侵检测系统的主要工作就是从信息系统的若干关键点上收集信息,然后分析这些信息,用来得到网络中有无违反安全策略的行为和遭到袭击的迹象。图5-9入侵检测系统的通用模型。入侵检测系统的这个模型比较粗略。但是它表明数据收集、数据分析和处理响应是一个入侵检测系统的最基本部件。

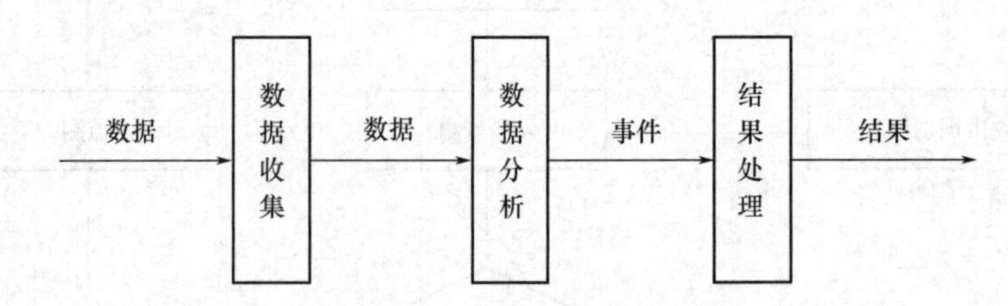

图5-9　入侵检测系统的通用模型

5.3.4　信息收集与数据分析

入侵检测的第一步是在信息系统的一些关键点上收集信息。这些信息就是入侵检测系统的输入数据。

1. 数据收集的内容

入侵检测系统收集的数据一般有如下4个方面。

(1)主机和网络日志文件。

主机和网络日志文件中记录了各种行为类型,每种行为类型又包含不同的信息。例如,记录“用户活动”类型的日志,就包含登录、用户ID改变、用户对文件的访问、授权和认证信息等内容。这些信息包含了发生在主机和网络上的不寻常和不期望活动的证据,留下黑客的踪迹。通过查看日志文件,能够发现成功的入侵或入侵企图,并很快地启动响应的应急响应程序。因此,充分利用主机和网络日志文件信息是检测入侵的必要条件。

(2)目录和文件中的不期望的改变。

网络环境中的文件系统包含很多软件和数据文件。包含重要信息的文件和私密数据文件经常是黑客修改或破坏的目标。黑客经常替换、修改和破坏他们获得访问权的系统上的文件,同时为了隐蔽他们在系统中的活动痕迹,还会尽力替换系统程序或修改系统日志文件。因此,目录和文件中的不期望的改变(包括修改、创建和删除),特别是那些正常情况下限制访问的对象,往往就是入侵发生的指示和信号。

(3)程序执行中的不期望行为。

每个在系统上执行的程序由一到多个进程来实现。每个进程都运行在特定权限的环境中,进程的行为由它运行时执行的操作来表现,这种环境控制着进程可访问的系统资源、程序和数据文件等;操作执行的方式不同,利用的系统资源也就不同。

操作包括计算、文件传输、设备与网络间其他进程的通信。黑客可能会将程序或服务的运行分解,从而导致它的失败,或者是以非用户或管理员意图的方式操作。因此,一个进程出现了不期望的行为可能表明黑客正在入侵本系统。

(4)物理形式的入侵信息。

黑客总是想方设法[如通过网络上由用户私自加上去的不安全(即未授权的)设备]去突破网络的周边防卫,以便能够在物理上访问内部网,在内部网上安装他们自己的设备和软件。例如,用户在家里可能安装调制解调器以访问远程办公室,那么这一拨号访问就成了威胁网络安全的后门。黑客就会利用这个后门来访问内部网,从而越过了内部网络原有的防护措施,然后捕获网络流量,进而攻击其他系统,并偷取敏感的私有信息等。

2. 入侵检测系统的数据收集机制

准确性、可靠性和效率是入侵检测系统数据收集机制的基本指标,在IDS中占据着举足轻重的位置。如果收集的数据时延较大,检测就会失去作用;如果数据不完整,系统的检测能力就会下降;如果由于错误或入侵者的行为致使收集的数据不正确,IDS就会无法检测到某些入侵,给用户以安全的假象。

(1)基于主机的数据收集和基于网络的数据收集。

基于主机的IDS是在每台要保护的主机后台运行一个代理程序,检测主机运行日志中记录的未经授权的可疑行径,检测正在运行的进程是否合法并及时做出响应。

基于网络的入侵检测系统是在连接过程中监视特定网段的数据流,查找每一数据包内隐藏的恶意入侵,对发现的入侵做出及时的响应。在这种系统中,使用网络引擎执行监控任务。图5-10中给出了网络引擎所处的几个可能位置。

网络引擎所处位置不同,所起的作用不同:

①网络引擎配置在防火墙内,可以监测渗透过防火墙的攻击。

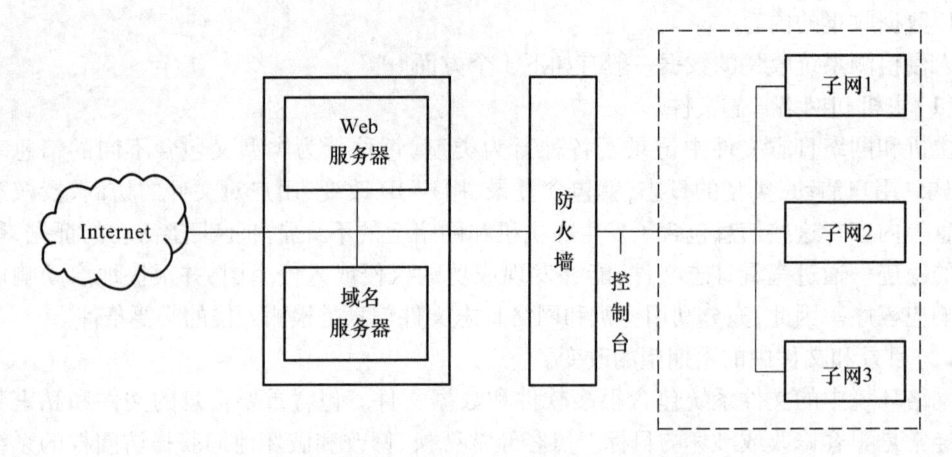

图5-10　基于网络的IDS中网络引擎的配置

②网络引擎配置在防火墙外的非军事区,可以监测对防火墙的攻击。

③网络引擎配置在内部网络的各临界网段,可以监测内部的攻击。

控制台用于监控全网络的网络引擎。为了防止假扮控制台入侵或拦截数据,在控制台与网络引擎之间应创建安全通道。

基于网络的入侵检测系统主要用于实时监控网络关键路径。它的隐蔽性好、视野宽、侦测速度快、占用资源少、实施简便,并且还可以用单独的计算机实现,不增加主机负担。但难于发现所有数据包,对于加密环境无能为力,用在交换式以太网上比较困难。

基于主机的IDS提供了基于网络的IDS不能提供的一些功能,如二进制完整性检查、记录分析和非法进程关闭等。同时由于不受交换机隔离的影响,在交换网络中非常有用。但是它对网络流量不敏感,并且由于运行在后台,不能访问被保护系统的核心功能(不能将攻击阻挡在协议层之外)。它的内在结构没有任何束缚,并可以利用操作系统提供的功能,结合异常分析,较准确地报告攻击行为,而不是根据网上收集到的数据包去猜测发生的事件。但是它们往往要求为不同的平台开发不同的程序,从而增加了主机的负担。

总的看来,单纯地使用基于主机的入侵检测或基于网络的入侵检测,都会造成主动防御体系的不全面。但是,由于它们具有互补性,所以将两种产品结合起来,无缝地部署在网络内,就会构成综合了两者优势的主动防御体系,既可以发现网段中的攻击信息,又可以从系统日志中发现异常情况。这种系统一般为分布式,由多个部件组成。

(2)分布式与集中式数据收集机制。

分布式IDS收集的数据来自一些固定位置,而与受监视的网元数量无关。集中式IDS收集的数据来自一些与受监视的网元数量有一定比例关系的位置。

(3)直接监控和间接监控。

IDS从它所监控的对象处直接获得数据,称为直接监控;反之,如果IDS依赖一个单独的进程或工具获得数据,则称为间接监控。

就检测入侵行为而言,直接监控要优于间接监控,这是因为:

①从非直接数据源获取的数据在被IDS使用之前,入侵者还有进行修改的潜在机会。

②非直接数据源可能无法记录某些事件,例如它无法访问监视对象的内部信息。

③在间接监控中,数据一般都是通过某种机制(如编写审计代码)生成的,但这些机制

并不满足 IDS 的具体要求，因而从间接数据源获得的数据量要比从直接数据源所获得的大得多。并且间接监控机制的可伸缩性小，一旦主机及其内部被监控要素增加，过滤数据的开销就会降低监控主机的性能。

④间接数据源的数据从产生到 IDS 访问之间有一个时延。

但是由于直接监控操作的复杂性，目前的 IDS 产品中只有不足 20% 使用了直接监控机制。

(4)外部探测器和内部探测器。

外部探测器的监控组件（程序）独立于被监测组件（硬件或软件）。内部探测器的监控组件（程序）附加于被监测组件（硬件或软件）。表 5－4 给出了它们的优缺点比较。

表 5－4　外部探测器和内部探测器的优缺点

比较内容	外部探测器	内部探测器
错误引入和安全性	·代理消耗了过量资源； ·库调用错误地修改了某些参数； ·有被入侵者修改的潜在可能	·要嵌入被监控程序中，修改被监控程序时容易引进错误。 对策：探测器代码尽量短 ·不是分离进程，不易被禁止或修改
可实现性、可使用性和可维护性	好 ·探测器程序与被监控程序分离； ·从主机上进行修改、添加或删除等较容易； ·可以利用任何合适的编程语言	差 ·需要集成到被监控程序中，难度较大； ·需要使用与被监控程序相同的编程语言； ·设计要求高，修改和升级难度大
开销	大 数据生成和使用之间存在时延	小 ·数据的产生和使用之间的时延小； ·不是分离进程，避免了创建进程的主机开销
完备性	差 ·只能从“外面”监控程序； ·只能访问外部可以获得的数据，获取能力有限	好 ·可以放置在被监控程序的任何地方； ·可以访问被监控程序中的任何信息
正确性	只能根据可获得的数据作为基于经验的猜测	较好

3. 数据分析

数据分析是 IDS 的核心，它的功能就是对从数据源提供的系统运行状态和活动记录进行同步、整理、组织、分类以及各种类型的细致分析，提取其中包含的系统活动特征或模式，用于对正常和异常行为的判断。

入侵检测系统的数据分析技术依检测目标和数据属性，分为异常发现技术和模式发现技术两大类。最近几年还出现了一些通用的技术。下面分别进行介绍。

(1)异常发现技术。

异常发现技术用在基于异常检测的 IDS 中。在这类系统中,观测到的不是已知的入侵行为,而是所监视通信系统中的异常现象。如果建立了系统的正常行为轨迹,则在理论上就可以把所有与正常轨迹不同的系统状态视为可疑企图。由于正常情况具有一定的范围,因此正确地选择异常阈值和特征,决定何种程度才是异常,是异常发现技术的关键。

异常检测只能检测出那些与正常过程具有较大偏差的行为。由于对各种网络环境的适应性较弱,且缺乏精确的判定准则,异常检测有可能出现虚报现象。

异常发现技术如表 5-5 所示。其中,自学习系统通过学习事例构建正常行为模型,又可分为时序和非时序两种;可编程系统需要通过程序测定异常事件,让用户知道哪些是足以破坏系统安全的异常行为,又可分为描述统计和缺省否定两类。

表 5-5　异常发现技术

类型		方法	系统名称
自学习型	非时序	规则建模	Wisdom&Sense
		描述统计	IDES,NIDES,EMERRALD,JiNao,Haystack
	时序	人工神经网络	Hyperview
可编程型	描述统计	简单统计	MIDAS,NADIR,Haystack
		基于简单规则	NSM
		门限	Comptuer - watch
	缺省否认	状态序列建模	DPEM,Janus,Bro

(2)模式发现技术。

模式发现又称特征检测或滥用检测。如图 5-11 所示,它们是基于已知系统缺陷和入侵模式,即事先定义了一些非法行为,然后将观察现象与之比较做出判断。这种技术可以准确地检测具有某些特征的攻击,但是由于过度依赖实现定义好的安全策略,而无法检测系统未知的攻击行为,因而可能产生漏报。

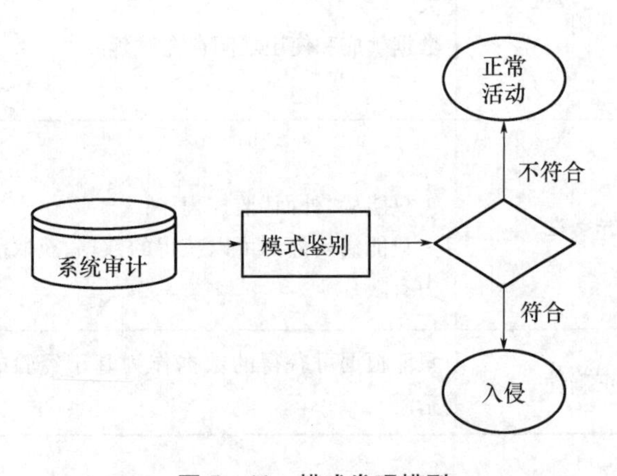

图 5-11　模式发现模型

模式发现技术对确知的决策规则通过编程实现,常用的技术有如下 4 种。

①状态建模:将入侵行为表示成许多个不同的状态。如果在观察某个可疑行为期间,所有状态都存在,则判定为恶意入侵。状态建模从本质上来讲是时间序列模型,可以再细分为状态转换和 Petri 网,前者将入侵行为的所有状态形成一个简单的遍历链,后者将所有的状态构成一个更广义的树形结构的 Petri 网。

②串匹配:通过对系统之间传输的或系统自身产生的文本进行子串匹配实现。该方法

灵活性差,但易于理解,目前有很多高效的算法,其执行速度很快。

③专家系统:可以在给定入侵行为描述规则的情况下,对系统的安全状态进行推理。一般情况下,专家系统的检测能力强大,灵活性也很高,但计算成本较高,通常以降低执行速度为代价。

④基于简单规则:类似于专家系统,但相对简单一些,执行速度快。

(3)混合检测。

近几年来,混合检测日益受到人们的重视。这类检测在做出决策之前,既分析系统的正常行为,同时还观察可疑的入侵行为,所以判断更全面、准确、可靠。它通常根据系统的正常数据流背景来检测入侵行为,故也有人称其为"启发式特征检测"。属于这类检测的技术有以下一些:

①人工免疫方法;

②遗传算法;

③数据挖掘。

4. 入侵检测系统的特征库

IDS要有效地捕捉入侵行为,必须拥有一个强大的入侵特征(Signature)数据库,这就如同公安部门必须拥有健全的罪犯信息库一样。

IDS中的特征就是指用于判别通信信息种类的样板数据,通常分为多种,以下是一些典型情况及其识别方法。

①来自保留IP地址的连接企图:可通过检查IP报头(IP header)的来源地址识别。

②带有非法TCP标志联合物的数据包:可通过TCP报头中的标志集与已知正确和错误标记联合物的不同点来识别。

③含有特殊病毒信息的E-mail:可通过对比每封E-mail的主题信息和病态E-mail的主题信息来识别,或者通过搜索特定名字的外延来识别。

④查询负载中的DNS缓冲区溢出企图:可通过解析DNS域及检查每个域的长度来识别。另外一个方法是在负载中搜索"壳代码利用"(Exploit Shellcode)的序列代码组合。

⑤对POP3服务器大量发出同一命令而导致DoS攻击:通过跟踪记录某个命令连续发出的次数,看看是否超过了预设上限,而发出报警信息。

⑥未登录情况下使用文件和目录命令对FTP服务器的文件访问攻击:通过创建具备状态跟踪的特征样板以监视成功登录的FTP对话,发现未经验证却发出命令的入侵企图。

显然,特征的涵盖范围很广,有简单的报头域数值,有高度复杂的连接状态跟踪,有扩展的协议分析。

此外,不同的IDS产品具有的特征功能也有所差异。例如,有些网络IDS系统只允许很少地定制存在的特征数据或者编写需要的特征数据,另外一些则允许在很宽的范围内定制或编写特征数据,甚至可以是任意一个特征;一些IDS系统,只能检查确定的报头或负载数值,另外一些则可以获取任何信息包的任何位置的数据。

5.3.5 响应与报警策略

1. 响应

早期的入侵检测系统的研究和设计把主要精力放在对系统的监控和分析上,而把响应的工作交给用户完成。现在的入侵检测系统都提供响应模块,并提供主动响应和被动响应两种响应方式。一个好的入侵检测系统应该让用户能够裁减定制其响应机制,以符合特定的需求环境。

(1)主动响应。

在主动响应系统中,系统将自动或以用户设置的方式阻断攻击过程或以其他方式影响攻击过程,通常可以选择的措施如下。

①针对入侵者采取的措施。

②修正系统。

③收集更详细的信息。

(2)被动响应

在被动响应系统中,系统只报告和记录发生的事件。

2. 报警

检测到入侵行为需要报警。具体报警的内容和方式需要根据整个网络的环境和安全需要确定。例如:

①对一般性服务企业,报警集中在已知的有威胁的攻击行为上。

②对关键性服务企业,需要将尽可能多的报警记录下来并对部分认定的报警进行实时反馈。

5.3.6 入侵检测器的部署与设置

入侵检测器是入侵检测系统的核心。入侵检测器部署的位置直接影响入侵检测系统的工作性能。在规划一个入侵检测系统时,首先要考虑入侵检测器的部署位置。显然,在基于网络的入侵检测系统中和在基于主机的入侵检测系统中,部署的策略不同。

1. 在基于网络的入侵检测系统中部署入侵检测器

基于网络的入侵检测系统主要检测网络数据报文,因此一般将检测器部署在靠近防火墙的地方。

(1) DMZ 区。

在这里,可以检测到的攻击行为是所有针对向外提供服务的服务器的攻击。由于 DMZ 中的服务器是外部可见的,因此在这里检测最为需要。同时,由于 DMZ 中的服务器有限,所以针对这些服务器的检测可以使入侵检测器发挥最大优势。但是,在 DMZ 中,检测器会暴露在外部而失去保护,容易遭受攻击,导致无法工作。

(2)内网主干(防火墙内侧)。

将检测器放到防火墙的内侧,有如下几点好处:

①检测器比放在 DMZ 中安全。

②所检测到的都是已经渗透过防火墙的攻击行为。从中可以有效地发现防火墙配置的失误。

③可以检测到内部可信用户的越权行为。

④由于受干扰的机会少,报警概率也小。

(3)外网入口(防火墙外侧)。

这种部署的优势如下:

①可以对针对目标网络的攻击进行计数,并记录最为原始的数据包。

②可以记录针对目标网络的攻击类型。

但是,检测器部署在外网入口不能定位攻击的源和目的地址,系统管理员在处理攻击行为上也有难度。

(4)在防火墙的内外都放置。

这种位置既可以检测到内部攻击,又可以检测到外部攻击,并且无须猜测攻击是否穿越防火墙。但是,这种部署的开销较大。在经费充足的情况下是最理想的选择。

(5)关键子网。

这个位置可以检测到对系统关键部位的攻击,将有限的资源用在最值得保护的地方,获得最大效益/投资比。

2. 在基于主机的入侵检测系统中部署入侵检测器

基于主机的入侵检测系统通常是一个程序。在基于网络的入侵检测器的部署和配置完成后,基于主机的入侵检测将部署在最重要、最需要保护的主机上。

3. 入侵检测系统的设置

网络安全需要各个安全设备的协同工作和正确设置。由于入侵检测系统位于网络体系中的高层,高层应用的多样性导致了入侵检测系统分析的复杂性和对计算资源的高需求。在这种情形下,对入侵检测设备进行合理的优化设置,可以使入侵检测系统更有效地运行。图5-12是入侵检测系统设置的基本过程。可以看出,入侵检测系统的设置需要经过多次回溯,反复调整。

4. 报警策略

检测到入侵行为时需要报警。具体报警的内容和方式需要根据整个网络的环境和安全需要确定。例如:

①对一般性服务企业,报警集中在已知的有威胁的攻击行为上。

②对关键性服务企业,需要将尽可能多的报警记录下来并对部分认定的报警进行实时反馈。

5.3.7 入侵容忍系统

入侵容忍技术(Intrusion Tolerance Technology),是国际上流行的第三代网络安全技术,隶属于信息生存技术的范畴,卡耐基梅隆大学的学者给这种生存技术下了一个定义:所谓“生存技术”就是系统在攻击、故障和意外事故已发生的情况下,在限定时间内完成使命的能力。它假设我们不能完全正确地检测对系统的入侵行为,当入侵和故障突然发生时,能够利用“容忍”技术来解决系统的“生存”问题,以确保信息系统的保密性、完整性、真实性、可用性和不可否认性。无数的网络安全事件告诉我们,网络的安全仅依靠“堵”和“防”是不够的。

入侵容忍技术就是基于这一思想,要求系统中任何单点的失效或故障不至于影响整个系统的运转。由于任何系统都可能被攻击者占领,因此,入侵容忍系统不相信任何单点设备。入侵容忍可通过对权力分散及对技术上单点失效的预防,保证任何少数设备、任何局部网络、任何单一场点都不可能做出泄密或破坏系统的事情,任何设备、任何个人都不可能拥有特权。因而,入侵容忍技术同样能够有效地防止内部犯罪事件发生。

入侵容忍技术的实现主要有两种途径。第一种方法是攻击响应,通过检测到局部系统的失效或估计到系统被攻击,而加快反应时间,调整系统结构,重新分配资源,使信息保障上升到一种在攻击发生的情况下能够继续工作的系统。可以看出,这种实现方法依赖于

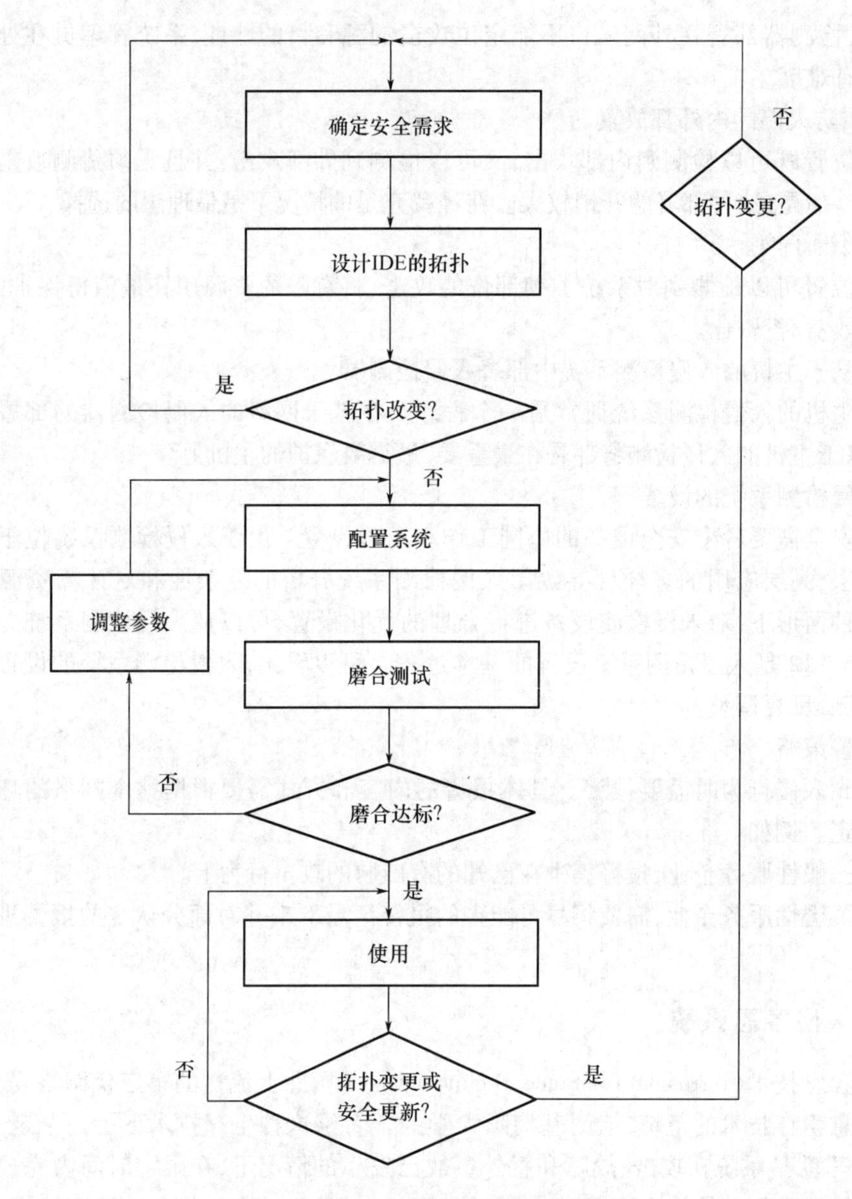

图 5-12　入侵检测系统设置的基本过程

"入侵判决系统"是否能够及时准确地检测到系统失效和各种入侵行为。另一种实现方法则被称为"攻击遮蔽",技术。就是待攻击发生之后,整个系统好像没什么感觉。该方法借用了容错技术的思想,就是在设计时就考虑足够的冗余,保证当部分系统失效时,整个系统仍旧能够正常工作。

"入侵容忍"的观念早在 1982 年就已提出,但相关研究工作是最近几年才兴起的。目前,许多重要的国际研究机构和研究人员都在潜心研究入侵容忍技术或生存技术,虽然取得了一些成果,但还没有投入实际应用的产品或系统。

1991 年,国外学者开发了一个具有入侵容忍功能的分布式计算机系统。2003 年,美国著名的学术会议 ACM 推出一个专题讨论生存系统问题,据悉,美国国防部高级研究计划署(DARPA)目前正在资助实施有机保证和可生存的信息系统计划,该计划大致由近 30 个项目组成。2000年1月,欧洲启动了基于因特网应用的恶意或意外故障入侵的容忍技术研究项目,该项目通过定义用于弥补可靠性和安全性差异的入侵容忍结构化框架和概念模型等,来建立大规模可靠的分布式应用系统。

虽然入侵容忍技术的研究尚处于起步阶段,但却已展示出广阔的发展前景。随着科技的不断进步,新的网络信息安全机制、入侵检测机制、入侵遏制机制和故障处理机制等将逐步建立起来,届时研究人员将从网络和传输层、高级服务、应用方案等层次上提供面向不同应用的入侵容忍新技术,相信入侵容忍新技术定会在未来信息系统中发挥重要作用。

5.3.8 蜜罐技术

网络诱骗技术的核心是蜜罐(Honey Pot)。它是运行在Internet上的充满诱惑力的计算机系统。这种计算机系统有如下一些特点:

(1)蜜罐是一个包含漏洞的诱骗系统,它通过模拟一个或多个易受攻击的主机,给攻击者提供一个容易攻击的目标。

(2)蜜罐不向外界提供真正有价值的服务。

(3)所有与蜜罐的连接尝试都被视为可疑的连接。

这样,蜜罐就可以实现如下目的:

(1)引诱攻击,拖延对真正有价值目标的攻击。

(2)消耗攻击者的时间,以便收集信息,获取证据。

下面介绍蜜罐的3种主要形式。

1. 空系统

空系统是一种没有任何虚假和模拟的环境的完全真实的计算机系统,有真实的操作系统和应用程序,也有真实的漏洞。这是一种简单的蜜罐主机。

但是,空系统(以及模拟系统)会很快被攻击者发现,因为他们会发现这不是期待的目标。

2. 镜像系统

建立一些提供Internet服务的服务器镜像系统,会使攻击者感到真实,也就更具有欺骗性。另一方面,由于是镜像系统,所以比较安全。

3. 虚拟系统

虚拟系统是在一台真实的物理机器上运行一些仿真软件,模拟出多台虚拟机,构建多个蜜罐主机。这种虚拟系统不但逼真,而且成本较低,资源利用率较高。此外,即使攻击成功,也不会威胁宿主操作系统的安全。

习　　题

一、 选择题

1. 使网络服务器中充斥着大量要求回复的信息,消耗带宽,导致网络或系统停止正常服务,这属于什么攻击类型(　　)。

   A. 拒绝服务　　B. 文件共享　　C. BIND漏洞　　D. 远程过程调用

2. 为了防御网络监听,最常用的方法是(　　)。

   A. 采用物理传输(非网络)　　B. 信息加密

C. 无线网　　　　D. 使用专线传输

3. 向有限的空间输入超长的字符串是哪一种攻击手段(　　)。

A. 缓冲区溢出　　B. 网络监听　　C. 拒绝服务　　D. IP 欺骗

4. 按密钥的使用个数,密码系统可以分为(　　)。

A. 置换密码系统和易位密码系统

B. 分组密码系统和序列密码系统

C. 对称密码系统和非对称密码系统

D. 密码系统和密码分析系统

5. 下列不属于系统安全的技术是(　　)。

A. 防火墙　　B. 加密狗　　C. 认证　　D. 防病毒

6. DES 是一种 block(块)密文的加密算法,是把数据加密成多大的块(　　)。

A. 32 位　　B. 64 位　　C. 128 位　　D. 256 位

7. 以下哪项技术不属于预防病毒技术的范畴(　　)。

A. 加密可执行程序　　B. 引导区保护

C. 系统监控与读写控制　　D. 校验文件

8. 主要用于加密机制的协议是(　　)。

A. HTTP　　B. FTP　　C. TELNET　　D. SSL

二、简答题

1. 概念题:防火墙、网闸、计算机病毒、网络安全策略。

2. 简述网络攻击的步骤。

3. 简述信息安全技术的基本功能。

4. 简述制定网络安全策略的原则。

第6章　多媒体技术

多媒体化是信息化发展的一个必然阶段,是一个崭新的技术时代。多媒体引起了诸多信息技术的集成与融合的革命,它将计算机、家用电器、通信网络、大众媒体、人机交互和娱乐机器等原先并不搭界的东西,组合成了新的系统、新的应用,与 Internet 一起成为了推动 20 世纪末、21 世纪初信息化社会发展的两个最重要的技术动力之一。多媒体技术与系统的产生和发展,正是现代社会信息化发展的必然趋势。

6.1　多媒体技术概述

在计算机发展的初期,计算机主要应用于军事和工业生产中的数值计算。随着计算机软硬件技术的发展,尤其是硬件技术的发展,从 20 世纪 80 年代开始,人们就用计算机处理和发现声音、图像、图形,使计算机能形象逼真地反映自然事物。这就是最初的多媒体技术雏形。随着计算机技术的不断发展,计算机的处理能力越来越强,多媒体技术也由最初的单一媒体形式逐渐发展到当今的文字、声音、图形、图像、动画、视频等多种媒体形式。

值得指出的是,多媒体技术发展到今天,和许多技术的进步(如大容量光盘存储器 CD - ROM、DVD - ROM、实时多任务操作系统技术、数据压缩技术和大规模集成电路制造技术等)是紧密相关的。因此,多媒体技术可以说是包含了计算机领域最新的硬件和软件技术,将不同性质的设备和信息媒体集成一个整体,并以计算机为中心综合地处理各种信息。现在人们所说的多媒体,常常不是指多媒体信息本身,而主要是指处理和应用它的一套软硬件技术。因此,我们说"多媒体"只是多媒体技术的同义语。

6.1.1　多媒体技术的基本概念

1. 媒体

所谓媒体(Medium)是指承载信息的载体。按照 ITU - T(原 CCITT)建议的定义,媒体有以下 5 种:感觉媒体、表示媒体、显示媒体、存储媒体和传输媒体。感觉媒体指的是用户接触信息的感觉形式,如视觉、听觉、触觉等。表示媒体则指的是信息的表示形式,如图像、声音、视频、运动模式等。显示媒体(又称表现媒体)是表现和获取信息的物理设备,如显示器、打印机、扬声器、键盘、摄像机和运动平台等。存储媒体是存储数据的物理设备,如磁盘、光盘等。传输媒体是传输数据的物理设备,如光缆、电缆、电磁波和交换设备等。这些媒体形式在多媒体领域中都是密切相关的,但一般说来,如不特别强调,我们所说的媒体是指表示媒体,因为作为多媒体技术来说,研究的主要还是各种各样的媒体表示和表现技术。

2. 多媒体

"多媒体"(Multimedia),从字面上理解就是"多种媒体的综合",相关的技术也就是"怎样进行多种媒体综合的技术"。多媒体技术概括起来说,就是一种能够对多种媒体信息进行综合处理的技术。略为全面一点,多媒体技术可以定义为:以数字化为基础,能够对多种媒体信息进行采集、编码、存储、传输、处理和表现,综合处理多种媒体信息并使之建立起有机的逻辑联系,集成为一个系统并能具有良好交互性的技术。

3. 多媒体技术

值得特别指出的是,很多人将“多媒体”看作是计算机技术的一个分支,这是不太合适的。多媒体技术以数字化为基础,注定其与计算技术密切结合,甚至可以说要以计算机为基础。但还有许多东西原先并不属于计算技术的范畴,例如,电视技术、广播通信技术、印刷出版技术等。当然可以有多媒体计算机技术,但也可以有多媒体电视技术、多媒体通信技术等。一般说来,“多媒体”指的是一个很大的领域,指的是和信息有关的所有技术与方法进一步发展的领域。所以说,要对多媒体有更准确的理解,更多的是要从它的关键特性上去考虑。

4. 多媒体技术的特性

多媒体的关键特性主要包括信息载体的多样性、交互性和集成性这 3 个方面,这是多媒体的主要特征,也是在多媒体研究中必须解决的主要问题。在多媒体发展的早期,这 3 个特性是显而易见的。但随着多媒体应用的深入和发展,许多设备与设施都具备了不同层次的多媒体水平,例如我们一般不再通过字符命令来操作计算机了,但多媒体的这 3 个特性仍然是最关键的,只是又融入了更深层次的理解。

(1)多样性.

信息载体的多样性是相对于计算机而言的,指的就是信息媒体的多样化,有人称之为信息多维化。把计算机所能处理的信息空间范围扩展和放大,而不再局限于数值、文本或是被特别对待的图形或图像,这是计算机变得更加人性化所必须具备的条件。

人类对于信息的接收和产生主要在 5 个感觉空间内,即视觉、听觉、触觉、嗅觉和味觉,其中前三者占了 95% 以上的信息量。借助于这些多感觉形式的信息交流,人类对于信息的处理可以说是得心应手。但是,计算机以及与之相类似的一系列设备,都远远没有达到人类处理信息能力的水平。在信息处理的传统过程中不得不忍受着种种形态,信息只能按照单一的形态才能被加工处理,只能按照单一的形态才能被理解。计算机在许多方面需要把人类的信息进行变形之后才可以使用,例如将中文变换成某种代码才能输入计算机。可以说,在信息交互方面计算机还处于初级水平。

多媒体就是要把机器处理的信息多样化或多维化,使之在信息交互的过程中,具有更加广阔和更加自由的空间。多媒体的信息多维化不仅仅指输入,还指输出。但输入和输出并不一定都是一样的。对于应用而言,前者称为获取(Capture),后者称为表现(Presentation)。如果两者完全一样,这只能称为记录和重放,从效果上来说并不是很好。如果对其进行变换、组合和加工,亦即我们所说的创作或综合,就可以大大丰富信息的表现力和增强效果。这些创作与综合也不仅仅局限在对信息数据方面,也包括对设备、系统、网络等多种要素的重组和综合,目的都是能够更好地组织信息、处理信息和表现信息,从而使用户更全面、更准确地接收信息。

(2)交互性。

多媒体的第二个关键特性是交互性。长久以来,人们在很多情况下已经习惯于被动地接收信息,例如看电视、听广播。多媒体系统将向用户提供交互式使用、加工和控制信息的手段,为应用开辟更加广阔的领域,也为用户提供更加自然的信息存取手段。

交互可以增加对信息的注意力和理解力,延长信息在头脑中保留的时间。但在单向的信息空间中,这种接收的效果和作用就很差,只能“使用”所给的信息,很难做到自由地控制和干预信息的获取和处理过程。多媒体信息在人机交互中的巨大潜力,主要来自它能提高人对信息表现形式的选择和控制能力,同时也能提高信息表现形式与人的逻辑和创造能力结合的程度。多媒体信息比单一信息对人具有更大的吸引力,它有利于人对信息的主动探索而不是被动地接收。在动态信号与静态信号之间,人更倾向于前者。多媒体信息所提供的种类丰富的信息源恰好能够满足人在这个方面的需要。

当交互性引入时,“活动”本身作为一种媒体便介入到了数据转变为信息、信息转变为知识的过程之中。因为数据能否转变为信息取决于数据的接收者是否需要这些数据,而信息能否转变为知识则取决于信息的接收者能否理解。借助于交互活动,我们可以获得我们所关心的内容,获取更多的信息;例如,对某些事物进行选择,有条件地找出事物之间的相关性,从而获得新的信息内容。对某些事物的运动过程进行控制可以获得某种奇特的效果,例如,倒放、慢放、快放、变形和虚拟等,从而激发学生的想象力、创造力,制造出各种讨论的主题。在某些娱乐性应用中,用户可以改变故事的结局,从而使用户介入到故事的发展过程之中。即使是最普遍的信息检索应用,用户也可以找出想读的书籍、想看的电视节目,可以快速跳过不感兴趣的部分,可以对某些所关心的内容进行编排、插入书评等,从而改变现在使用信息的方法。

可以想象,交互性一旦被引入到用户的活动之中,将会带来多大的作用。从数据库中检录出某人的照片、声音及文字材料,这是多媒体的初级交互应用;通过交互特性使用户介入到信息过程中(不仅仅是提取信息),才达到了中级交互应用水平。当我们完全地进入到一个与信息环境一体化的虚拟信息空间自由遨游时,这才是交互式应用的高级阶段,这就是虚拟现实(Virtual Reality)。人机交互不仅仅是一个人机界面的问题,对于媒体的理解和人机通信过程可以看成是一种智能的行为,它与人类的智能活动有着密切的关系。

(3)集成性。

多媒体系统充分体现了集成性的巨大作用。事实上,多媒体中的许多技术在早期都可以单独使用,但作用十分有限。这是因为它们是单一的、零散的,如单一的图像处理技术、声音处理技术、交互技术、电视技术和通信技术等。但当它们在多媒体的旗帜下集合时,一方面意味着技术已经发展到了相当成熟的程度;另一方面,也意味着各种技术独自发展不再能满足应用的需要。信息空间的不完整,例如仅有静态图像而无动态视频,仅有语音而无图像等,都将限制信息空间的信息组织,限制信息的有效使用。同样,信息交互手段的单调性、通信能力的不足、多种设备和应用的人为分离,也会制约应用的发展。因此,多媒体系统的产生与发展,既体现了应用的强烈需求,也顺应了全球网络的一体化、互通互连的要求。

多媒体的集成性主要表现在两个方面,一是多媒体信息媒体的集成,二是处理这些媒体的设备与设施的集成。首先,各种信息媒体应该能够同时地、统一地表示信息。尽管可能是多通道的输入或输出,但对用户来说,它们就都应该是一体的。这种集成包括信息的多通道统一获取,多媒体信息的统一存储与组织,以及多媒体信息表现合成等各方面。因为多媒体信息带来了信息冗余性,可以通过媒体的重复、使用别的媒体,或是并行地使用多种媒体的方法消除来自通信双方及环境噪声对通信产生的干扰。由于多种媒体中的每一种媒体都会对另一种媒体所传递信号的多种解释产生某种限制作用,所以多种媒体的同时使用可以减少信息理解上的多义性。总之,不应再像早期那样,只能使用单一的形态对媒体进行获取、加工和理解,而应注意保留媒体之间的关系及其所蕴含的大量信息。其次,多媒体系统是建立在一个大的信息环境之下的,系统的各种设备与设施应该成为一个整体。从硬件来说,应该具有能够处理各种媒体信息的高速及并行的处理系统、大容量的存储、适合多媒体多通道的输入输出能力及外设、宽带的通信网络接口,以及适合多媒体信息传输的多媒体通信网络。对于软件来说,应该有集成一体化的多媒体操作系统、各个系统之间的媒体交换格式、适合于多媒体信息管理的数据库系统、适合使用的软件和创作工具以及各类应用软件等。

多媒体中的集成性应该说是在系统级的一次飞跃。无论是信息、数据,还是系统、网络、软硬件设施,通过多媒体的集成性构造出支持广泛信息应用的信息系统,1 +1 >2 的系统特性将在多媒体信息系统中得到充分的体现。

6.1.2 多媒体计算机系统

多媒体系统由多媒体硬件和软件构成。具有强大的多媒体信息处理能力,能交互式地处理文字、图形、图像、声音及视频、动画等多种媒体信,并提供多媒体信息的输入、编辑、存储及播放等功能。其基本的层次体系结构如图 6 -1 所示。

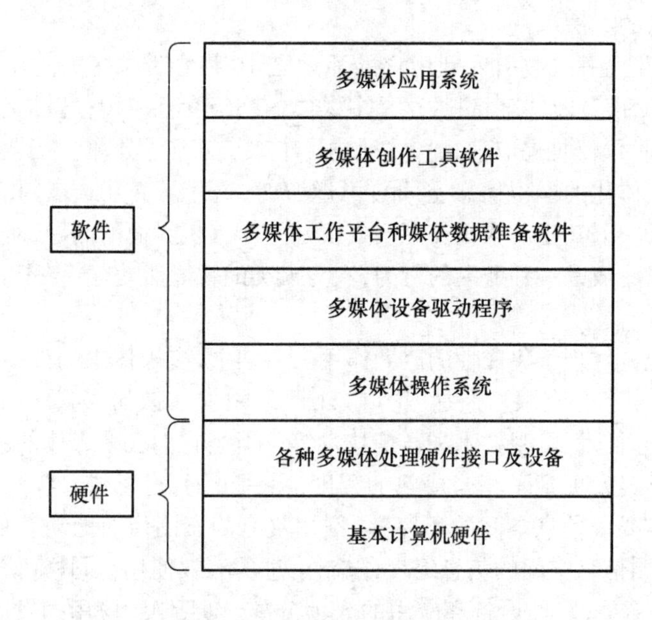

图 6 -1 多媒体系统的层次体系结构

1. 多媒体硬件

多媒体硬件是多媒体系统的基本物质实体。多媒体系统硬件的基本结构包括主机(个人计算机或工作站)、各种接口卡(音频、视频、显卡)、各种输入/输出设备及光盘驱动器等。

2. 多媒体软件

多媒体系统的软件应具有综合使用各种媒体的能力,能灵活地调度多种媒体数据,能进行相应的传输和处理,使各种媒体硬件和谐地工作。多媒体软件必须运行于多媒体硬件系统之中,才能发挥其多媒体功效。

多媒体系统除具有上述的有关硬件外,还需配备有相应的多媒体软件,如果说硬件是多媒体系统的基础,那么多媒体软件是多媒体计算机系统的灵魂。多媒体系统的软件应具有综合使用各种媒体的能力,能灵活地调度多种媒体数据,能进行相应的传输和处理,使各种媒体硬件和谐地工作。多媒体软件是多媒体技术的核心,主要任务就是使用户方便地控制多媒体硬件,并能全面有效地组织和操作各种媒体数据。多媒体软件必须运行于多媒体硬件系统之中,才能发挥其多媒体功效。多媒体系统的软件按功能可分为系统软件和应用软件。

(1)多媒体系统软件。

系统软件是多媒体系统的核心,它不仅具有综合使用各种媒体、灵活调度多媒体数据进行媒体的传输和处理能力,而且要控制各种媒体硬件设备和谐地工作,即将种类繁多的硬件有机地组织到一起,使用户能灵活控制多媒体硬件设备和组织、操作多媒体数据。

多媒体系统软件除具有一般系统软件特点外,还要反映多媒体技术的特点,如数据压缩、媒体硬件接口的驱动与集成、新型的交互方式等。多媒体系统软件的功能应包括实现多媒体处理功能的实时操作系统、多媒体通信软件、多媒体数据库管理系统以及多媒体应用开发工具与集成开发环境等。系统软件如图6-2所示。

图6-2 常用多媒体系统软件

主要的多媒体系统软件有多媒体设备驱动程序、多媒体操作系统、媒体素材制作软件(多媒体数据准备软件)、多媒体创作工具和开发环境。通常,这些多媒体系统软件都是由计算机专业人员来设计与实现的。

① 多媒体设备驱动程序。多媒体设备驱动程序(也称驱动模块)是最底层硬件的软件支撑环境,是多媒体计算机中直接和硬件打交道的软件,它完成设备的初始化及各种设备操作、设备的打开和关闭,以及基于硬件的压缩与解压缩、图像快速变换及基本硬件功能调用等。每一种多媒体硬件需要一个相应的设备驱动软件,这种软件一般随着硬件一起提供。例如随声卡一起包装出售的软盘中就有相应的声卡驱动程序,将它安装后即常驻内存。通常驱动软件有视频子系统、音频子系统以及视频/音频信号获取子系统等。驱动器接口程序是高层软件与驱动程序之间的接口软件,为高层软件建立虚拟设备。

② 多媒体操作系统。多媒体的各种软件要运行于多媒体操作系统平台(如Windows)上,故多媒体操作系统是多媒体系统软件的核心和基本软件平台,是在传统操作系统的功能基础上,增加处理声音、图像、视频等多媒体功能,并能控制与这些媒体有关的输入/输出设备。目前MPC上的多媒体操作系统主要有微软公司的Windows9x/2000/ME/XP等。早期还有Commodore公司的Amiga操作系统、Philips和Sony公司的CD-RTOS(CD实时操

作系统)、Apple 公司在 Macintosh 上的 Quick Time 等。

目前,MPC 上最流行的多媒体操作系统是 Windows 2000/XP/2003 等系列产品。通常,这些操作系统分为桌面版和服务器版两大类。桌面版操作系统(如 Windows XP、Windows 2000 Professional 等)主要提供个人桌面的多媒体信息处理功能,同时也支持简单的网络多媒体功能。个人桌面的多媒体信息处理功能主要包括多媒体文件的存储与管理;图形用户界面(GUI);音频采集、压缩、各种媒体播放器;动态数据交换(DDE)、对象连接与嵌入(OLE)以及其他多媒体开发等。

服务器版操作系统(如 Windows 2000/2003 Advanced Server)除了有较强的桌面多媒体信息处理功能外,还提供了强有力的多媒体网络支持能力。例如,利用 Windows Media 服务,可将高质量的流式多媒体传送给 Internet 或 Intranet 上的用户,使用 Windows 服务质量(QoS),可控制如何为应用程序分配网络带宽。可给重要的应用程序分配较多的带宽,而给不太重要的应用程序分配较少的带宽。基于 QoS 的服务和协议为网络上的信息提供了有保证的、端对端的快速传送系统;对于多媒体应用程序或其他需要恒定带宽或有响应级别要求的应用程序,可以使用资源保留协议(RSVP),它可以使这些应用程序从网络上获得必需的服务质量,并允许管理这些应用程序对网络资源的影响。

多媒体操作系统的主要功能是实现多媒体环境下多任务的调度,保证音频、视频同步控制及信息处理的实时性;提供多媒体信息的各种基本操作和管理;具有对设备的相对独立性和可操作性。操作系统还应该具有独立于硬件设备和较强的可扩展能力。

③ 媒体素材制作软件。媒体素材制作软件(又称为多媒体数据准备软件及多媒体库函数),是为多媒体应用程序进行数据准备、数据采集的软件。主要包括数字化声音的录制和编辑软件、MIDI 信息的录制与编辑软件、全运动视频信息的采集软件、动画生成和编辑软件、图像扫描及预处理软件等。多媒体库函数作为开发环境的工具库,供设计者调用。设计者利用媒体素材制作软件提供的多媒体工作平台、接口和工具等进行各种媒体数据的采集和制作。常用的媒体素材制作软件有图像设计与编辑系统,二维、三维动画制作系统,声音采集与编辑系统,视频采集与编辑系统以及多媒体公用程序与数字剪辑艺术系统等。常用的媒体素材制作软件如表 6-1 所示。

表 6-1　常用媒体素材制作软件

类别	软件名称
图像处理软件	Ulead Photo Impact、Adobe Photoshop、CorelDRAW、AutoCAD 等
声音处理软件	GoldWave、COOL Edit、Ulead Audio Editor 等
视频处理软件	Adobe Premiere、Windows Movie Maker、Ulead Video Editor 等
动画处理软件	COOL 3D、Ulead Gif Animator、Flash、3ds Max 等

④ 多媒体创作工具及开发环境。多媒体创作工具及系统软件主要用于创作和编辑生成多媒体特定领域的应用软件,是多媒体专业设计人员在多媒体操作系统之上进行开发的软件工具,是针对各种媒体开发的创作、采集、编辑、二维、三维动画的制作工具。与一般编程工具不同的是,多媒体创作工具能够对声音、图形、图像、音频视频和动画等多种媒体信息流进行控制、管理和编辑,按用户要求生成多媒体应用软件。通常除编辑功能外,还具有

控制外设播放多媒体的功能。设计者可以利用这些开发工具和编辑系统来创作各种教育、娱乐、商业等应用的多媒体节目。

多媒体编辑与创作系统是多媒体应用系统编辑制作的环境,根据所用工具的类型,分为脚本语言及解释系统,基于图标导向的编辑系统,以及基于时间导向的编辑系统。功能强、易学易用、操作简便的创作系统和开发环境是多媒体技术广泛应用的关键所在。

多媒体开发环境有两种模式:一是以集成化平台为核心,辅助各种制作工具的工程化开发环境;二是以编程语言为核心,辅以各种工具和函数库的开发环境。

目前的多媒体创作工具有三种档次,高档适用于影视系统的专业编辑、动画制作和生成特技效果;中档用于培训、教育和娱乐节目制作;低档用于商业信息的简介、简报、家庭学习材料,电子手册等系统的制作。Author ware、Tool Book、Director 等都属于这类软件。

(2)多媒体应用软件。

多媒体应用软件是在多媒体系统软件创作平台的基础上设计开发出来的面向应用领域的软件系统,通常由应用领域的专家和多媒体开发人员共同协作、配合完成。开发人员利用开发平台、创作工具制作组织编排大量的多媒体素材,制作生成最终的多媒体应用系统,并在应用中测试、完善,最终成为多媒体产品。例如,各种多媒体教学系统、多媒体数据库、声像俱全的电子出版物、培训软件、消费性多媒体节目、动画片等,这些多媒体应用系统放到存储介质如光盘中,以光盘产品形式作为多媒体商品销售。

6.1.3 多媒体技术的发展历程

1. 多媒体技术的发展概况

国外对多媒体的研制始于20世纪80年代初期,最早率先推出的第一个多媒体个人计算机系统是 Amiga。它提供一个类似 Windows 的多任务 Amiga 操作系统,并以其令人惊叹的绘图功能、实时动画功能、一流的立体声音响、强有力的配套设备、丰富的应用软件而流行于欧洲市场。Philips 和 Sony 公司于1986年4月公布了基本 CD-I 系统,同时公布了 CD-ROM 文件格式,这就是以后的 ISO 标准。Intel 和 RCA 公司于1987年推出的数字视频交互 DVI 系统是全数字化多媒体技术的先进代表。DVI 技术具有丰富的软件支持,全世界有80多家厂商为其编制开发工具和各种应用软件,DVI 系统已被广泛用于训练和教育、导购和导游、信息工业、娱乐等领域。这些都是早期具有代表性的多媒体系统。

多媒体技术的发展基础。多媒体系统的出现及应用,使多媒体技术以其强大的生命力在计算机界形成一股势不可当的洪流,并迅速向产业界发展。可以说多媒体技术的发展是计算机技术发展的必然结果。多媒体技术之所以能迅速发展有两个主要原因:

多媒体使计算机适应了人们实际使用的需要。在计算机发展的初期,人们是用数值媒体承载信息,也就是用0和1两种符号表示信息。那时计算机的使用非常不便,只能局限在极少数计算机专业人员中使用。20世纪50年代出现了高级程序设计语言,可以用文字(如英文)作为信息的载体,进行输入与输出就直观、容易得多。计算机的应用也扩大到一般的科技人员,但还不能普及到更广泛的人员中。这是由于人们在日常生活中进行相互交往,所交换的信息媒体是多样化的,包括声音、文字、图形、图像等多种形式,处理多种媒体上的信息是获得和传递信息的客观需要。在以往的技术水平还不能满足这种需要时,人与计算机的对话是一个比较烦琐、生硬的过程。因此,从20世纪80年代开始,人们就致力于研究将声音、图形和图像作为新的信息媒体输入输出计算机,使计算机的应用更为直观、容易。

多媒体技术的发展进一步为人类实现自然的信息交互方式提供了条件,使得人们可摆脱那些单调枯燥的应用程序和设备,进入一个具有充分表现力,有声有色的多媒体应用世界。

计算机及其相关技术的高速发展为多媒体技术的发展奠定了基础。超大规模集成电路的密度和速度飞速提高,极大地提高了计算机系统的处理能力;各种专用芯片技术和并行处理技术的迅猛发展,为视频、音频信号的处理创造了条件;压缩/解压缩技术及各种压缩/解压缩芯片的发展为存储、传输视频和音频信号奠定了基础;作为多媒体信息主要存储载体的光盘在容量和速度上迅速地发展,成本大幅度下降;网络技术的不断更新也为多媒体信息远距离的传输创造了条件。因此,无论从计算机技术发展应用、还是从拓宽计算机处理信息的类型来看,利用多媒体技术是计算机技术发展的必然趋势,多媒体将成为21世纪计算机发展的主流。多媒体技术、计算机通信网络技术、面向对象的编程方法将构成新一代信息系统的三大支柱,三者的完美结合将为人类提供全新方式的计算机应用环境。从多媒体系统的发展来看主要有两大类:一是以计算机为基础的多媒体化。如一些大的计算机公司ffiM、Apple等,都推出各种多媒体产品,这一类可看成是计算机电视化,称之为计算机电视。二是在电视和声像技术基础之上的进一步计算机化。很多声像与电视等家电公司如Sony、Philips都开发了许多的这类产品。因此,多媒体发展的趋势是两者的结合,使计算机和家用电器互相渗透,多种功能结合逐步走向标准化、实用化。

多媒体技术的形成与发展过程。在计算机诞生之前人们已经掌握了单一媒体的利用技术,如文字印刷出版技术、电报电话通信、广播电视等。计算机诞生之后从只能识别二进制代码,逐步发展成能处理文本和简单的几何图形。到20世纪70年代中期,出现了广播、出版和计算机三者融合发展电子媒体的趋势,这为多媒体技术的快速形成创造了良好的条件。通常人们把1984年美国苹果(Apple)公司推出的Macintosh机作为计算机多媒体时代到来的标志。

多媒体技术的形成与发展过程可用如图6-3所示的三个网络的分别发展到逐步融合来表示。可以看出,多媒体技术是在大众传媒、通信和计算机技术协调发展和相互推进的过程中产生、形成和发展起来的。多媒体网络时代的到来,是在经历了三条不同的发展道路基础上,综合发展起来的。这三条不同的发展道路如下所述。

大众传媒的广播电视技术从以前的模拟技术发展到数字技术阶段/至今HDTV数字电视已进入应用阶段,正朝着交互式电视(ITV)的方向发展。广播电视业务经历了语言广播业务、无线和有线电视广播业务、视频点播VOD(或交互式电视ITV)业务的巨大转变。

通信领域的电信网络技术经历了由模拟的电报、电话网向数字网络、综合业务数字网(ISDN)、光纤宽带网的发展,以及经历无线数传、移动电话及可视电话的深刻变革。

计算机网络(特别是基于宽带IP的计算机通信网络),是在多种通信网如电话交换网、以太网、FDDI、分组交换网、ISDN网等得以广泛应用的同时,迅速发展为覆盖全球的因特网。多媒体通信网络解决了不同媒体信息传输的实时性和同步性,经历了由一般意义的数据通信朝着多媒体数据通信的宽带多媒体网络方向发展的过程。在多媒体技术发展过程中出现了很多有代表性的思想和系统,进一步推动了多媒体技术走向成熟。

1978年,美国麻省理工学院的“构造机器小组”有感于广播、出版和计算机三者融合成为电子传播的新趋势,对人机界面进行研究,提出了计算机界面“所见即所得”的基本观念,同时也对人类的认知行为和感觉的相互作用进行深入探讨,并以认知科学来开发电子媒体的新科技。同年,日本制造出世界上第一台能识别连续语音的商业声音识别系统DP-100,

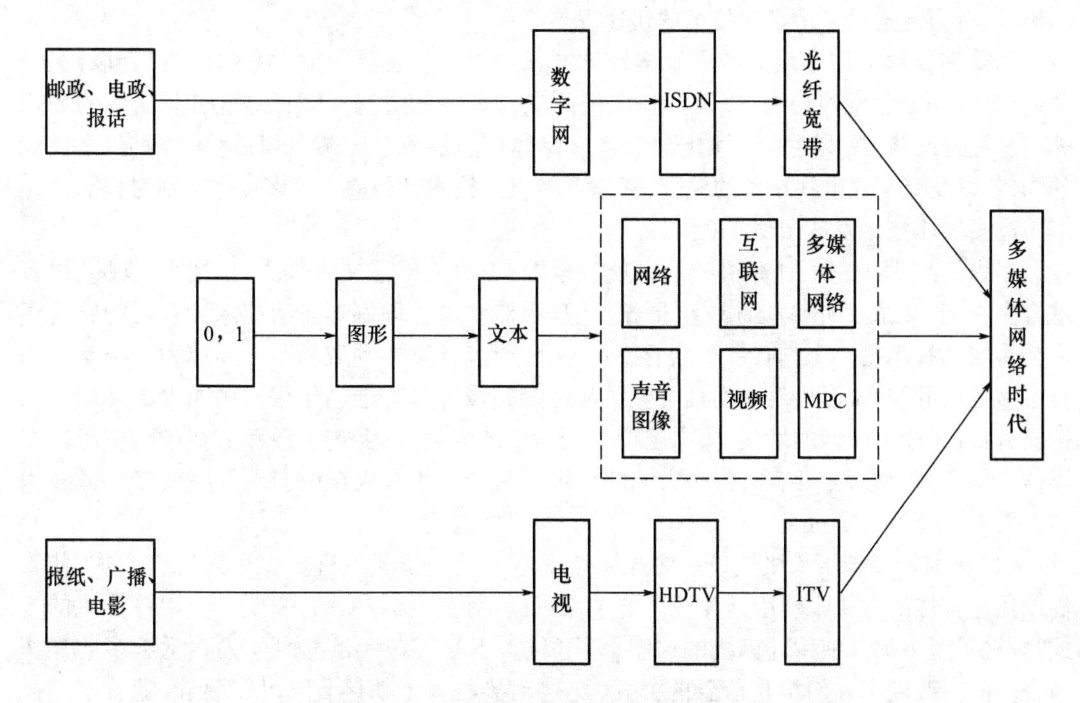

图6-3 多媒体技术的形成与发展过程

成功地替代了通常的输入装置(如键盘、打字机、电码转换等)，开辟了计算机信息输入的新途径。

1981年美国马里兰大学研制成的EMOB机，用于进行模式识别、图像处理、并行计算等研究。后来，又开发了工作站级的二维、三维图像处理硬件和软件，同时在动画制作方面，也推出了相应的软件。

1984年，苹果(Apple)公司率先推出的Macintosh机引入位图(Bitmap)的概念来对图形进行处理，并使用了窗口图形符号(Icon)作为用户接口，这是当前普遍应用的Windows系列操作系统的雏形。Macintosh机标志着计算机多媒体时代的到来。

1986年3月，飞利浦公司与索尼公司联合推出了交互式紧凑光盘系统CD-I(Compact Disc Interactive)。该系统把各种多媒体信息以数字化的形式存放在容量为650MB的只读光盘上，用户可通过读光盘的内容进行播放。

1987年3月，RCA公司推出了交互式数字视频系统(DVI)，以计算机技术为基础，用标准光盘片来存储和检索静止图像、活动图像、声音和其他数据。RCA公司后来将DVI技术转让给了Intel公司。1989年3月，Intel公司宣布将DVI技术开发成可以普及的商品，这就是后来基于IBM PC的DVI系统，包括DVI视频卡、DVI音频卡、DVI多功能卡、CD-ROM驱动器、音响等。DVI系统就是后来MPC的雏形。

在多媒体计算机技术发展的同时，光存储技术等也在不断发展，大容量CD-ROM和DVD的出现，解决了多媒体信息的低成本存储问题。

随着多媒体技术的发展，产生了相关技术标准化的需求。1990年11月由微软公司、飞利浦公司等14家厂商组成的多媒体市场协会应运而生，制定了MPC标准。与此同时，ISO和CCITT等国际标准化组织先后制定并颁布了JPEG、MPEG-1、G721、G727和G728等国际标准,有力地推动了多媒体技术的快速发展。

随着多媒体应用领域的扩展及多媒体技术的进一步发展,必将加快计算机互联网、公共通信网(包括移动通信网)以及广播电视网三网合一的进程,从而形成快速、高效的多媒体信息综合网络,提供更为人性化的综合多媒体信息服务。宽带多媒体综合网络、高性能的 MPC 以及交互式电视技术的融合,标志着多媒体技术已经进入了多媒体网络时代。

2. 多媒体技术发展的现实意义

多媒体技术拓宽了计算机的信息处理范围,不再局限于文本数据,把文字、视频、声音综合在一起,集成了计算机、电视、录像、光盘存储和电子印刷等多项技术。有关专家普遍认为多媒体技术是一个具有带动性的技术,它将引起计算机领域的下一场革命。由于它综合了多方面的技术成果,对人类社会生活和许多领域都具有推动作用。例如多媒体信息的传递,促进了通信网络的发展;为出版行业开辟了新的前景;促进了教育方式的变革等。多媒体与信息高速公路的结合,将对人们的思维方式产生极其深刻的影响。因此多媒体技术的发展具有以下现实意义。

(1)极大地改善了人机接口。多媒体技术极大地改善了人机接口和人机交方式,使人们以接近自然的方式来使用计算机。首先通过图形用户接口 GUI,改变了使用计算机的方式,减轻了过去那种使用计算机的许多额外负担,不必再花大量的时间去熟悉繁多的操作命令。同时改变了人们接收信息的方式,变被动接收为主动接收。可以预计,随着多媒体技术的发展,不远的将来,多媒体将给计算机领域特别是桌面办公系统带来新的活力。多媒体将是计算机上最普及的人机接口,多媒体用户接口 MMUI 将会取代图形用户接口 GUI,并得到广泛应用。它不但为人们提供了方便使用的途径,比较友好的交互式界面,而且还为人们提供了充分发挥创造力的环境。人们可利用计算机能交互、综合处理多媒体信息的能力,充分发挥想象力,去做各种各样的事情,诸如信息服务、文艺创作、生产、办公管理等。

(2)达到视听一体化。多媒体技术将文字、图像、声音集于一体,达到视听一体化,全面拓宽了计算机的应用领域,丰富了人们通过计算机所接触的信息量,增强了人们对信息的感受和领悟。多媒体的各种媒体信息的组合文档输出,具有极其丰富的表现力,真正做到"所见即所得"。对人类社会生活的各个方面尤其是教育、艺术、娱乐、培训、通信、出版和科学计算等产生了极大的影响。今后信息社会的发展与进步,已经离不开多媒体技术。

(3)实现多媒体信息的实时处理。多媒体利用数据压缩技术、大容量的光盘存储技术、高速宽带网络技术,可以实现多种媒体信息的实时传送和处理,满足各种部门办公文档的需要,从而有可能实现办公自动化的无纸世界。在计算机的使用方法上,多媒体技术提供了方便使用计算机的途径,给用户提供了更多的参与感和发挥自己创造力的环境。

(4)实现远距离面对面交流。多媒体技术有力地促进了计算机辅助教育(CBE)和计算机辅助教学(CAI)的发展,丰富和推动了桌上出版与显示系统的实际应用。特别是多媒体会议系统的出现,使得相距很远的人们,能以类似面对面的方式进行交流,消除了地域上的障碍,大大提高了工作效率。

(5)拓宽了计算机的应用领域。多媒体技术与数据库技术、通信技术、专家系统和信息处理系统结合可开发出更好的具有一定智能的决策支持系统,使计算机辅助决策表现得更为形象直观,同时也开拓提高了决策思维的角度。在计算机的应用领域上,多媒体技术表现信息的生动性和完整性,已经把计算机的应用从人们的工作领域拓宽到了生活领域,使计算机更加深入地改变人们的生活、娱乐、交往、工作等各个方面。

(6)促进计算机技术快速发展。多媒体技术对计算机体系结构也将产生深远影响。多媒体技术的发展要求各种更高层次的技术手段,如大容量存储器、数据的实时压缩与解压缩、宽带传输网络、实时多任务操作系统等,这些都大大优越于传统计算机体系。多媒体技术的发展已经大大加快了它们的进程,促使计算机体系结构走上新台阶。

3. 多媒体技术的发展趋势

未来的多媒体技术发展趋势将是实现三电合一和三网合一。三电合一是指将电信、电脑、电器通过多媒体数字化技术,相互渗透融合,如信息家电、移动办公等。三网合一是将计算机互联网(因特网)、公共通信网(电信网、移动通信网)、广播电视网(有线电视网)合为一体,形成快速、高效的多媒体信息综合网络,提供更为人性化的综合多媒体信息服务。

事实上,电信网、计算机网和有线电视网三网在长期共存的发展过程中已经不断地融合,在这三个网络中,支持多媒体业务一般均采用宽带网络技术,既有计算机信息处理的组成部分,又有通信网传输的组成部分。其中,基于异步传输模式(ATM)的宽带综合业务数字网(B－ISDN)与基于宽带IP网的计算机网络的结合将成为未来发展的主流。人们长期以来梦寐以求的直观获取多媒体信k的理想,将随着宽带网络技术及其“三网合一”的发展而得以实现。“三网合一”是未来的多媒体通信网的发展方向。多媒体技术发展趋势将融合如图6－4中所示的各种应用技术。

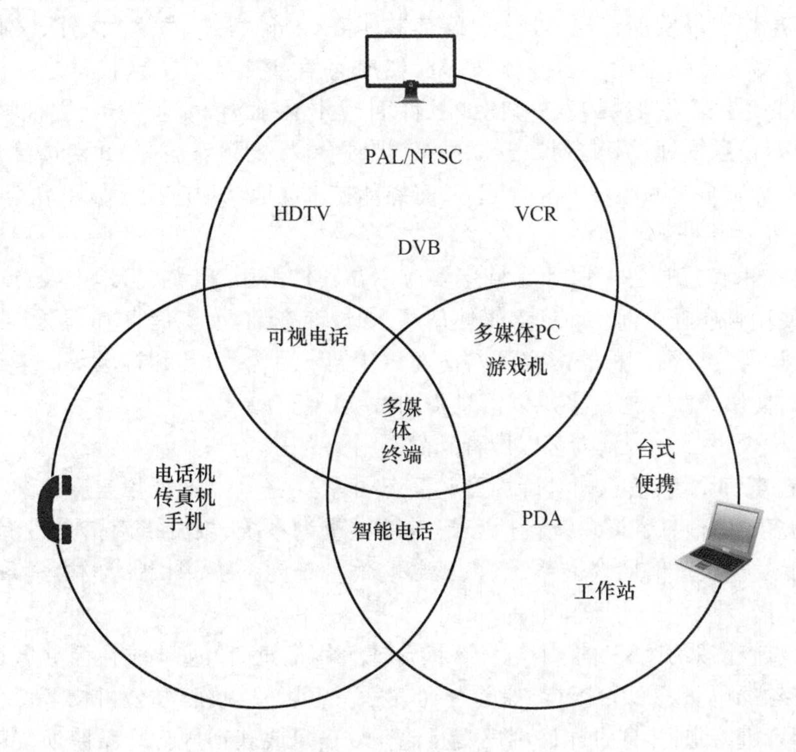

图6－4　多媒体技术的发展趋势

未来的通信将是在位于不同地理位置的参与者之间召开的一种会议或者进行的交流,通过局域网(LAN)、广域网(WAN)、内联网(Intranet)、因特网(Internet)或者电话网来传输压缩的数字图像和声音信号,人们可以进行像电视那样的多目标广播、录像机那样的流式播放;可以开电话会议、电视会议;可以打IP电话、可视电话;可以进行声音点播、视频点播

(VOD);可以协同工作(CSCW)及协作学习(CSCL)等。在基于网络服务器的多媒体应用中,服务器系统可能要支持许多不同的功能,就像是通过网络访问到的信息(如视频帧或多媒体文档)的储存仓库,加入某些系统之后就可提供远程交互能力。例如,加入多媒体文档的查找就可构成多媒体教育系统;加入远程购物或订票系统就可构成日常生活服务系统;加入视频游戏或点播视频就可构成多媒体娱乐系统。

6.1.4 多媒体技术的应用

多媒体技术是20世纪90年代计算机领域的又一场革命。随着多媒体技术的高速发展,计算机的信息处理在规范化和标准化的基础上更加多样化和人性化,处理信息的种类更加丰富,更加接近自然,极大地缩短了人与人之间、人与计算机之间的距离,越来越充分显示了它的应用特点。它为计算机应用开拓了更广阔的领域,不仅涉及计算机的各应用领域,也涉及消费性电子产品(小家电、电子游戏、交互光盘等)、通信、传播、出版、文化娱乐、商业广告及购物、各种设计等领域,并进入人们的家庭生活和娱乐中。多媒体系统可以处理的信息种类和数量越来越多,使当今的信息社会更加多姿多彩,应用范围也越来越广泛。

多媒体技术涉及领域广、技术层次高,特别是多媒体技术与网络通信技术的结合,使远距离多媒体应用得以发展,也加速了多媒体技术在经济、科技、教育、医疗、文化、传媒、通信、娱乐等领域的广泛应用。多媒体技术已经成为信息社会的主导技术之一。多媒体技术:的应用带动了相关领域的发展,比如教育培训、休闲旅游、商业广告、影视娱乐、电子出版、过程模拟、信息管理、军事模拟、互联网络、视频会议、视频点播等,并渗透到日常生活的各个领域,发挥着重要的作用。综合起来,多媒体技术已成功地应用于以下几个主要领域。

1. 信息咨询服务领域

多媒体技术在信息咨询服务领域主要应用在宾馆饭店、旅游、房地产及产品展示等行业,主要是使用触摸屏查询相应的多媒体信息,如饭店查询、展览信息查询、图书情报查询、导购信息查询等。查询信息的内容可以是文字、图形、固像、声音和视频等。查询系统信息存储量较大,使用非常方便。多媒体信息咨询系统目前有两类:

(1)静态咨询系统:信息内容以声音和静态图像为主。

(2)动态咨询系统:信息内容除声音和静态图像外,还有动态视频信息。

常见的多媒体信息咨询系统包括宾馆(饭店)查询系统、旅游指南信息咨询系统、房地产交易咨询系统、展览信息查询系统、市场导购信息查询系统、图书情报检索系统、证券交易咨询系统等。

公用信息查询系统(又称公用信息查询台或公用信息台)通常放在公共区域,例如,机场、火车站、轮船码头、商场、银行、保险公司、医院、电影院、政府办公机构等。公用信息查询系统由计算机控制,计算机允许用户交互地获取信息或获得服务。系统所提供的信息服务包括:带有终点地图、到达及离开时间、候机(候车)门号的飞机场(或火车站)公用信息台;带有将要举办展览的预览信息和时间表的博物馆展览公用信息台;带有银行产出信息和计划储蓄的工作表的银行公用信息台;带有电影的时间和地方信息、电影中的某些片段和电影花边新闻的电影院公用信息台;带有推荐产品、特别价格和货物清单信息的零售店公用信息台;带有按价格、位置、学校、图书馆、附近的商店的信息或物体的图像和视频分类的房地产公用信息台等。

2. 教育培训服务领域

教育和培训是多媒体应用的一个主要领域,包括集图、文、声、像于一体的培训环境、多媒体教学网络系统、远程多媒体教育系统等。

(1)多媒体计算机辅助教学(CAI)。CAI 在教育上给人类开拓了一个崭新的领域,已经在教育教学中得到广泛的应用,极大地改善了单一文字教学的局面,做到了声、文、图并茂。多媒体 CAI 教学软件可通过视觉、听觉,甚至触觉、味觉等多种方式对用户的感官进行刺激,其效果是任何一种单一的途径所无法比拟的。多媒体 CAI 教学软件画面逼真、色彩鲜艳、字体清晰,具有变远为近、变大为小、变虚为实、化静为动等功能,能多层次、多角度地呈现教学内容,创造立体的教学空间,使深奥抽象的教学理论具体化、形象化。

人们通过计算机屏幕呈现的多媒体教材,可以看到有趣的动画、赏心悦目的视觉背景,听到高质量的声响、音乐,增强了学习兴趣,加深了对所学知识的理解和消化,提高了学习效果。同时多媒体教材具有很强的交互性,文、图、声、像并茂,学生不仅能眼见其形,耳闻其声,而且手脑并用,双向交互,能调动多种感官共同参与认识活动。与其他教学手段相比,在同一时间内,一方面教师能将抽象的概念表达得更加准确、清楚、透彻,缩短了讲授时间;另一方面使学生增加了所接受的信息量,增强了记忆的效果。因此多媒体教学以其形象性、直观性和交互式的教育方式,对促进教学思想和教学内容的改革,实现学习的多元化、主体化和社会化,全面提高教学质量和教学效率有重大意义。

多媒体 CAI 有效地支持了个别化的教学模式,能够以多种方式向学生提供学习材料,包括抽象的教学内容、动态的变化过程、多次的重复等。能在有限的时间内快速展现和处理教学信息,拓展教学信息的来源,扩大教学容量。促进了学生的自主学习活动,使学生从被动接受知识转变为自主选择教学信息。根据自己的学习情况,调整学习的速度,针对不同的信息,采用相应的学习方法,克服传统教育在空间、时间和教育环境等方面的限制。学生可以利用多媒体计算机的交互功能,结合自己的学习基础和学习能力,自主选择学习的步调去完成学习任务,也可以根据自己的兴趣、爱好、知识水平自主地选择学习内容,完成学习、练习、复习、测评等学习过程。帮助学生提高学习质量,并在这种新的教学模式中充分体现了以学生为主体的教学理念。

多媒体教育培训系统可用于各种不同层次的教学环境。适用于企事业单位的培训、学校教学、家庭学习等。

(2)多媒体网络教学。多媒体教学网络系统在教育培训领域中得到广泛应用,教学网络系统可以提供丰富的教学资源,优化教师的教学设计,更有利于个别化学习。多媒体教学网络系统在教学管理、教育培训、远程教育等方面都发挥着重要的作用。多媒体教学网络系统应用于教学中,突破了传统的教学模式,使学生在学习时间和学习地点上有了更多的自由选择的空间,越来越多地应用于各种培训教学、学校教学、个别化学习等教学和学习过程中。

校园网作为一种在学校中应用的局域网,它为学生的学习生活提供了多种服务,为学生提供了大量的学习资源;使学生之间的交流与合作更为便利;为教师的教学和科研提供服务,辅助教师备课,参与课堂教学活动;为学校的教学管理服务,如学生的学籍管理、人事管理等,成为学校与学校间相互交流的一种有效途径。

多媒体教学网络系统是当前应用于教育培训服务领域的一个重要方面。利用多媒体网 络进行教学,主要是基于多媒体的交互性强、情景真实等特点,可以分为集中教学和远程教学两种情况。多媒体技术使网上的信息变得生动有趣,更加贴近人们的现实生活。据资料统计,采用多媒体教学网络授课,不但比传统方式缩短40%的时间,同时可提高30%的综合学习效果。开展多媒体网络教学,可以充分发挥学生学习的主动性和参与意识,调动他们内在的学习需求,激发他们的内驱力,彻底改变过去那种死读书、读死书的沉闷气氛,破除“千校一色,万人一书,一种进度,一个标准”的旧机制。有利于学生独立性、创造性的发挥,有利于他们主体作用的发展,有利于素质教育的实施,从而促进教育思想、观念和教育模式、结构的转变,进而加快教育现代化的进程。多媒体教学网络的主要应用如下。

① 教师备课。多媒体教学网络系统的一大优势是教学资源共享。教师备课过程中从搜集 文、图、声、像媒体素材到制作多媒体教材,在网上的任一终端都可得到服务保障,网上的教学资源可供教师自由选取,为优化教学设计,提高备课效率提供了有利条件。利用网络信息双向传输的特点,教师制作的多媒体教材可随时存入多媒体教学信息库以供上课时调用。

② 课堂教学与课外辅导。利用设置在教室里的多媒体终端设备,教师可以通过网络把教学信息库的多媒体教材调到教室,进行多媒体课堂教学。在课外辅导中,教师可以将教学内容以文字、图形、视频或文件的形式传给学生,并能够即时地查阅、批改所有学生通过网络所提交的作业。

③ 小组教学和个别化教学。多媒体教学网络系统的教学过程与传统教学过程相比,更具有开放性和个别化特点,特别能体现“因材施教”的原则,为小组教学和个别化教学提供了很大的方便。多媒体教材的交互性在这些教学形式中起到了至关重要的作用。在多媒体教学网络环境下,既可以进行个别化教学,又可以进行协作型教学(即可以开展集体讨论和辩论),还可以将“个别化”和“协作型”二者结合起来形成了一种全新的教学模式。这种教学模式是完全按照个人的需要进行的,不论是教学内容、教学时间、教学方式,甚至是指导教师,都可以按照学习者自己的意愿或需要进行选择。

在小组教学中,多媒体终端机成了教学活动的中心,在学习过程中学生除了自己接受和处理信息外,还能与一起学习的其他学生利用网络进行信息交流。这种交流有助于学生对知识的理解和接受。在个别化教学中,学生利用多媒体终端机可在教室、学习室、电脑阅览室独立进行学习,学生可以按照自己的需要和兴趣从网上选择学习内容。这种教学形式最适合成人教育、继续教育、职业技术教育,成为现代化教学蓬勃发展的主流之一。

多媒体网络教学系统的应用,突破了传统的有围墙的教育模式,使学生摆脱了学校课堂的时间和地域限制。多媒体的集成性和交互性,网络上资源的共享,使网上学校成为现实,扩展了教学时空范围,使更多的人能有接受教育的机会,从而扩大了教学规模。另外,多媒体教学网络系统在模拟教学、环境仿真、虚拟现实、教学管理和远程教学等方面都将发挥重要的作用。

(3)以Internet为基础的远程教学。以Internet为基础的远程教学,使远隔千山万水的学生、教师能及时地交流信息、共享资源,突破时空的限制。学习者可以在教室、办公室或家里学习(通过网络终端设备),也可以在旅途中学习(通过便携式计算机)。

网络信息的高速传输使各种远程教学活动可以在瞬息之间完成,学习中所需要的教师、专家、资料和信息,都可能是远在天边而又近在眼前,不管学习者的社会地位如何、拥有的财富如何、所处的地理位置如何,都可以通过多媒体远程教学网络享受到一流的高质量的教育。由此可见,生动、形象化的多媒体教学应用将对人们的社会生活产生更深远的影响。每个学习者在学习过程中均可完成下列操作功能：

① 查询和访问分布在世界各地的多种信息源。

② 对选择出的信息进行加工和存储。

③ 和教师或其他学习者直接通信。

④ 把访问过或利用过的信息、资料存入某个工作文件。

⑤ 和教师或其他学习者共享或共同操纵某个软件或文档资料的内容。

多媒体远程教学具有以下特点：

① 教学不受时间、空间和地域的限制，通过计算机网络可扩展至全社会的每一个角落，乃至全世界，这是真正意义上的开放大学。

② 一个人既是学生又是教师，不仅在不同的教学过程中进行协作型教学可以身兼两职，就是在同一教学过程中也可以既是学生又是教师，这是真正意义上的师生平等。

③ 每个人都可在任意时间、任意地点通过网络自由地进行学习、工作或娱乐，工作和学习可在教学中融为一体，上班工作、下班学习的界限被打破，这是真正意义上的个性自由。

④ 每个人都可以通过IT网络向世界上最权威的专家当面请教，都可以得到每个学科的第一流老师的指导，都可以借阅世界上最著名图书馆的藏书甚至拷贝下来，都可以从世界上的任何地方获取最新的信息和资料，得到最好的辅导和教育，这是真正意义上的全民教育。

3.电子出版与声像编辑领域

电子出版是多媒体技术应用的一个重要方面。多媒体电子出版物是计算机多媒体技术 与文化、艺术、教育等多种学科完美结合的产物，它将是今后数年内影响最大的新一代信息技术之一。国家新闻出版广电总局将电子出版物定义为“电子出版物是指以数字代码方式将图、文、声、像等信息存储在磁、光、电介质上，通过计算机或类似设备阅读使用，并可复制发行的大众传播媒体”。该定义明确了电子出版物的重要特点。电子出版物与传统出版物除阅读方式不同外，更重要的特点是集成性和交互性，使用媒体种类多，表现力强，信息的检索和使用方式更加灵活方便，特别是对于容量很大而又要求查找迅速的文献资料等，使用和查找起来都很方便。信息的交互性不仅能向读者提供信息，而且能接受读者的反馈。这是纸质印刷品所不能比拟的。

电子出版物的内容可以是多种多样的，存储密度非常高，电子出版物中信息的录入、编辑、制作和复制都借助计算机完成，人们在获取信息的过程中需要对信息进行检索、选择。

电子出版系统是以CD－ROM光盘的形式出版大量的各类出版物。由于CD－ROM存储容量大，又能以声音、图像、文字的形式播放，对出版商具有巨大的吸引力而广泛应用在出版界。例如出版的电子杂志，电子报纸、电子图书、百科全书、地图集、信息咨询、简报等，使获取信息变得更加有声有色、多姿多彩。电子出版物的内容可分为电子图书、辞书手册、文档资料、报纸杂志、教育培训。娱乐游戏、宣传广告、信息咨询、简报等，许多作品是多种类型的混合。

电子出版物的出版形式有电子网络出版和单行电子书刊两大类。电子网络出版是以数据库和通信网络为基础的新出版形式，在计算机管理和控制下。向读者提供网络联机服务、传真出版。电子报刊、电子邮件、教学及影视等多种服务。而单行电子书刊载体有软磁盘（FD）、只读光盘（CD－ROM）、交互式光盘（CD－I）、图文光盘（CD－G）、照片光盘（Photo－CD）、集成电路卡（IC卡）和新闻出版者认定的其他载体。目前CD光盘以其容量大,成本低而占电子出版物的主导地位。

对于出版发行机构,由编辑、出版、发行、销售服务以及计算机生产厂商和软件开发商组成的世界性产、供、销网络已初步形成。在国外,期刊是否有多媒体光盘版已成为衡量期刊档次和水平的标志,由多媒体光盘全部或部分代替纸张出版物的占45%,这充分表明电子出版物越来越占据重要地位。可以看出,多媒体电子出版物的制作、发行、应用已远远超出传统出版业涉及的领域,需要有三大基础技术作支持:大规模集成电路技术、多媒体数据的压缩/解压缩技术和大信息量的存储技术。而其底层运行环境则是多媒体计算机系统。

由于多媒体电子出版物目前已成为畅销产品,不少公司投入制作发行,但随之引发盗版侵犯知识产权的严重问题。因此了解著作版权法的知识,树立保护知识产权的意识。尤其是出版物网络化、自动化、社会化后,保护版权更成为重要问题。

多媒体声像编辑包括用多媒体计算机制作电视节目、动画片、广告性电影、电视剧、声像艺术作品和CD多媒体节目等。多媒体声像编辑系统可以存储声像等多媒体信息,编辑、回放这些信息,重排其次序,增删其内容等,最后形成一个多媒体文档、报告或出版物。

专业的声像艺术作品包括影片剪接、文本编排、音响、画面等特殊效果的制作等。许多本来只有专业人员才能够设计的声像艺术品,现在通过多媒体系统使业余爱好者也有机会制作出接近专业水准的多媒体艺术来。而专业艺术家也可以通过多媒体系统的帮助增进其作品的品质,如MIDI的数字乐器合成接口可以让设计者利用音乐器材、键盘等合成音响输入,然后进行剪接、编辑、制作出许多特殊效果。电视工作者可以用多媒体系统制作电视节目,美术工作者可以制作卡通和动画的特殊效果。CD光盘多媒体节目(Title)通常使用多媒体创作平台制作,制作省时省力。制作的节目存储到VCD视频光盘上,以光盘方式出版发行。不仅便于保存,图像质量好,价格也为人们所接受。

多媒体技术在新闻技术中也得到了应用。新闻技术是指新闻的采集、处理传递、分布、出版等活动。其特点是迅速准确、安全可靠。多媒体技术与新闻技术的结合形成了多媒体新闻。它具有高品质,生动活泼,真实感强等特点。它较之电视新闻具有更高的新闻时效性,更好的画面质量,可选择性强,可重复性好。

4. 娱乐领域

随着多媒体技术的日益成熟,多媒体系统已大量进入娱乐领域。多媒体计算机游戏和网络游戏,不仅具有很强的交互性而且人物造型逼真、情节引人入胜,使人很容易进入游戏情景,如同身临其境一般。

运动模拟系统、虚拟现实游戏、大屏幕电影和游戏(基于交互式的声音视觉支持)都是在娱乐中应用多媒体技术的例子,它们比传统的TV或电影更能提供让人投入的娱乐感受。

目前多媒体系统已大量进入家庭,用于家庭学习和娱乐,还可组成"家庭影院"。在家电方面,多媒体产品作为娱乐性消费产品已被各阶层的用户所接受。多媒体娱乐系统包括卡拉OK、立体声音响、录像和放像系统、家庭应用系统等。

多媒体计算机游戏和网络游戏由于具有多种媒体感官刺激并使游戏者通过与计算机的交互或互动身临其境、进入角色,真正达到娱乐的效果,故大受欢迎。

多媒体技术给娱乐业带来了新的活力,它的造型立体感强,人物逼真,情节引人入胜,受到广大用户的欢迎。它改善了用户接口,应用于家庭和娱乐中心。此外,数字照相机、数字摄像机、数字摄影机和DVD光碟的投放市场,直至数字电视的到来,为人类的娱乐生活开创一个新的局面。

5. 办公自动化和管理信息系统领域

多媒体技术为办公管理增加了控制信息的能力和充分表达思想的机会,许多应用程序都是为提高工作人员的工作效率而设计的,从而产生了许多新型的办公室自动化系统。桌面出版可以说是多媒体在办公管理中发挥作用的重要方面,因为多媒体制作这些出版物既方便又便宜,不仅可节省许多时间与经费,而且可随心所欲地更改与修订、增减内容。桌面出版主要用于出版印制报表、布告、广告、宣传品、海报、市场图表、蓝图及商品图等出版物。

多媒体管理信息系统和综合办公系统目前应用非常广泛。传统的管理信息系统多数都是处理数据、文字信息。管理信息系统与多媒体技术相结合,除了可以处理上述信息外,还可以处理声音、视频、动画、图形、图像等信息。可大大地扩大管理信息系统的功能和应用领域,它的用户界面将会是多姿多彩的。如果用具有多媒体处理技术的人事档案管理系统,对所管理的人事档案的基本情况,就不再仅仅是姓名、性别、出生年月等,还有本人的照片、说话的声音等。这种最直接、最普通的声音信息将会给管理信息系统带来一场革命。多媒体管理系统对各种多媒体数据进行统一组织、管理与利用,与传统的 MIS 系统相比,是在普通数据上增加了图像、声音和视频数据类型,并提供一系列多媒体工具,如档案管理系统、名片管理系统、地理信息管理系统等。

在多媒体计算机综合办公系统和企业管理信息系统中由于采用了先进的数字影像和多媒体技术,把文件扫描仪、图文传真机、文件资料微缩系统等和通信网络等现代化办公设备综合管理起来,将构成全新的办公自动化系统,成为新的发展方向。

不难看出,多媒体技术在人类工作、学习、信息服务、娱乐及家庭生活,乃至艺术创作各领域中都表现出非凡的能力,并在不断开拓新的应用领域,多媒体技术与数据库通信技术、专家系统和知识信息处理相结合,能开发出具有智能的决策系统,有效地利用多媒体信息为决策服务。

6. 多媒体网络通信领域

计算机技术与数字通信技术的结合,使计算机网络迅速发展,在通信工程中的多媒体终端和多媒体通信也是多媒体技术的重要应用领域之一。随着数据通信的快速发展,局域网(LAN)、综合业务数字网(ISDN),以异步传输模式(ATM)技术为主的宽带综合业务数字网(B-ISDN)和以 IP 技术为主的宽带 IP 网,为实施多媒体网络通信奠定了技术基础。随着"信息高速公路"开通,网络 TV 或视频会议作为提高信息传输效率的重要手段而具有极大的发展前途。多媒体网络通信领域得到广泛应用,包括多媒体数据通信、电子邮政、电子金融、电子商务、可视电话、视频会议、远程教育、远程医疗、电视节目点播等。人们在网上可以方便地浏览各种信息资源、查阅各种信息资料、收发电子邮件、打 IP 电话、进行网上购物、网上办公、网上学习、娱乐、聊天交友等。使人们坐在家里就可通过多媒体通信网络知晓天下大事,足不出户就可漫游全世界。对人类生活、学习和工作将产生深刻影响。

在电子商务应用中,可以将有关的合同和各种单证按照一定的国际通用标准,通过互联网络进行传送,从而提高交易与合同执行的效率。通过网络,顾客能够浏览商家在网上展示的各种产品,并获得价格表、产品说明书等其他信息,据此可以订购自己喜爱的商品。电子商务能够大大缩短销售周期,提高销售人员的工作效率,改善客户服务,降低上市、销售、管理和发货的费用,形成新的优势条件,因此必将成为未来社会一种重要的销售手段。

在信息发布应用中,各公司、企业、学校、甚至政府部门都可以建立自己的信息网站,用大量的各种媒体资料详细地介绍本部门的历史、实力、成果、需求等信息,以进行自我展示并提供信息服务。另一方面,信息的发布并不是大的组织机构的特权,每一个人都可以建立自己的信息主页或网站。此外,网上众多的讨论区、BBS(Bulletin Board System)可以让任何人发布信息,实时交流讨论,为人类社会提供一个全新的交流方式。

在信息点播应用中,人们可以远距离点播所需信息,比如电子图书馆、多媒体数据库的检索与查询等。信息点播包括桌面多媒体通信系统和交互电视ITV,通过桌面多媒体信息系统。点播的信息可以是各种数据类型,其中包括立体图像和感官信息,用户可以按信息表现形式或信息内容进行检索,系统根据用户需要提供相应服务;而交互式电视和传统电视不同,用户在电视机前可对电视台节目库中的信息按需选取,主动与电视进行交互式获取信息。交互电视主要由网络传输、视频服务器和电视机机顶盒构成,用户通过遥控器进行简单的点按操作对机顶盒进行控制。交互式电视还可提供许多其他信息服务,如交互式教育、交互式游戏、数字多媒体图书、杂志、电视采购、电视电话等,将计算机网络与信息家庭生活、娱乐、商业导购等多项应用密切地结合在一起。

计算机协同工作CSCW是指在计算机支持的环境中,一个群体协同工作以完成一项共同的任务,其应用相当广泛,从工业产品的协同设计制造,到医疗上的远程会诊;从科学研究应用,即不同地域位置的同行们共同探讨、学术交流,到师生进行协同式学习。在协同学习环境中,老师与同学之间、学生与学生之间可在共享的窗口中同步讨论,修改同一多媒体文档,还可利用信箱进行异步修改、浏览等。此外还有应用在办公室自动化中的桌面电视会议可实现异地的人们一起进行协同讨论和决策。

在多媒体网络通信领域,多媒体计算机+电视+网络将形成一个极大的多媒体通信环境。它不仅改变了信息传递的面貌,带来通信技术的大变革,而且计算机的交互性、通信的分布性和多媒体的现实性相结合,将构成继电报、电话、传真之后的第四代通信手段,向社会提供全新的信息服务。

7. Internet

Internet是世界上覆盖面最广、规模最大、信息资源最丰富的计算机信息网络,它在当今世界各国推行的NII(国家信息基础设施)和GII(全球信息基础设施)计划中扮演着极其重要的角色。各个研究领域的科学家、学者、教授们已离不开Internet这个必备的工作环境,他们不仅用电子邮件等手段进行个人通信,而且利用Internet举办、组织国际会议,进行学术交流和科技合作,获得最新的学术信息。例如地震学家获得地震数据,大气物理学家获得最新大气资料,天文学家获得彗星与木星撞击的数据,医学卫生界通过Internet获得最新的医学成果信息和治疗方案。随着Internet用户群的不断增加,也不再局限于科教界,政府机关、企业、商业等部门也进入Internet。不仅获取各种信息,而且利用网络改变传统的工作方式和经营方式,在Internet上刊登Home Page,放在国内外的Web服务器上。用户可以在各个Web服务器的Home Page上浏览各种信息。例如,电子报刊、电子商情、购物信息、旅游景点介绍、航班时刻表、金融信息、房地产信息、企业信息等。Internet和多媒体技术结合,产生了众多的多媒体应用。

(1)网络多媒体数据库。作为支撑环境的多媒体数据库,可应用于需要处理多媒体数据的各个应用领域。多媒体数据库用于档案管理及图书检索等信息管理系统中,能使人们很方便地查询到声、图、文、像俱全的各种资料;用于教育训练,可使坐在计算机旁的学生随时得到教师的指导;用于办公室自动化,可使枯燥的信息变得活泼;多媒体数据库在计算机支持协同工作(CSCW)环境和视频会议中也充当重要角色。网络多媒体数据库应用的实例如下。

① The Peirce Telecomxmmity Project：由 Brown 大学设计的系统，将美国哲学家 Peirce 的作品（包括文本与图像材料）建成的多媒体数据库，且开发了网络查询工具，在 Internet 上可为广大用户提供服务。

② Archi Go Pher 是 Michigan 大学建筑学院的一个信息服务器，提供建筑学方面的多媒体信息。它的主要媒体类型是图像，图像文件以 TIFF 和 GIF 格式存放，其中包括 Kandinsky 绘画图例、CAD 模型、3D 图像资料等。

③The Bristol Biomedical Videodisk：系统收集了 24 000 多幅有关医药学、兽医学及牙科方面的静止图像。有关这些图像的文本信息可通过关键字、数字及其他数据类型来检索，也可通过这几种数据类型的组合来检索。

（2）网络上的电子出版物。在 Internet 上发行的出版物包含图像、表格数据、视频、声音等非文本数据。可以有四种结构形式：第一种是传统的目录结构，如“杂志/卷/期/文章”；第二种是关键字搜索型；第三种是浏览型；第四种（也是最重要的一种）是交互式的阅读工具，这种交互式阅读工具可以使用户通过当前阅读的文章中的超链接去参阅其他文章或资料。同一出版物可以有多种结构形式，例如具有超媒体性质的文章支持交互式阅读，同时也可以支持浏览及关键字搜索。书籍、会议论文集和报纸可以是交互式的多媒体文档，这些文档可以发布到家庭，用户可以打印或通过某台计算机上的软件进行导航阅读，用户也可以访问报纸、杂志、书籍等媒体的电子版本。

（3）通用多媒体信息服务及公用信息查询系统。通用多媒体信息服务的一些典型范例如下。

① 在线文献。许多操作手册等文献若配上图像、声音信息后将更加易懂，在 Internet 上可以对在线文献及时更新。

② 校园信息网 CWIS。利用多媒体数据可以加强这种系统，例如含有校园地图的图像等。

③ 商业信息。例如利用网络上的多媒体数据制作广告等。

④ 消费系统。例如旅游信息系统、商品导购系统、房地产信息系统、租赁信息咨询系统等。

视频和声音的高质量传送集成到桌面计算环境，使得实现多媒体公用信息查询系统变得非常方便。公用信息查询系统的例子有：提供飞机/音乐等票的预订和购买；根据楼层图交互式选座位的售票器；支持人身保险，资金传送和投资跟踪的银行柜员；支持在线的学生与课程交互和立即反馈/复习（学习工具）的教育系统；支持文档草案的团体写作，动态工作分配和状态报告的协同工作系统。对公用信息查询系统的进一步要求是响应时间必须短。

基于 Web 技术的多媒体查询系统彻底改变了 Internet 浏览器只能用来查询、检索 信息的状况，为 Internet 的应用开辟了新的广阔前景。其突出特点是具有动画功能，可向用户提供超文本格式的图形、图像、语音、动画与卡通等多种媒体信息，能把静态文档变成可动态执行的代码。Web 服务器存储着由超媒体标识语言 HTML 编写的超媒体（Hypermedia）信息，称为网页。Web 浏览器（Browser）通过统一资源定位器（URL）对 Web 服务器及其存储的网页进行寻址，通过超文本传输协议（HTTP）访问超媒体信息。基于 Web 技术的多媒体查询系统，用于供客户查询影像信息（录像带、CD、VCD、DVD）。系统用超文本方式提供文字、图像、视频数据、音频数据、表格和虚拟现实三维场景（VRML）等多媒体信息，基于 Web

技术的多媒体查询系统广泛应用于各行各业。

(4)远程购物。多媒体远程购物使用户能在家里购物。例如,家庭安装 PC 机和远程信息服务(获取服务)设施后,就可以浏览以多媒体形式提供的商品目录。这种服务允许用户从目录中搜索不同的产品,产品可以用视频和声音来表示或者是带有静态图像的文字,并且产品也可以通过电子方式进行订购。远程购物应用的例子有:在家里订购货物和各类门票(剧院、电影院、音乐会、展览、旅游等)。

(5)分布式多媒体会议系统。分布式多媒体会议系统(视频会议系统)作为多媒体通信的一个重要部分,也随着信息高速公路的建设而迅速地发展。它通过网络技术和多媒体技术的支持,为身在异地的人们提供了一个相互讨论问题、并进而协同工作的环境。视频会议系统,并非只能用于开会,还可以用于讨论各种问题。例如对病人疑难病症的会诊和确诊,使用这样的系统就不必像传统的那样把医生请来坐在一起,医生可以各在自己的工作单位或家里,坐在多媒体计算机前参加讨论。参与讨论的人们虽然身在异地,却有“面对面交谈”的效果。在这样的系统中,每台计算机配有键盘、鼠标、麦克风、扬声器,高分辨率显示器,摄像机等。每台机器的显示屏幕上可以看见正在发言者的相貌,听见发言者的声音。在每一个显示屏幕上还有一个共享区域,该区域是每个参加讨论的人都可以看见的。交谈中涉及的物体或事务都可以显示在这个区域。例如病人的化验单、X 光照片等。

多媒体网络技术将随着信息社会的不断深化而得到发展,“多媒体” +“网络”将改变人类的生活方式。

6.2 多媒体计算机系统中的信息表示

6.2.1 声音

1. 声音的概念

声音是多媒体信息的一个重要组成部分,其实质是一种依靠介质来传播的振动波。语音、音乐和自然声都是声音的主要形式。表示声音性质的基本因素中“音调”“音强”和“音色”被称为声音的三要素。

(1)音调。音调的高低主要是由声音频率的高低决定的,频率越局则音调越高,反之则音调越低。改变声音的音调,声音会发生质的变化。

(2)音强。音强就是声音的大小,与声音的振幅成正比,振幅越大,强度越大,通常使用分贝(dB)为单位来表示。

(3)音色。音色又叫音质,就是声音的特色。音色的不同使得声音有所不同。

2. 数字化声音

根据声音信号在时间轴上是否连续,可分为模拟音频信号和数字音频信号。模拟音频信号的录制是将代表声音波形的连续的模拟电信号转换到适当的媒体(磁带、唱片等)上,播放时将记录在媒体上的连续的模拟数据信息还原成声波。但是在计算机内,所有的信息均以离散的 0 和 1 表示,因此音频信号要进入计算机必须进行数字化,把模拟的音频信号转换成数字音频信号,经过数字化处理后的数字音频信号能在计算机内进行存储、编辑等处理。数字音频以音质优秀、传播无损耗、可进行多种编辑和转换而成为主流,并且应用于各个方面。

(1)音频信号的数字化过程。音频信号的数字化过程如图6-5所示。

图6-5 音频信号的数字化过程

① 采样:每隔一定的时间间隔抽取一次当前连续的音频信号波形的幅度值。

② 量化:采样后得到的样本其数值仍然是模拟量,需将其转换为二进制数值表示。

③ 编码:将离散的二进制数字序列以编码的方式记录在计算机内。

(2)影响数字化音频信号质量的三个主要因素。

① 采样频率。采样频率就是指每秒钟抽取声音信号波形幅度值的次数,计量单位为kHz。采样频率越高,声音的保真度越好,存储音频的数据量越大。采样频率必须大于或者等于原始信号最高频率的2倍,才能保证原始音频信号不丢失。常用采样频率有11.025 kHz、22.050 kHz和44.1 kHz三个标准等级。

② 量化位数。量化过程把每一个样本值从模拟量转换成为用n个二进制数来表示的数字量,n即为量化位数。量化位数越高,数字化后的音频信号越接近原始信号,存储空间也越大。目前音频量化位数主要有8位、16位和32位。

③ 声道数。声道数是指产生的声音波形数。一般可分为单声道和双声道两种。单声道就是采集时只产生一组声波数据;双声道则是同时产生两组声波数据,一条是左声道,一条是右声道。双声道音质、音色好,能够产生逼真的听觉效果,存储空间是单声道的两倍。

3. 数字音频文件格式

数字音频文件格式是数字音频在磁盘文件中的存放格式,常用的数字音频格式有:

(1)WAV格式。扩展名为.wav,是Microsoft公司和IBM公司开发的。声音还原性好、处理速度相对较快、通用性强,几乎所有的音频编辑软件都可支持这种文件格式,但需要较大的音频存储空间。

(2)MP3格式。扩展名为.mp3,是由位于德国埃尔朗根的研究组织Fraunhofer - Gesellschaft的一组工程师发明和标准化的。文件存储容量小,音质可基本保持不失真,有广泛的用户端软件支持,也有很多的硬件支持比如便携式媒体播放器(MP3播放器)等。

(3)RealMedia格式。扩展名为.ra、.rma,是Real Networks公司开发的一种新型流媒体音频文件格式。适用于网络音频流的实时传输。

(4)Windows Media格式。扩展名为.wma、.asf,是Microsoft公司开发的。在压缩比和音质方面都超过了MP3,适合于网络流媒体及行动装置。

(5)Audio Interchange File格式。扩展名为.aif、.affi,是Apple公司开发的一种声音文件格式,被Macintosh平台及其应用程序所支持。可通过增加驱动程序而支持各种各样的编码技术。

(6)AU格式。扩展名为.au,是Sun微系统公司推出的一种经过压缩的数字声音格式,是Unix和Java平台下的标准文件格式。

(7)CD - DA。CD - DA(精密光盘数字音频)是Philips和Sony公司结盟联合开发的,它的数字化音频效果完全能够再现原始的声效。

4. 音频处理的主要内容

以Audio Editor为例,音频处理的主要内容如下。

(1)放大、缩减、丢噪。音频处理的一个内容是对数字音频的播放效果进行处理。例如,所合并的不同音频片段的音量大小可能不一致,还有可能存在录制噪声等,可通过 Effect 菜单中的 Amplify 和 Remove Noise 等命令来进行处理。

(2)渐变效果处理。淡入、淡出是数字音频处理最常见的效果,它是通过音量的逐渐增强和逐渐减小来实现的。Audio Editor 中给出了淡入(Fade - in)、淡出(Fade - out)、淡入再淡出(Fade - in/Fade - out)和用户自定义(User Defined)四种选择。无论哪种选择,都可通过 Linear (线性)、Exponential(指数)、Logarithmic(对数)三种渐变方式,来反映渐变幅度与时间的关系。当需要对某段音频添加渐变效果时,可首先选定这段音频,然后选择 Effect 菜单中的 Fade 命令,选择(淡入、淡出)或自定义一种渐变效果,同时选择、调整渐变关系,即可得到满意的渐变效果。

(3)声音格式转换。声音格式转换是指在编辑过程中,对音频采样参数的改变。Audio Editor 中提供了这种改变声音采样参数的功能。当需要时可以选择 Edit 菜单中的 Convert To 命令,通过在"Convert To"对话框中选择合适的参数来实现声音格式的改变。

(4)合并与混合处理。在 Audio Editor 的 Edit 菜单中,提供了 Merge(合并)与 Mix(混合)功能。所谓合并是指将不同的单声道信息合并成时间上重叠的多声道音频,最后可用一个多声道文件进行保存。需要强调的是,合并的对象必须是两个单声道的音频文件,图中编辑区的左边是两个打开的单声道文件,右边是 Merge 功能对话框,可选择的一个文件合并所用的声道(R 或 L 声道)。

(5)其他效果处理。在 Audio Editor 中,还提供了一些效果处理功能,例如 Reverse(皮向)、Invert(倒转波形)、Speed(调整音频播放速度)、Echo(回声效果)以及 DirectX Audio 和 Audio Effect DMO 等。其中,DirectX Audio 包含了一组由 Sony 和 Cakewalk 提供的约 40 多种不同效果,而 Audio Effect DMO 则包含了微软提供的九种效果。

6.2.2 图像

视觉是人类主要的信息来源,有统计数据显示人类 80% 以上的信息是通过视觉来获取的。计算机是数字化的工具,但计算机也可以通过数字再现现实世界的五彩缤纷。图形、图像是人类最容易接收的信息媒体。

1. 位图与矢量图

人的肉眼能识别的自然景观或图像是一种模拟信号,为了使电脑能够记录、处理图像和图形,必须首先使这些景观或图像数字化。电脑中的数字化的图形和图像一般有两个来源:一种是通过电脑的绘图软件创作并在电脑上绘制出来的;另一种是通过扫描仪、数码相机等输入设备将照片、印刷品、图画作品数字化后输入电脑,并通过一些电脑软件的特殊处理加工而成的。为了表示出它们之间的区别,前者称为图形(graphic),而后者叫图像(image)。

(1)位图。位图(又称像素图或点阵图像)是由许多小栅格(即像素)组成的,处理位图时,实际上是编辑像素而不是图像本身。因此,在表现图像中的阴影和色彩的细微变化方面或者进行一些特殊效果处理时,位图是最佳的选择,这是矢量图无法比拟的。

(2)矢量图。矢量图是用一组数学指令来描述图像的内容,这些指令定义了构成图像的所有直线、曲线等要素的形状、位置等信息。使用矢量图的最大好处是任意缩放图像和以任意分辨率的设备输出图像时,都不会影响图像的品质,也就是说,矢量图的质量不受分辨率高低的影响。

(3)位图与矢量图的比较。从存储空间上看,由于在电脑中矢量图形与位图图像的记录存储方式的不同,所以矢量图形需要的空间要远比位图图像小。

从显示速度上看,尽管位图图像在存储和显示时占用的磁盘空间相对较大,但这种图像电脑处理起来比较容易,所以显示速度相对较快。

从图像来源上看,位图图像有广泛的图像资源,比如从网络上下载、用扫描仪扫描、由数码照相机拍摄、从众多的位图图像素材软盘或光盘上浏览复制等,同时位图图像还有众多的软件支持,用于位图的图像格式有很多。而矢量图形的来源相对比较少,不同矢量软件之间的图像互通性较差。

从输出效果上看,位图图像的明暗和色彩层次相对要丰满一些。

处理矢量图形和位图图像是运用电脑进行图形和图像处理的两个方面,也是不可分割的两个组成部分。操作时,有些利用矢量图形来处理方便些,有些用位图图像处理更方便些。

随着计算机技术的发展和图形、图像技术的成熟,图形、图像的内涵日益接近,以至于在某些情况下图形、图像两者已融合得无法区分。利用真实感图形绘制技术可以将图形数据变成图像;利用模式识别技术可以从图像数据中提取几何数据,把图像转换成图形。

2. 图像的基本属性

(1)分辨率。我们经常遇到的分辨率有三种:显示分辨率、图像分辨率、扫描分辨率与打印分辨率。

① 显示分辨率。指显示屏上能够显示出的像素数目。例如,显示分辨率为 640 × 480 表示显示屏分成 480 行,每行显示 640 个像素,整个显示屏就含有 307 200 个显像点。屏幕能够显示的像素越多,说明显示设备的分辨率越高,显示的图像质量也就越高。

②图像分辨率。是指组成一幅图像的像素密度的度量方法。图像分辨率的单位是 ppi (pixels per inch),即每英寸所包含的像素数量。如果图像分辨率是 72ppi,就是在每英寸长度内包含 72 个像素。图像分辨率越高,意味着每英寸所包含的像素越多,图像就有越多的细节,颜色过渡就越平滑。

图像分辨率与显示分辨率是两个不同的概念。图像分辨率是确定组成一幅图像的像素数目,而显示分辨率是确定显示图像的区域大小。如果显示屏的分辨率为 640 × 480,那么一幅 320 × 240 的图像只占显示屏的 1/4;相反,2 400 × 3 000 的图像在这个显示屏上就不能显示一个完整的画面。

③扫描分辨率与打印分辨率。扫描分辨率是指在使用扫描仪扫描图像时所指定的分辨率,即扫描的精度,通常用每英寸多少点表示(dots per inch,dpi)。图像扫描后的效果很大程度上取决于原图像的精度,但使用扫描仪时选择扫描的精度将直接影响扫描后的图像质量。打印分辨率是指图像打印时每英寸可识别的点数,也使用 dpi 为衡量单位。打印分辨率越大,在打印纸张大小不变的情况下,打印的图像越精细。

(2)颜色深度。颜色深度又称为像素深度,用于度量在显示或打印图像中的每个像素时可以使用多少颜色信息,或者确定灰度图像的每个像素可能有的灰度级数,其单位是"位(bit)"。所以,颜色深度也称为位深度。常用的颜色深度是 1 位、8 位、24 位和 32 位。1 位有两个可能的数值:0 或 1。较大的颜色深度(每像素信息的位数越多)意味着数字图像具有较多的可用颜色和较精确的颜色表示。

颜色编码二进制位数即为图像的颜色深度值。因为一个 1 位的图像包含 21 种颜色，所以 1 位图像最多可由两种颜色组成。在 1 位图像中每个像素的颜色只能是黑或白，只有黑白两种颜色的图像称为单色图像。一个 8 位的图像包含 28 种颜色，或 256 级灰阶，每个像素可能是 256 种颜色中的任意一种。

一个 24 位的图像包含 16 777 216(224)种颜色。

在大多数情况下，Lab、RGB、灰度和 CMYK 图像的每个颜色通道包含 8 位数据。这可转换为 24 位 Lab 位深度(8 位 ×3 个通道)、24 位 RGB 位深度(8 位 ×3 个通道)、8 位灰度位深度(8 位 ×1 个通道)和 32 位 CMYK 位深度(8 位 ×4 个通道)。

总之，颜色深度越大，图片所占的空间越大。

3. 图像的数字化

数字计算机只能处理数字信息，若要使其能处理图像信息，必须将模拟图像转化为由一系列离散数据所表示的图像，即所谓数字图像。这一将模拟图像转化为数字图像的过程称为(模拟)图像的数字化。图 6 – 6 所示为图像数字化过程。

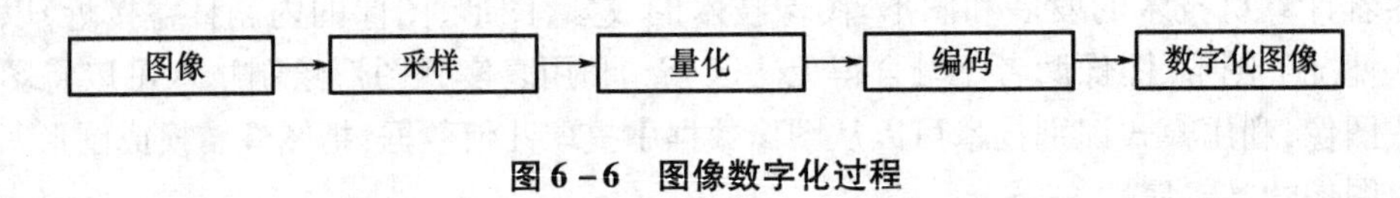

图 6 – 6 图像数字化过程

多媒体计算机处理图像和视频，首先必须把连续的图像函数 $f(x,y)$ 进行空间和幅值的离散化处理，空间连续坐标(x,y)的离散化，叫作采样；颜色的离散化，称之为量化。两种离散化结合在一起，叫作数字化，数字化的结果称为数字图像。

(1)采样。对连续图像彩色函数 $f(x,y)$，沿 x 方向以等间隔 Δx 采样，采样点数为 m，沿 y 方向以等间隔 Δy 采样，采样点数为 n，于是得到一个 $m \times n$ 的离散样本阵列 $f(m,n)$。为了达到由离散样本阵列以最小失真重建原图的目的，采样密度必须满足惠特克 – 卡切尼柯夫 – 香农(Whittaker – Kotelnikov – Shannon)采样定理。采样定理阐述了采样间隔与 $f(x,y)$ 频带之间的依存关系，频带越窄，相应的采样频率可以降低，采样频率是图像变化频率二倍时，就能保证由离散图像数据无失真地重建原图。实际情况是空域图像 $f(x,y)$ 一般为有限函数，那么它的频带宽不可能有限，卷积时混叠现象也不可避免，因而用数字图像表示连续图像总会有些失真。

采样就是将二维平面上模拟图像的连续亮度(即灰度)信息转化为用一系列有限的离散数值(或抽样点)来表示。具体做法是设定一定的宽度(通常称为抽样间隔)，在水平和垂直方向上将图像分割成矩形点的网状结构。采样结果是整幅图像画面被划分成了称为像素点的矩形微小区域。若每行有 m 个像素点，每列有 n 个像素，则整幅图像为由 mn 个像素构成的离散像素点集合。为使一幅图像既能得到满意的视觉效果，又能总数据量最少，一般需要针对图像的具体内容来确定相应的 m 和 n 值。

例如：汉字，根据字的大小要求，每个字从(16 ×16) ~ (256 ×256)点阵。

显微镜图像，(256 ×256) ~ (512 ×512)点阵。

电视图像，(500 ~ 700) ×480 点阵。

采样得到的各像素点的亮度值取值空间仍是连续的，称为脉冲幅度调制(PAM)信号，它仍然是模拟信号，必须进一步量化。

（2）量化。采样是对图像函数 $F(x,y)$ 的空间坐标 (x,y) 进行离散化处理，而量化是对每个离散点——像素的灰度或颜色样本进行数字化处理。具体说，就是在样本幅值的动态范围内进行分层、取整，以正整数表示，假如一幅黑白灰度图像，在计算机中灰度级以2的整数幂表示，即 $G=2^m$，当 $m=8,7,6,\cdots,1$ 时，其对应的灰度等级为256，128，64，…2，2级灰度构成二值图像，画面只有黑白之分，没有灰度层次。通常的A/D变换设备产生256级灰度，以保证有足够的灰度层次。而彩色幅度如何量化，这要取决于所选用的彩色空间表示。

量化就是将亮度取值空间划分成若干个子区间，在同一子区间内的不同亮度值都用这个子区间的某一确定值代替，这就使得取值空间离散化为有限个数值。因此我们说，量化即是用有限的离散数值量代替无限的连续模拟量的多对一的映射操作。子区间的个数（即取值个数）称为量化级数，把量化后的取值用二进制码来表示称为编码，亮度值所取的二进制位数称为量化字长。量化后的信号称为脉冲编码调制（PCM）信号，它具有较强的抗干扰能力。例如，量化后若每个像素的亮度值用一个字节（8位）来表示，把黑—灰—白亮度的连续变化模拟量化为0～255之间的整数值，共256个灰度级别或256个灰度值。量化后的灰度值即反映了对应像素点的亮度值或明暗程度。

经抽样与量化后，一幅模拟图像就离散化为字节的数字图像可由计算机进行处理。

注意：图像的数字化过程使连续模拟量变成了离散数字量，相对原来的模拟图像，数字化过程带来一定的误差，会使图像重现时有一定程度的失真。由于人眼的空间分辨率和亮度层次分辨率都受到客观局限，只要恰当地选取抽样间隔与量化级数，上述误差是可以忽略的。

4. 常见的图像文件格式

（1）BMP格式。位图文件（Bitmap - File，BMP）格式是Microsoft公司开发的一种Windows下的标准图像文件格式，在Windows环境下运行的所有图像处理软件都支持这种格式。在Windows操作系统的影响下，应用非常广泛。它采用一种位映射的存储形式，最适合处理黑白图像文件，清晰度很高。BMP文件可跨平台操作。由于文件几乎不压缩，因此文件较大，不受网络欢迎。BMP位图文件默认的扩展名是.bmp。

（2）GIF格式。GIF（Graphics Interchange Format）是CompuServe公司开发的图像文件存储格式，1987年开发的GIF文件格式版本号是GIF87a，1989年进行了扩充，扩充后的版本号定义为GIF89a。GIF文件一般比较小，主要用于网络传输、主页设计等，但只能支持256种颜色。GIF格式的文件扩展名是.gif。

（3）JPEG格式。JPEG是一个国际静态图像压缩标准，JPEG格式是应用该标准的所对应的文件格式。它是应用最广泛有一种可跨平台操作的压缩格式文件，其最大的特点是压缩性很强。JPEG格式采用了有损压缩，可以选择不同的压缩比例，压缩比例越高，得到的图像品质质量越低。JPEG格式的文件扩展名是.jpg。

（4）TIFF格式。标记图像文件格式（Tagged Image File Format，TIFF），它最初是由Aldus公司和Microsoft公司为扫描仪和桌面出版系统研制开发的一种较为通用的图像文件格式。它用于在应用程序和计算机平台之间交换文件。

TIFF格式具有图像格式复杂、存储信息多的特点。支持Alpha通道，最大色深为32位。TIFF格式的文件扩展名是.tif。

（5）PNG格式。便携式网络图形PNG（Portable Network Graphic）是20世纪90年代中期开始开发的图像文件存储格式，其目的是企图替代GIF和TIFF文件格式，同时增加一些

GIF 文件格式所不具备的特性。

PNG 汲取了 GIF 和 JPG 二者的优点，其一是存储形式丰富，兼有 GIF 和 JPG 的色彩模式；其二是能把图像文件压缩到极限以利于网络传输，但又能保留所有与图像品质有关的信息，因为 PNG 是采用无损压缩方式来减少文件的大小，这一点与牺牲图像品质以换取高压缩率的 JPG 有所不同；它的第三个特点是显示速度很快，只需下载 1/64 的图像信息就可以显示出低分辨率的预览图像；第四个特点，PNG 同样支持透明图像的制作，透明图像在制作网页图像的时候很有用，可以把图像背景设为透明，用网页本身的颜色信息来代替设为透明的色彩，这样可让图像和网页背景很和谐地融合在一起。PNG 格式的文件扩展名是.png。

(6)PSD 图像文件。PSD 文件是 Adobe Photoshop 提供的自定义的、专门针对 Photoshop 的功能和特征进行优化的专用的文件格式，也是新建文件时默认的存储文件类型。PSD 格式保存了每个可以在 Photoshop 中应用的属性，包括图层、通道和文件信息等。

此格式是 Photoshop 本身专用的文件格式，也是新建文件时默认的存储文件类型。此种文件格式不仅支持所有模式，还可以将文件的图层、参考线、Alpha 通道等属性信息一起存储。该格式的优点是保存的信息多，缺点是除了 Photoshop 之外，其他程序很少支持这种格式。而且，即使有些程序支持 Photoshop 格式，但实现的并不完善，文件的尺寸也比较大。

6.2.3 视频

1. 视频的概念

视频又称运动图像，是由相继拍摄并存储的一幅幅单独的画面（称为帧）序列组成的。这些画面以一定的时间间隔或速率（单位为帧率，即每秒钟显示的帧数目）连续地投射在屏幕上播放出来，由于人眼的视觉暂留效应，使观察者产生平滑和连续的动态画面的感觉。典型的帧率为 24～30 fps，这样的视频图像看起来是光顺和连续的。通常，伴随着视频图像还有一个或多个音频轨，以提供声音。常见的视频有电影、电视等。

2. 视频制式

模拟电视信号的标准也称为视频的制式，世界各地使用的视频制式标准不完全相同，不同的制式，对视频信号的解码方式、色彩处理的方式以及屏幕扫描频率的要求都有所不同。目前世界上彩色电视的制式主要有 PAL（Phase Alternate Line）、SECAM（Sequential Color Memory System）和 NTSC（National Television System Committee）三种制式。

PAL 制式：是前联邦德国制定的彩色电视广播标准，它采用逐行列相正交平衡调幅的技术调制电视信号。德国、英国、新加坡、中国等国家采用这种制式。

SECAM 制式：是法国制定的一种新的彩色电视制式。它是顺序传送彩色信号与存储恢复彩色信号。法国、东欧和中东等国家采用这种制式。

NTSC 制式：是由美国国家电视标准委员会指定的彩色电视广播标准，由于采用正交平衡调幅的技术调制电视信号，故也称正交平衡调幅制。美国、加拿大、日本、韩国等均采用这种制式。

其中，PAL、SECAM 制式播放速度 25 帧/ s，而 NTSC 制式的播放速度为 30 帧/ s。

3. 视频的基本参数

(1)帧和帧速。视频中的一幅画面称为帧。每秒播放的帧数称为帧速。

(2)帧频、场频和行频。

① 帧频:定义每秒扫描多少帧为帧频。NTSC 制式为 29.97 帧,PAL 和 SECAM 制式为 25 帧。

② 场频:定义每秒扫多少场为场频。电视画面一般采用隔行扫描的方式把一帧画面分成奇、偶两场。所以 NTSC 制式的场频为 59.94,PAL 和 SECAM 制式的场频为 50。

③ 行频:定义每秒扫多少行为行频。它在数值上等于帧频乘以每帧的行数。每帧 525 行的 NTSC 制式的行频为 15734,而 625 行的 PAL 和 SECAM 制式行频为 15 625。

(3)分辨率。电视的清晰度一般用垂直方向和水平方向的分辨率来表示。垂直分辨率与扫描行数密切相关。扫描行数越多、分辨率越高。我国电视图像的垂直分辨率为 575 行(线)。但电视接收机实际垂直分辨率约 400 行(线)。

4.视频分类

按视频信号的组成和存储方式可分为模拟视频和数字视频。

(1)模拟视频。模拟视频是由连续的模拟信号组成的视频图像,通过在电磁信号上建立变化来支持图像和声音信息的传播和显示。电影、电视、VHS 录像带上的画面通常都是以模拟视频的形式出现的,传统的摄像机、录像机、电视机等视频设备所涉及的视频信号都是模拟视频信号。

模拟视频中的电视信号分为全电视信号、复合视频信号、S－Video 分量信号、色差信号或分量信号。

① 全电视信号:一帧电视画面的信号一般就是一个全电视信号,由奇数场信号和偶数场信号构成。彩色全电视信号定义为包括亮度(Y)、色度(C)、复合同步信号(H/V)和伴音信号的模拟电视信号。

② 复合视频信号:是从全电视信号中分离出伴音信号后的视频信号,由亮度信号和色度信号间插在一起。为了便于同步传输伴音,复合视频输入/输出端口都配有音频输入/输出端口(也称为 AV Audio Video 口),视频卡可直接从这些端口采集视频信号。

③ S－Video 分量信号:是把复合视频信号中的亮度和色度信号分两路记录在模拟磁带的一种分量视频信号。S－Video 把亮度和色度分开传输,比复合视频信号能更好地重现色彩。高档摄像机、高档录像机、激光视盘 LD 机的输出均支持分量视频格式。

④ 色差信号或分量信号:视频信号主要由 Y(亮度)和 C(色度)构成,C 信号可解调出 Cr 和 Cb 两路信号(Cr、Cb 是 RGB 输入信号中红色、蓝色信号与其亮度值之间的差异),称之为色差信号(Y、Cr、Cb)或分量信号(Y、R－Y、B－Y),NTSC 表示为 YIQ,PAL 和 SECAM 则表示为 YUV。

(2)数字视频。数字视频是以二进制数字方式记录的视频信号,是用计算机数字技术把图像中的每一个点(称为像素)都用二进制数字组成的编码来表示,这种信号是离散的数字视频信号。

将原来的模拟视频经过采样量化变为计算机能处理的数字信号的过程称之为视频信号的数字化。模拟视频的数字化不像声音、图像那样简单,由于视频信号既是空间函数,又是时间函数,视频信号的数字化过程远比静态图像的数字化过程复杂。首先模拟视频信号采用复合 YUV 的方式记录,而计算机则将视频分解为像素点以 RGB 形式记录;其次电视机采用隔行扫描方式,而显示器目前基本都采用逐行扫描。因此,模拟视频的数字化就显得非常复杂,计算机系统必须具备连接不同类型的模拟视频信号的能力,可将录像机、摄像头(机)、VCD 机、DVD 机等提供的不同视频源接入多媒体计算机系统,然后在进行具体的数字化处理。模拟视频信号采样时先把复合视频信号中的Y和C分离，得到YUV分量，然后用模/数转换器分别对三个分量进行数字化，最后再转换成对应的RGB形式进行存储。

数字视频与模拟视频相比具有很多优点：一是采用二进制数字编码，信号精确可靠且不易受到干扰；二是数字化的视频信号通过索引表处理，无论复制多少次画面质量几乎都不会下降；三是可以将视频编辑融入计算机的制作环境；四是视频数字信号可以被大比例的压缩，在网络上可以流畅的双向传输。

5. 数字视频文件格式

(1)AVI格式。AVI（Audio Video Interleaved)，即音频视频交错格式。是微软公司开发的将语音和影像同步组合在一起的文件格式。它对视频文件采用了一种有损压缩方式，但压缩比较高，因此尽管面面质量不是太好，但其应用范围仍然非常广泛。

(2)MOV格式。MOV格式即QuickTime影片格式，它是Apple公司开发的一种视频文件格式，具有跨平台、存储空间要求小等技术特点，被包括Apple Mac OS、Microsoft Windows 95/98/NT在内的所有主流电脑平台支持。

(3)MPEG/MPG/DAT格式。MPEG（Moving Pictures Experts Group)是运动图像压缩算法的国际标准，现已被几乎所有的计算机平台支持。DAT格式是基于MPEG压缩/解压缩技术的数字视频格式，被广泛地应用在VCD的制作中。

(4)RM格式。RM格式是Real Networks公司开发的目前主流网络视频格式。可以通过其Real Server服务器将其他格式的视频转换成RM视频并由Real Server服务器负责对外发布和播放。RM视频文件的图像质量会比MPEG-2差些。

(5)ASF格式。ASF（Advanced Streaming Format)是Microsoft公司推出的在Internet上实时传播多媒体的技术标准，能依靠多种协议在多种网络环境下支持数据的传送。

(6)WMV格式。WMV（Window Media Video)是Microsoft公司推出的一种采用独立编码方式并且可以直接在网上实时观看视频节目的文件压缩格式。WMV格式的主要优点包括：本地或网络回放、可伸缩的媒体类型、多语言支持、环境独立性、丰富的流间关系以及扩展性等。一般要使用Windows Media Player 8.0以上的版本才能播放。

(7)RMVB格式。RMVB格式是由RM视频格式升级而来的新视频格式，RMVB视频格式打破了原先RM格式那种平均压缩采样的方式，在保证平均压缩比的基础上合理利用比特率资源，在静止和动作场面少的画面场景采用较低的编码速率，以留出更多的带宽空间在出现快速运动的画面场景时被利用。这样在保证了静止画面质量的前提下，大幅地提高了运动图像的画面质量，图像质量和文件大小之间就达到了微妙的平衡。

6.2.4 动画

1. 动画原理

动画的产生源于两个现象，一个是被称为“视觉驻留”的生物学现象，另一个是被称为“相似”的心理学现象。人眼看到物体后，这些物体的形象将驻留在视网膜上一段时间，使人的大脑完成概念上的感知行为。当一连串的图像变化非常细微而且迅速时，看起来它们似乎混合在了一起，从而构成一种运动的视觉现象。

动画的发明早于电影。从1820年英国人发明的第一个动画装置，到20世纪30年代Walt Disney电影制片厂生产的著名的米老鼠和唐老鸭，动画技术从幼稚走向了成熟。成功的动画形象可以深深地吸引广大观众。卡通(Cartoon)的意思就是漫画和夸张，动画采用夸张拟人的手法将一个个可爱的卡通形象搬上银幕,因而动画片也称为卡通片。

当我们观看电影、电视或动画片时,画面中的人物和场景是连续、流畅和自然的。但当我们仔细观看一段电影或动画胶片时,看到的画面却一点也不连续。只有以一定的速率把胶片投影到银幕上才能有运动的视觉效果,这种现象是由视觉残留造成的。动画和电影利用的正是人眼这一视觉残留特性。实验证明,如果动画或电影的画面刷新率为每秒24帧左右,也即每秒放映24幅画面,则人眼看到的是连续的画面效果。但是,每秒24帧的刷新率仍会使人眼感到画面的闪烁,要消除闪烁感画面刷新率还要提高一倍。因此,胶片上的电影通常以24 fps的速率拍摄,播放时则使用一种加倍投影方式,对每帧图像照射两次,从而使电影画面的刷新率实际上是每秒48次。这样就能有效地消除闪烁,同时又节省了一半的胶片。在某些放映机上,影片移动到下一帧之前每一帧都要被显示3次,因此每秒实际显示72次图像,这样图像的视觉连续感就会更强、更细腻。电视信号每秒钟产生30帧图像,正是由于图像之间这种快速的交替才使得所有图像构成连贯顺畅的运动。

2. 动画的分类

虽然动画的分类至今还没有一个被公认的唯一标准。但人们还是从不同的角度给出了一些分类方法,下面介绍三种常用的分类方法。

(1)从制作技术和制作手段来分,可将动画分为传统动画与计算机动画,传统动画以手工绘制为主,计算机动画以计算机制作为主。

(2)从空间的视觉效果上看,可分为二维(2D)动画、“二维半”(2.5D)和三维(3D)动画。最简单的动画是基于平面的二维动画。“二维半”动画较复杂一些,是在二维的基础上处理阴影、辅助照明和强制透视的动画。最具真实感的动画是三维空间的3D动画。

(3)从每秒播放的帧数来分,可分为全动画和半动画。全动画每秒钟播放24帧,半动每秒钟播放的帧数少于24。

3. 计算机动画

计算机动画是在传统动画的基础上,采用计算机图形图像技术而迅速发展起来的一门高新技术。动画使得多媒体信息更加生动,富于表现。广义上看,数字图形图像的运动显示效果都可以称作为动画,而在计算机上很容易实现简单的动画。

动画与运动是分不开的,可以说运动是动画的本质,动画是运动的艺术。从传统意义上说,动画是一门通过在连续多格的胶片上拍摄一系列单个画面,从而产生动态视觉的技术和艺术,这种视觉是通过将胶片以一定的速率放映的形式体现出来的。一般说来,动画是一种动态生成一系列相关画面的处理方法,其中的每一幅与前一幅略有不同。

计算机动画是采用连续播放静止图像的方法产生景物运动的效果,也即使用计算机产生图形、图像运动的技术。计算机动画的原理与传统动画基本相同,只是在传统动画的基础上把计算机技术用于动画的处理和应用,并可以达到传统动画所达不到的效果。由于采用数字处理方式,动画的运动效果、画面色调、纹理、光影效果等可以不断改变,输出方式也多种多样。

随着计算机图形技术的迅速发展,从20世纪60年代起,计算机动画技术也很快发展和应用起来。计算机动画区别于计算机图形、图像的重要标志是动画使静态图形、图形产生了运动效果。计算机动画的应用小到一个多媒体软件中某个对象、物体或字幕的运动,大到一段动画演示、光盘出版物片头片尾的设计制作,同时也包括电视片的片头片尾、电视广告,直至计算机动画片如“狮子王”等。

从制作的角度看,计算机动画可能相对较简单,如一行字幕从屏幕的左边移入,然后从屏幕的右边移出,这一功能通过简单的编程就能实现。计算机动画也可能相当复杂,如动画片《侏罗纪公园》。

计算机动画的关键技术体现在计算机动画制作软件及硬件上。动画制作软件是由计算机专业人员开发的制作动画的工具,使用这一工具不需要用户编程,通过相当简单的交互式操作就能实现计算机的各种动画功能。不同的动画效果,取决于不同的计算机动画软、硬件的功能。虽然制作的复杂程度不同,但动画的基本原理是一致的。从另一方面看,动画的创作本身是一种艺术实践,动画的编剧、角色造型、构图、色彩等的设计需要高素质的美术专业人员才能较好地完成。总之,计算机动画制作是一种高技术、高智力和高艺术的创造性工作。

4. 计算机动画的分类

根据运动的控制方式可将计算机动画分为实时动画和逐帧动画两种。实时动画是用算法来实现物体的运动。逐帧动画也称为帧动画或关键帧动画,也即通过一帧一帧显示动画的图像序列而实现运动的效果。根据视觉空间的不同,计算机动画又有二维动画与三维动画之分。

(1)实时动画与逐帧动画。实时动画也称为算法动画,它是采用各种算法来实现运动物体的运动控制。在实时动画中,计算机对输入的数据进行快速处理,并在人眼察觉不到的时间内将结果随时显示出来。实时动画的响应时间与许多因素有关,如计算机的运算速度是慢或快,图形的计算是使用软件或硬件,所描述的景物是复杂或简单,动画图像的尺寸是小或大等。实时动画一般不必记录在磁带或胶片上,观看时可在显示器上直接实时显示出来。电子游戏机的运动画面一般都是实时动画。在操作游戏机时,人与机器之间的作用完全是实时快速的。

逐帧动画是一种常见的动画形式,它的原理是在"连续的关键帧"中分解动画动作,也就是每一帧中的内容不同,连续播放而成动画。

由于逐帧动画的帧序列内容不一样,不仅增加制作负担而且最终输出的文件量也很大,但它的优势也很明显:因为它相似与电影播放模式,很适合于表演很细腻的动画,如3D效果、人物或动物急剧转身等效果。

(2)二维动画、"二维半"动画与三维动画。二维画面是平面上的画面。纸张、照片或计算机屏幕显示,无论画面的立体感有多强,终究只是在二维空间上模拟真实的三维空间效果。一个真正的三维画面,画中的景物有正面,也有侧面和反面,调整三维空间的视点,能够看到不同的内容。二维画面则不然,无论怎么看,画面的内容是不变的。

在"二维半"动画中,阴影和辅助照明处理能够为图像增添深度(Z 轴)的幻想,但是图像本身仍然处于平面 X 轴和 Y 轴构成的二维空间里。浮雕化、阴影化、倾斜化和辅助照明能够通过抬升图像或将图像切入背景提供一种深度感。

在三维动画中,软件在三维空间创造虚拟现实的场景,运动变化的计算都是基于3个坐标轴(X,Y,Z)。

二维与三维动画的区别主要在于采用不同的方法获得动画中的景物运动效果。一个旋转的地球,在二维处理中,需要一帧一帧地绘制球面变化画面,这样的处理难以自动进行。在三维处理中,先建立一个地球的模型并把地图贴满球面,然后使模型步进旋转,每次步进自动生成一帧动画画面,当然最后得到的动画仍然是二维的活动图像数据。

如果说二维动画对应于传统卡通片的话，三维动画则对应于木偶动画。如同木偶动画中要首先制作木偶、道具和景物一样，三维动画首先要建立角色、实物和景物的三维数据模型。模型建立好了以后，给各个模型"贴上"材料，相当于各个模型有了外观。模型可以在计算机的控制下在三维空间里运动，或远或近；或旋转或移动；或变形或变色等。然后，在计算机内部"架上"虚拟的摄像机，调整好镜头，"打上"灯光，最后形成一系列栩栩如生的画面。三维动画之所以被称作计算机生成动画，是因为参加动画的对象不是简单地由外部输入的，而是根据三维数据在计算机内部生成的，运动轨迹和动作的设计也是在三维空间中考虑的。

(3)二维动画的特点、处理过程与相关技术。

① 特点。二维动画是对手工传统动画的一个改进。与手工动画相比，用计算机来描线上色非常方便，操作简单。从成本上说，其价格便宜。从技术上说，由于工艺环节减少，不需要通过胶片拍摄和冲印就能预演结果，发现问题即可在计算机上修改，既方便又节省时间。二维动画不仅具有模拟传统动画的制作功能，而且可以发挥计算机所特有的功能，如生成的图像可以重复编辑等。但是，目前的二维动画还只能起辅助作用，代替手工动画中一部分重复性强、劳动量大的工作，代替不了人的创造性劳动。

② 处理过程。在二维动画中，计算机的作用包括：输入和编辑关键帧；计算和生成中间帧；定义和显示运动路径；交互式给画面上色；产生一些特技效果；实现画面与声音的同步；控制运动系列的记录等。二维动画处理的关键是动画生成处理。传统的动画创作，由美术师绘制关键的画面，再由美工使用关键画面描绘中间画面，最后逐一画面地拍照形成动画影片。二维动画处理软件可以采用自动或半自动的中间画面生成处理，大大提高了工作效率和质量。

③ 相关技术。二维动画的技术基础是"分层"技术。动画设计师将运动的特体和静止的背景分别绘制在不同的透明胶片上，然后叠加在一起拍摄。这样不仅减少了绘制的帧数，同时还可以实现透明、景深和折射等不同的效果。发达的计算机技术与优秀动画设计师的结合更进一步推动了二维动画的发展，各个层开始在计算机上直接合成。

图像(位图)与图形(矢量图)的区别主要在于数据组成，它们都是动画处理的基础。图像技术可用于绘制关键帧，多重画面叠加数据生成；图形技术可用于自动或半自动的中间画面生成。图像有利于绘制实际景物，图形则有利于处理线条组成的画面。二维动画处理利用了它们各自的处理优势，两者配合，取长补短。从处理过程上看，动画处理包括屏幕绘画和动画生成两个基本步骤。屏幕绘画主要由静态图像处理软件完成；动画生成用屏幕绘画的结果作为关键帧并以此为基础进行生成处理，最终完成动画创作，得到动画数据文件。

④ 动画数据。动画中帧的大小并不是固定的，一帧可能是一屏，也可能是屏幕上的一个局部窗口。在一个表现连续运动过程的动画中，相邻帧之间的变化越少，动画的效果越连续。由于帧动画实际上是活动的图像数据，因此播放效果越连续的动画其数据量越大。从另一个角度看，动画的帧与帧不同的局部范围可能很小，因此人工和自动绘画都可充分利用这一特点来简化处理。动画数据被记录在一定格式的动画文件中。由于原始的动画数据量很大，不仅对存储造成压力，同时要连续读出每一帧画面需花费太长的时间，这不利于动画的实时播放。因此，有的动画格式采用一定的压缩方式记录数据，以减少动画文件容量，而且提高读取速度。

5. 常见的动画格式

(1)GIF 动画格式

GIF(Graphics Interchange Format)的原义是“图像互换格式”,是 CompuServe 公司在1987 年开发的图像文件格式。GIF 文件的数据,是一种基于 LZW 算法的连续色调的无损压缩格式。其压缩率一般在 50% 左右,它不属于任何应用程序。目前几乎所有相关软件都支持它,公共领域有大量的软件在使用 GIF 图像文件。GIF 图像文件的数据是经过压缩的,而且是采用了可变长度等压缩算法。GIF 格式的另一个特点是其在一个 GIF 文件中可以存多幅彩色图像,如果把存于一个文件中的多幅图像数据逐幅读出并显示到屏幕上,就可构成一种最简单的动画。

(2)SWF 格式

SWF(Shock Wave Flash)是 Macromedia(现已被 ADOBE 公司收购)公司的动画设计软件 Flash 的专用格式,是一种支持矢量和点阵图形的动画文件格式,被广泛应用于网页设计,动画制作等领域,SWF 文件通常也被称为 Flash 文件。SWF 普及程度很高,现在超过 99% 的网络使用者都可以读取 SWF 档案。这个档案格式由 Future Wave 创建,后来伴随着一个主要的目标受到 Macromedia 支援:创作小档案以播放动画。计划理念是可以在任何操作系统和浏览器中进行,并让网络较慢的人也能顺利浏览。SWF 可以用 Adobe Flash Player 打开,浏览器必须安装 Adobe Flash Player 插件。

(3)FLIC FLI/FLC 格式

FLC/FLI(Flic 文件)是 Autodesk 公司在其出品的 2D、3D 动画制作软件中采用的动画文件格式,FLIC 是 FLC 和 FLI 的统称:FLI 是最初的基于 320×200 分辨率的动画文件格式,在 Autodesk 公司出品的 Autodesk Animator 和 3DSudio 等动画制作软件均采用了这种彩色动画文件格式。

Autodesk 的 FLC 是一种古老的编码方案,常见的文件后缀为 FLC 和 FLI。由于 FLC 仅仅支持 256 色的调色板,因此它会在编码过程中尽量使用抖动算法(也可以设置不抖动),以模拟真彩的效果。这种算法在色彩值差距不是很大的情况下几乎可以达到乱真的地步,例如红色 A(R:255,G:0,B:0)到红色 B(R:255,G:128,B:0)之间的抖动。这种格式现在已经很少被采用了,但当年很多这种格式被保留下来,这种格式在保存标准 256 色调色板或者自定义 256 色调色板是无损的,这种格式可以得到清晰的像素,非常适合保存线框动画,例如 CAD 模型演示。现在这种格式很少见了。

6.3 多媒体处理软件简介

6.3.1 音频处理软件

1. Windows 系统录音软件

音频采集与录制是音频处理软件的最基本的功能。在进行音频录制前,需要安装关于音频录制或者采集的外围设备,例如麦克风或 CD 唱机等设备。下面以 Windows 系统自带的录音功能为例介绍声音录制的基本过程。

在使用软件进行录音以前,需要对 Windows 自带录音选项进行设置。首先,双击 Windows 操作系统桌面任务栏的“小喇叭”图标,系统会弹出“音量控制”窗口,如图6-7

所示。

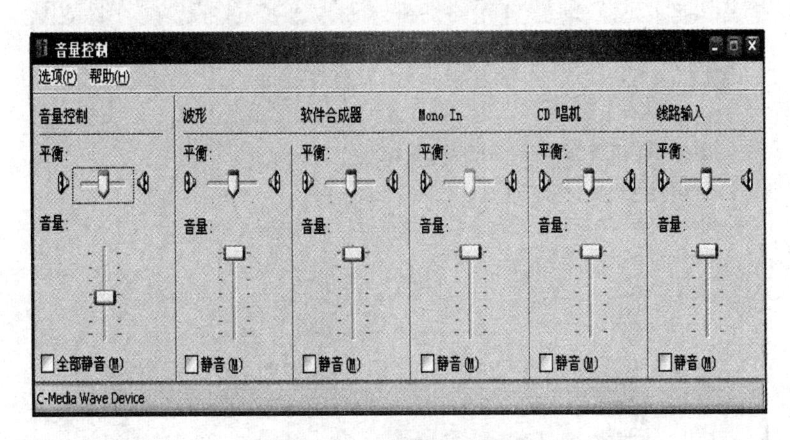

图6-7　“音量控制”窗口

单击“选项”菜单选择“属性”命令，弹出录音“属性”窗口，如下所示。

在“调节音量”的选框中选择“录音”选项，在“显示下列音量控制”的显示区域，选择“麦克风”选项，单击“确定”按钮，弹出“录音控制”面板，如图6-8所示。

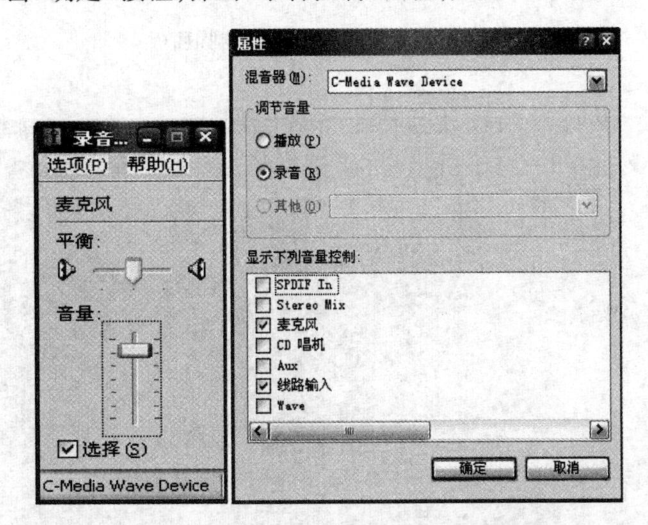

图6-8　录音“属性”窗口录音控制面板

在面板中调整音量到合适的位置，并在“选项”菜单中选择“高级选项”命令。在弹出的面板中单击“高级”按钮，会打开“麦克风的高级控制”面板，如图6-9所示。

在“麦克风的高级控制”面板中的“其他控制”栏中，选择“麦克风加强”选项。以上操作实现了对声音录制前声卡的设置以及传声器(麦克风)的设置。

2. 音频处理软件 Adobe Audition

Adobe Audition 软件是一款多轨音频制作软件。具有高级混音、编辑、控制和特效处理能力。软件的界面结构和菜单项目作了较多的调整，并增加了很多新的功能，使它变得更加专业，如图6-10所示。

Adobe Audition 拥有集成的多音轨和编辑视图、实时特效、环绕支持、分析工具、恢复特性和视频支持等功能，为音乐、视频、音频和声音设计专业人员提供全面集成的音频编辑和

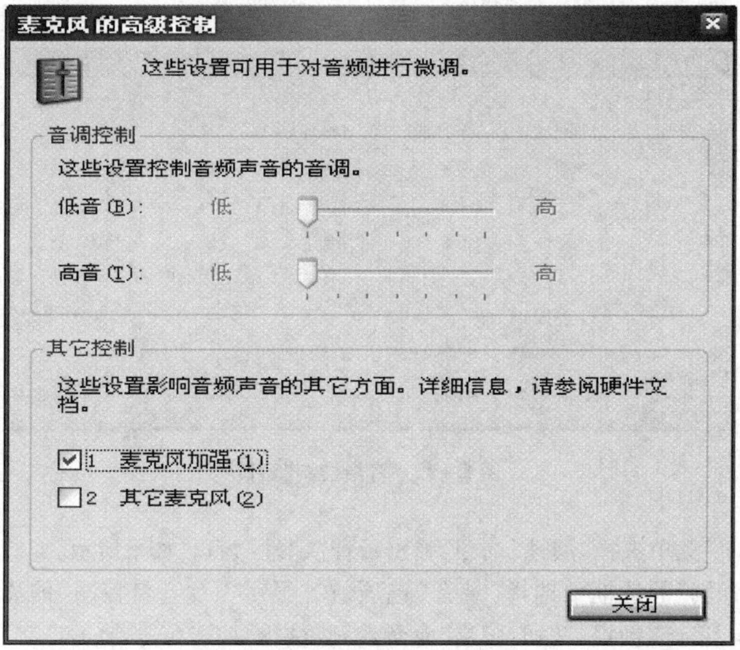

麦克风 的高级控制

这些设置可用于对音频进行微调。

音调控制

这些设置控制音频声音的音调。

低音(B): 低 高

高音(T): 低 高

其它控制

这些设置影响音频声音的其它方面。详细信息，请参阅硬件文档。

☑1 麦克风加强(1)

☐2 其它麦克风(2)

关闭

图 6－9 “麦克风的高级控制”面板

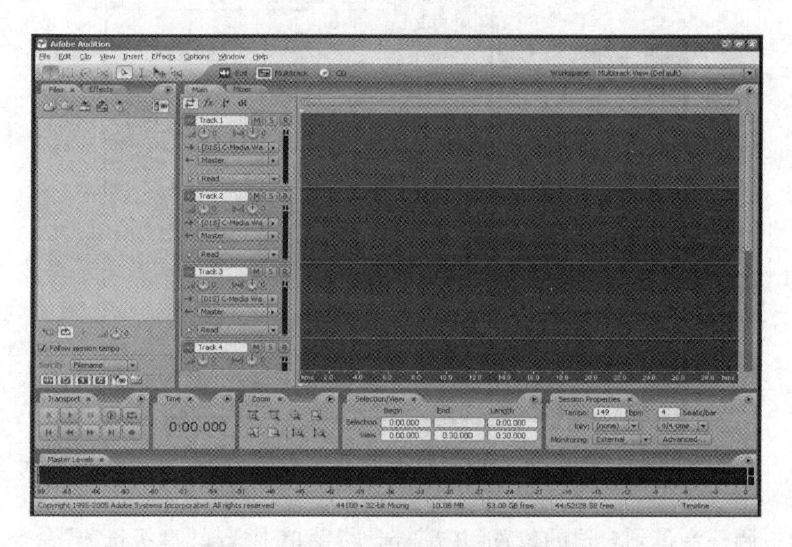

图 6－10 Adobe Audition 软件界面

混音解决方案。用户可以从允许他们听到即时的变化和跟踪 EQ 的实时音频特效中获益匪浅。它包括了灵活的循环工具和数千个高质量、免除专利使用费(royalty－free)的音乐循环,有助于音乐跟踪和音乐创作。

Adobe Audition 提供了直觉的、客户化的界面,允许用户删减和调整窗口的大小,创建一个高效率的音频工作范围。一个窗口管理器能够利用跳跃跟踪打开的文件、特效和各种爱好,批处理工具可以高效率除了主人对多个文件的所有声音进行匹配、把它们转化为标准文件格式之类的日常工作。

Adobe Audition 为视频项目提供了高品质的音频,允许用户对能够观看影片重放的 AVI 声音音轨进行编辑、混合和增加特效。

广泛支持工业标准音频文件格式,包括 WAV、AIFF、MP3、MP3PRO 和 WMA,还能够利用 32 位的位深度来处理文件,取样速度超过 192 kHz,从而能够以最高品质的声音输出磁带、CD、DVD 或 DVD 音频。

Adobe Audition 是一款功能强大的音频处理软件,几乎能够完成关于声音处理的所有处理任务。通常,这些声音的处理操作包含以下一些方面。

(1)录音。

Adobe Audition 能够实现高精度声音的录制,并且理论上可以支持无限音轨。有时,由于一些影视作品的配音要求,也可以导入视频文件到 Adobe Audition,实现对视频的同步配音。

(2)混音。

由于 Adobe Audition 是一款多轨数字音频处理软件,不同音轨可以分别录制或导入不同的音频内容,通过混音功能可以将多个音轨声音混合在一起,输出综合的声音效果。

(3)声音编辑。

Adobe Audition 软件具有强大的声音编辑能力,操作简单、便捷。例如声音的淡入淡出,声音移动和剪辑,音调调整,播放速度调整等。

(4)效果处理。

效果处理能力是 Adobe Audition 软件本身就自带几十种不同类型的效果器,可以用于压缩器、限制器、噪声门、参量均衡器、合唱效果器、延迟效果器、回升效果器等。并且这些效果处理可以实时应用到各个音轨。

(5)降噪。

Adobe Audition 具有一个音轨处理的优势功能就是降噪。在进行声音录制时,由于种种原因会产生很多的噪声干扰,包括环境以及线路因素。通过 Adobe Audition 软件的降噪功能可以实现在不影响音质的情况下,最大限度地减少噪声。

(6)声音压缩。

Adobe Audition 软件具有支持目前几乎所有流行的音频文件类型,并能够实现类型的转换。通常为了能使音频制作的结果文件适应网络的传输要求,需要对音频文件实现压缩处理。Adobe Audition 软件可以将音频文件压缩为容量较小的 MP3、MP3Pro 等文件格式,同时最大限度地保持声音的音质。

(7)协同创作。

一款具有生命力的软件,不仅本身具有强大的处理能力,还必须具备与其他同类软件协同处理的能力。Adobe Audition 能够与多种音乐软件协同运行,一起实现整个音乐创作的过程。

3. Cool Edit Pro

Cool Edit Pro 专业音频编辑软件是一个基于 PC 和 Windows 操作平台的实用工具,具有完整的音频编辑、加工能力,能高质量地完成各种复杂和精细的专业音频编辑。就纯粹的音频编辑而言,它无论对哪一级用户来说,都是一个再简捷不过的优选,Cool Edit Pro 软件界面如图 6-11 所示。

Cool Edit Pro 对 PC 的系统配置要求并不太高,只是由于音频文件的“大块头”特性,为了

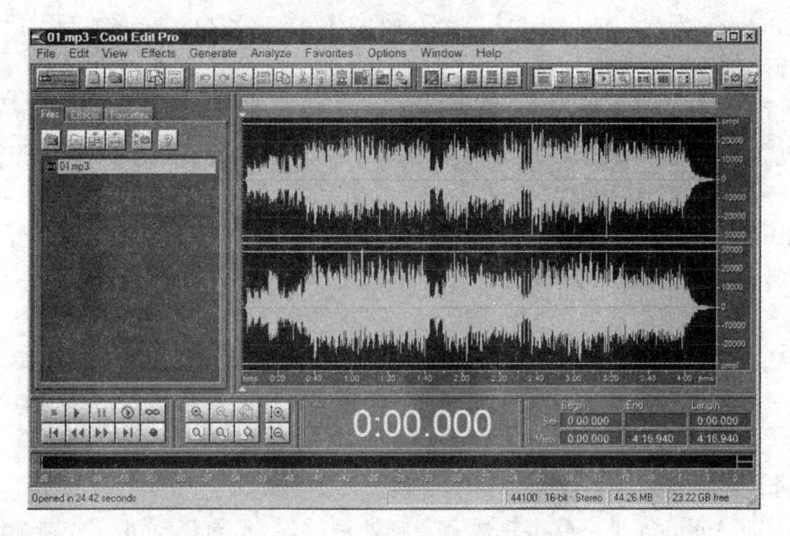

图 6－11 **Cool Edit Pro 软件界面**

使编辑更为快捷方便，以尽可能采用高配置的 PC 为好，其中最要紧的要求是内存要足够大，否则 64M 以下就须忍耐，但 128M 也算不上宽松，256M 还谈不上奢侈。只要条件许可，尽管用大内存条把 PC 的内存插槽插满。当然，大硬盘也是必要的，否则就存不下几个音频文件。

而为了体现 Cool Edit Pro 作为数字编辑的音频质量，声卡也是相当重要的，最好采用有数字输入/输出接口的优质声卡，除了能同 DAT、bid 等数字音频载体之间实现数字传送来体现专业素质外，也有高质量的模拟音频输入/输出特性，本底噪声与失真率也极低。

Cool Edit Pro 不仅能完成所有基本的音频编辑任务，还设置了不少其他周边音频设备的功能，如多频均衡、参量均衡，多种混响、延时、相位处理，以及噪声门、频谱分析降噪、压扩、信号源及很特别的变调、变速等。Cool Edit Pro 还有自己的 CD 播放器，可以很方便地随时录入 CD 素材。而 Cool Edit Pro 10 以上版本还包含了一个 64 轨混音编辑器，配合双工声卡还可进行分期同步录/放音。

6.3.2 图像处理软件

1. ACDSee

ACDSee（奥视迪）是 ACD Systems 开发的一款看图工具软件，提供良好的操作界面，简单人性化的操作方式，优质的快速图形解码方式，支持丰富的图形格式，强大的图形文件管理功能等。

ACDSee 可快速的开启，浏览大多数的影像格式新增了 QuickTime 及 Adobe 格式档案的浏览，可以将图片放大缩小，调整视窗大小与图片大小配合，全荧幕的影像浏览，并且支援 GIF 动态影像。不但可以将图档转成 BMP，JPG 和 PCX 档，而且只需按一下便可将图档设成桌面背景；图片可以播放幻灯片的方式浏览，还可以看 GIF 构成的动画。而且 ACDSee 提供了方便的电子相本，有十多种排序方式，树状显示资料夹，快速的缩图检视，拖曳功能，播放 WAV 音效档案，档案总管可以整批的变更档案名称，编辑程式的附带描述说明。

ACDSee 本身也提供了许多影像编辑的功能，包括数种影像格式的转换，可以借由档案描述来搜寻图档，简单的影像编辑，复制至剪贴簿，旋转或修剪影像，设定桌面，并且可以从数位相机输入影像。另外 ACDSee 有多种影像列印的选择，还可以在网络上分享图片，透过网际网络来快速且有弹性地传送拥有的数位影像。

ACDSee是目前非常流行的看图工具之一。它提供了良好的操作界面,简单人性化的操作方式,优质的快速图形解码方式,支持丰富的图形格式,强大的图形文件管理功能等等。ACDSee是使用最为广泛的看图工具软件,大多数电脑爱好者都使用它来浏览图片,它的特点是支持性强,它能打开包括ICO、PNG、XBM在内的二十余种图像格式,并且能够高品质地快速显示它们,甚至近年在互联网上十分流行的动画图像档案都可以利用ACDSee来欣赏。它还有一个特点是快,与其他图像浏览器比较,ACDSee打开图像档案的速度相对较快。

2. Adobe Photoshop

Adobe Photoshop,简称“PS”,是由Adobe Systems开发和发行的图像处理软件。Photoshop主要处理以像素所构成的数字图像。使用其众多的编修与绘图工具,可以有效地进行图片编辑工作。Photoshop有很多功能,在图像、图形、文字、视频、出版等各方面都有涉及。我们将在下一节中详细介绍Photoshop的基本使用方法。

3. 美图秀秀

美图秀秀,是2008年10月8日由厦门美图科技有限公司研发、推出的一款免费图片处理的软件,是一款不用学习就会用的美图软件,操作方法比Adobe Photoshop简单,界面如图6-12所示。

图6-12　美图秀秀界面

6.3.3　视频处理软件

1. Adobe Premiere Pro

Adobe Premiere Pro是目前最流行的非线性编辑软件,是数码视频编辑的强大工具,它作为功能强大的多媒体视频、音频编辑软件,应用范围不胜枚举,制作效果美不胜收,足以协助用户更加高效地工作。Adobe Premiere Pro以其新的合理化界面和通用高端工具,兼顾了广大视频用户的不同需求,在一个并不昂贵的视频编辑工具箱中,提供了前所未有的生产能力、控制能力和灵活性。Adobe Premiere Pro是一个创新的非线性视频编辑应用程序,也是一个功能强大的实时视频和音频编辑工具,是视频爱好者们使用最多的视频编辑软件之一,界面如图6-13所示。

图6-13 Adobe Premiere Pro 界面

2. 会声会影

会声会影是加拿大 Corel 公司制作的一款功能强大的视频编辑软件,具有图像抓取和编修功能,可以抓取,转换 MV、DV、V8、TV 和实时记录抓取画面文件,并提供有超过100多种的编制功能与效果,可导出多种常见的视频格式,甚至可以直接制作成 DVD 和 VCD 光盘。

会声会影主要的特点是:操作简单,适合家庭日常使用,完整的影片编辑流程解决方案、从拍摄到分享、新增处理速度加倍。

它不仅符合家庭或个人所需的影片剪辑功能,甚至可以挑战专业级的影片剪辑软件。适合普通大众使用,操作简单易懂,界面简洁明快。该软件具有成批转换功能与捕获格式完整的特点,虽然无法与 EDIUS,Adobe Premiere,Adobe After Effects 和 Sony Vegas 等专业视频处理软件媲美,但以简单易用、功能丰富的作风赢得了良好的口碑,在国内的普及度较高。

影片制作向导模式,只要三个步骤就可快速做出 DV 影片,入门新手也可以在短时间内体验影片剪辑;同时会声会影编辑模式从捕获、剪接、转场、特效、覆叠、字幕、配乐,到刻录,全方位剪辑出好莱坞级的家庭电影。

其成批转换功能与捕获格式完整支持,让剪辑影片更快、更有效率;画面特写镜头与对象创意覆叠,可随意做出新奇百变的创意效果;配乐大师与杜比 AC3 支持,让影片配乐更精准、更立体;同时酷炫的128组影片转场、37组视频滤镜、76种标题动画等丰富效果,界面如图6-14所示。

3. Movie Maker Live

Movie Maker Live 是 windows vista 及以上版本附带的一个影视剪辑小软件(Windows XP 带有 Movie Maker)。它功能比较简单,可以组合镜头、声音、加入镜头切换的特效,只要将镜头片段拖入就行,适合家用摄像后的一些小规模的处理。通过 Windows Movie Maker Live (影音制作),你可以简单明了地将一堆家庭视频和照片转变为感人的家庭电影、音频剪辑或商业广告。剪裁视频,添加配乐和一些照片,然后只需单击一下就可以添加主题,从而为

图6－14　会声会影界面

你的电影添加匹配的过渡和片头。你制作的电影看起来是如此的专业，人们很难相信它们竟是免费的。

6.3.4　动画处理软件

Flash 是一种动画创作与应用程序开发于一身的创作软件。Adobe Flash Professional CC 为创建数字动画、交互式 Web 站点、桌面应用程序以及手机应用程序开发提供了功能全面的创作和编辑环境。Flash 广泛用于创建吸引人的应用程序，它们包含丰富的视频、声音、图形和动画。可以在 Flash 中创建原始内容或者从其他 Adobe 应用程序（如 Photoshop 或 Illustrator）导入它们，快速设计简单的动画，以及使用 Adobe ActionScript 开发高级的交互式项目。设计人员和开发人员可使用它来创建演示文稿、应用程序和其他允许用户交互的内容。Flash 可以包含简单的动画、视频内容、复杂演示文稿和应用，界面如图6－15所示。

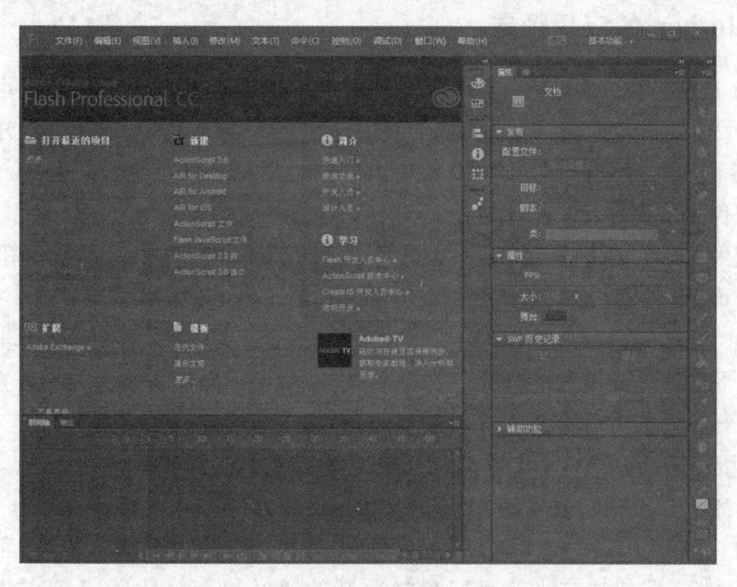

图6－15　Flash 界面

Flash 动画设计的三大基本功能是整个 Flash 动画设计知识体系中最重要、也是最基础的,包括:绘图和编辑图形、补间动画和遮罩。这是三个紧密相连的逻辑功能,并且这三个功能自 Flash 诞生以来就存在。

1. 绘图

Flash 包括多种绘图工具,它们在不同的绘制模式下工作。许多创建工作都开始于像矩形和椭圆这样的简单形状,因此能够熟练地绘制它们、修改它们的外观以及应用填充和笔触是很重要的。对于 Flash 提供的 3 种绘制模式,它们决定了“舞台”上的对象彼此之间如何交互,以及你能够怎样编辑它们。默认情况下,Flash 使用合并绘制模式,但是你可以启用对象绘制模式,或者使用“基本矩形”或“基本椭圆”工具,以使用基本绘制模式。

2. 编辑图形

绘图和编辑图形不但是创作 Flash 动画的基本功,也是进行多媒体创作的基本功。只有基本功扎实,才能在以后的学习和创作道路上一帆风顺;使用 Flash Professional 8 绘图和编辑图形——这是 Flash 动画创作的三大基本功的第一位;在绘图的过程中要学习怎样使用元件来组织图形元素,这也是 Flash 动画的一个巨大特点。Flash 中的每幅图形都开始于一种形状。形状由两个部分组成:填充(Fill)和笔触(Stroke),前者是形状里面的部分,后者是形状的轮廓线。如果你总是可以记住这两个组成部分,就可以比较顺利地创建美观、复杂的画面。

3. 补间动画

补间动画是整个 Flash 动画设计的核心,也是 Flash 动画的最大优点,它有动画补间和形状补间两种形式;用户学习 Flash 动画设计,最主要的就是学习“补间动画”设计。

6.4 图像处理软件 Photoshop CS6

6.4.1 Photoshop 的应用领域

Photoshop 是美国 Adobe 公司推出的专业的图形图像处理软件,自软件问世以来,随着版本的不断升级,其功能也在不断地完善,其用途已涉及图形图像处理的方方面面,其主要作用体现在以下几个领域。

1. 设计制作精美的平面广告作品

多年以前的平面广告设计,主要靠设计人员用手工绘制完成,这种方法不仅费时费力、工作效率低,而且制作成本较高,最主要的一点是不易修改,阻碍了广告业的发展。Photoshop 的问世可以说是广告设计、制作领域的一大变革,它强大的图像处理与编辑功能,很快受到了广大平面广告设计者的青睐。多年以来,一直是平面广告设计人员首选的应用软件。事实证明,用 Photoshop 进行平面广告创意制作,操作灵活易修改,制作完成的广告作品色彩艳丽明快,真正达到照片级,还大大地提高了工作效率降低了制作成本。

2. 为 3ds Max 三维动画和建筑效果图设计制作真实的贴图文件

一幅好的三维动画作品和建筑效果图,离不开用真实的贴图进行装饰,用 Photoshop 制作的贴图,能更真实地反映三维动画场景效果和建筑效果图材质质感,没有哪一个软件能制作出比 Photoshop 更真实的贴图。因此,三维动画及建筑效果图制作者都选择用

Photoshop 制作贴图。

3. 为网页制作精美的网页背景图像

网络的快速发展，标志着通信事业的蒸蒸日上。网络使世界变得更小，使人与人的交流更加方便，网络已进入千家万户。制作个人网页，也就成了人们向社会展示自己和体现个性化的一种方式。一个优秀的个人网页，同样离不开精美的背景图像的陪衬。

4. 为其他软件的后台操作解决了后顾之忧

不管是平面广告设计还是建筑效果图制作或网页页面的设计，都需要后期处理来完善其内容，可以说在后期处理时是否成功直接关系到这些设计作品的最终效果的是否完美。Photoshop 以其强大的图像处理和色彩编辑功能以及支持多种文件格式的优点，毋庸置疑地担当了此重任。

6.4.2　系统工作界面

1. 启动界面

启动 Photoshop 程序后，会出现如图 6－16 所示的启动界面，并显示初始化相关模块进度等信息。

图 6－16　Photoshop 启动界面

2. 主界面

Photoshop 启动完成后，即出现如图 6－17 所示的工作界面，主要包括菜单栏、工具选项栏、工具箱、图像窗口、参数设置面板和状态栏等。Photoshop 主界面菜单栏的下方是“工具选项栏”，用于对当前所选工具进行属性设置。

3. 工具箱

Photoshop 主界面的左侧是“工具箱”，如图 6－18 所示，工具箱集合了 Photoshop 描绘、选择及编辑图像的各种工具，每一种工具都有特定的用途。工具以图标的形式排列，从每个工具图标的形态就可以基本了解该工具的功能。

图 6-17　Photoshop 主界面

图 6-18
Photoshop 工具箱

6.4.3　绘制图像和图像几何形状处理

1. 绘制图像

选择菜单栏“文件”“新建”命令，弹出“新建”对话框，在其中进行相应的设置，新建一个默认大小的 RGB 模式图像文件，如图 6-19 所示。

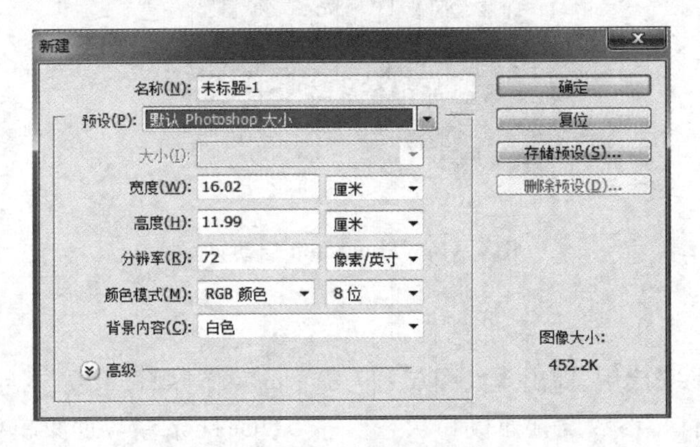

图 6-19　新建图像

在“工具箱”中选择“画笔工具”，为取得更丰富的画笔绘制样式，可在“画笔画板”中进行详细设置。面板可通过选择栏中的“切换画笔面板”按钮打开。此处，选择画笔大小为 74 像素，画笔预设选“散布虫”，如图 6-20 所示。

选中“形状动态”“散布”“颜色动态”和“平滑”复选框。“形状动态”中，“控制”选择“渐隐”模式，参数默认 25；“最小直径”和“角度抖动”分别设置为 0 和 100%，如图 6-21 所示。“散布”中，“数量”和“数量抖动”分别为 1 和 0%，如图6-22所示。“颜色动态”中，“色相抖动”设置为 100%，如图 6-22 所示。“平滑”选择无参数设置，直接选中即可，如图 6-

23 所示。

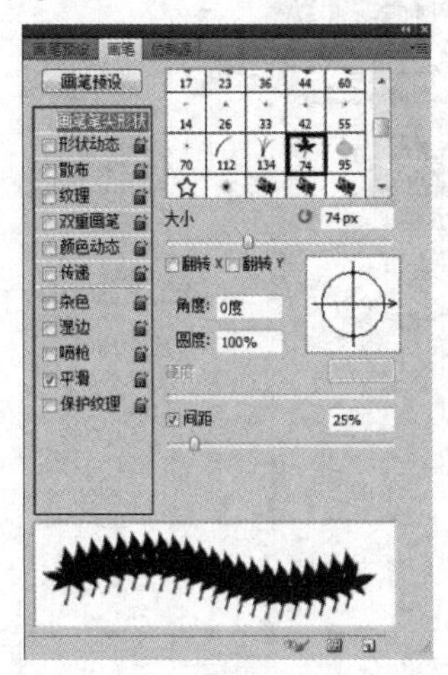

图 6－20　画笔面板

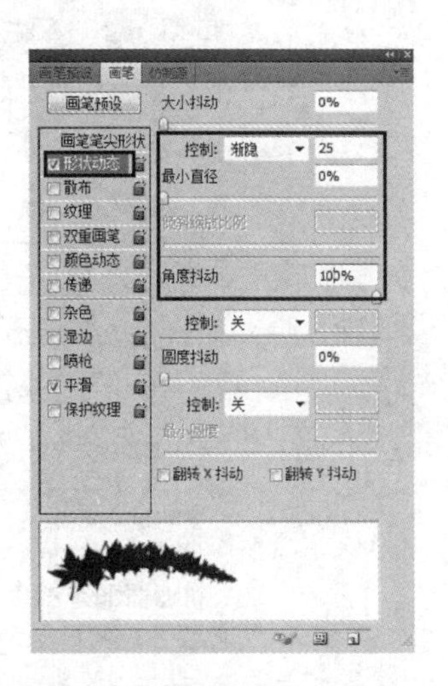

图 6－21　画笔面板－形状动态

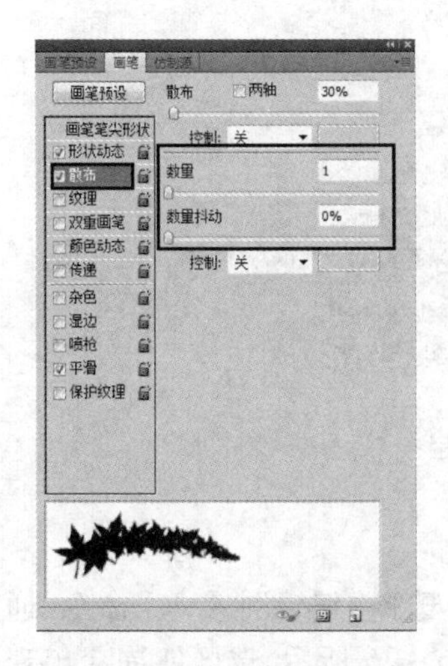

图 6－22　画笔面板－散布

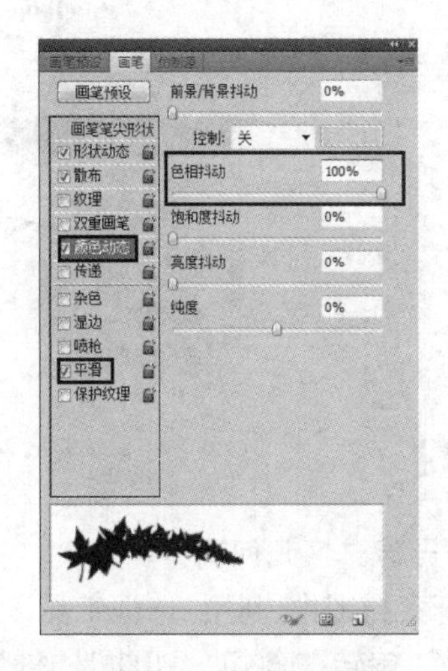

图 6－23　画笔面板－颜色动态和平滑

2. 图像几何形状处理

Photoshop 可以对素材图像进行尺寸缩放、几何变形、旋转等几何处理。

(1)图像几何调整。

打开素材图像,选择“图像”“图像大小”命令,在弹出的“图像大小”对话框中修改高度、宽度等数值,并单击“确定”按钮后,即可得到调整尺寸后的图像,如图 6－24 所示。

调整时,除特殊要求外,建议选中“约束比例”复选框,以保持图像正确的宽高比例,避免大小调整造成图像比例失调。同时,尽量避免多次缩放图像,以免影响图像质量。

选择“图像”“图像旋转”命令,通过选择“180 度”“90 度”(顺时针)“90 度”(逆时针)“任意角度”和“水平翻转画布”“垂直翻转画布”等选项,如图 6－25 所示,可分别实现素材图像的旋转或镜像调整。

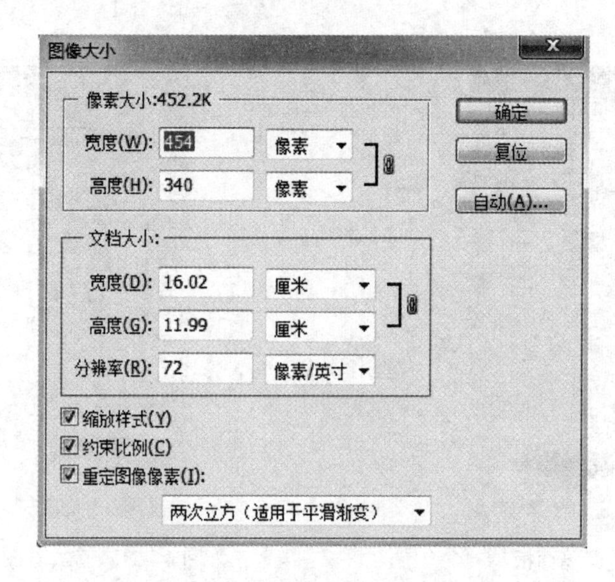

图 6－24 “图像大小”对话框

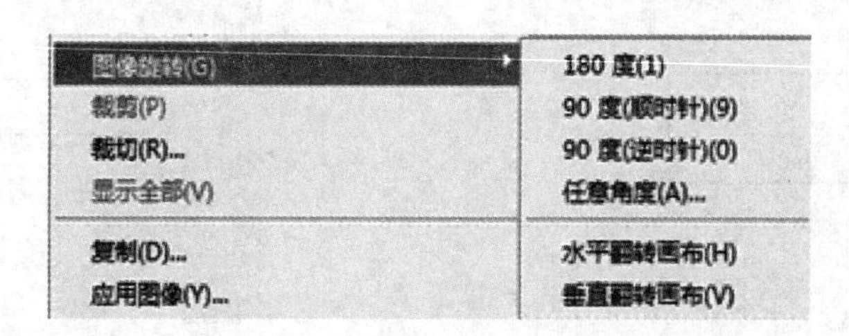

图 6－25 图像旋转－菜单栏

(2)图像选区几何调整。

打开素材图像,利用“选框工具”在图像中划定选区,选择“编辑”“变换”命令,通过选择“缩放”“旋转”“斜切”“扭曲”“透视”“变形”等,如图 6－26 所示,选区四周会出现带调整块的虚线框,如图 6－27 所示。调整不同调整块,可实现选区图像多种形式的形状变形。达到预定缩放效果后,可双击虚框内部或按键完成调整。

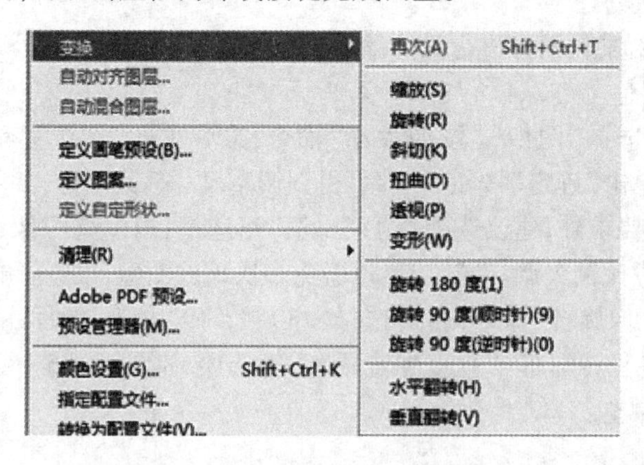

图 6－26 选区变换－菜单栏

图 6－27　图像选区几何调整

6.4.4　图像色彩调整和滤镜

1. 图像色彩调整

强大的色彩调整功能是 photoshop 最基本的技巧之一。掌握了利灵活的色彩调整方法，就可以对数码照片等数字图像进行便捷的色彩调整，以获得更好的图像变现效果。

在 Photoshop 的“图像”→“调整”菜单中，给出了 23 中调整方法，可以实现对数字图像十分复杂的彩色调整。这里，重点介绍色阶和曲线两种调整方法。

(1)色阶调整命令，可以通过调整图像的暗色调、中间色调和高光部分的强度级别，校正图像的色调范围和色彩平衡。

打开素材图像，选择“图像”→“调整”→“色阶”命令，打开“色阶”对话框，如图 6－28 所示。

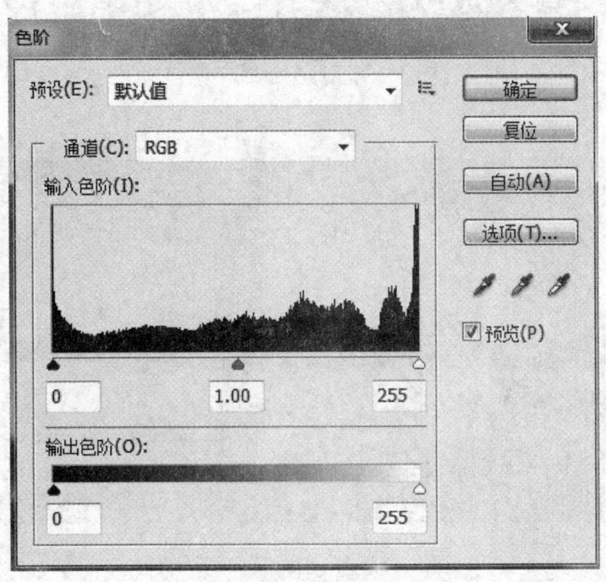

图 6－28　“色阶”对话框

调整“输入色阶”滑块，向左拖动右滑块，图像变亮，高光区域细节表现变弱；向右拖动对话框中输入色阶直方图的左滑块，图像中的暗色调像素增多，照片更加黑暗；左右拖动中间滑块，可分别调整图像明暗效果以及暗区域的细节表现效果（如向左拖动，可使较暗区域的细节显示出来），分别如图 6－29 至图 6－31 所示。

图 6－29　向左调整右滑块

图 6－30　向右调整左滑块

图 6－31　向左调整中间滑块

2. 滤镜

滤镜，原指照相机镜头前选择性过滤自然光的附加镜头，用于增强图像效果或产生特殊效果。Photoshop 中的滤镜，样式和功能较传统照相机滤镜要强大得多，能够给图像创作出千变万化的特殊效果。

下面，通过给素材图像添加水波纹效果，介绍 Photoshop 滤镜的基本使用方法。

打开素材图像，利用“磁性锁套工具”在图像水面部分建立选区，如图 6－32 中虚线选中部分。

然后菜单中选择“滤镜”→“扭曲”→“波纹”命令，弹出如图 6－33 所示的“波纹”对话框。在对话框中通过选择大小和数量，实现水面逼真的波纹效果，如图 6－34 所示。

图 6－32　选区“滤镜”

图 6－33　“波纹”对话框

图 6－34　波纹效果

6.4.5 路径

在 Photoshop 中，可以利用钢笔等工具绘制任意的规则或不规则、闭合或开放式的图形，即为路径，以此可以建立选区、定义文字排列形状图形等。

下面通过利用路径为图像添加指定形状的文字，介绍路径的基本操作和应用。

打开素材图像，选择钢笔工具，在图像下方绘制如图 6－35 所示的波浪路径。

图 6－35　建立路径

具体操作，每次单击建立锚点时，按住鼠标左键向线条绘制方向拖拽，待出现圆头控制线时松开鼠标左键，然后采用同样方法绘制其余锚点。大致绘制完成后，选择“直接选择工具”，逐个选取每个锚点，利用圆头控制线调整曲线形状，直到达到满意的效果。

然后，选取文字工具，在刚才绘制的路径上单击，输入需要的文字（本例中为“哈尔滨商业大学”），这时，输入的文字就会按照绘制的路径进行排列，调整文字大小，并适当添加描边、投影效果，即可得到如图 6－36 所示的文字效果。

图 6－36　按路径排列的文字效果

6.5　多媒体作品开发概述

对于信息系统,可能只需要具有系统分析和程序设计能力的程序设计者就可以全面完成开发,因为完成这些工作所需要的知识大部分还是属于计算机程序的开发和设计领域。但对于多媒体作品的创作,媒体的多样性和表演性决定了创作的多样性特点。

在多媒体作品的创作中,由于媒体的多样性,要求系统的设计者不仅是普通的计算机程序设计员,还必须具有设计策划、美工创作、音乐设计、动画制作、摄影摄像、文字写作等多方面的知识与能力。或者说在设计者的队伍中,必须包括上述多种专业类型的人才,通过各类人员的有机结合与通力合作,才能开发出高质量的多媒体产品。

多媒体作品所需要的创作工具,比开发普通的系统多得多。除了集成媒体的创作工具之外,还涉及各种媒体素材的采集和加工,例如图形的绘制、照片的拍摄与扫描、图像的处理、声音的录制与编辑、录像片的剪辑、一些特技效果的产生等都需要用到能对声、像、图等非文本类媒体进行输入输出及编辑处理的专用设备和工具软件。

由于多媒体作品的表演特性。其创作过程更类似于影视片的拍摄与制作。并且特别强调系统的创意。对于多媒体作品来说,程序结构基本上没有具体的限制,设计者可以尽量发挥自己的想象力,考虑如何突出系统所要表现的主题,如何逻辑地组织素材与界面布局,如何吸引用户的注意力等。从一定意义上说,多媒体作品的创意决定了它的生命力。

6.5.1　多媒体作品的创作模型

创作多媒体作品首先应该遵循一般应用软件开发的模型。但是,由于系统中包括的媒体类型多种多样,无论是从技术上还是从管理上,多媒体作品的创作都具有其特殊性。

(1)创意描述:属于用户需求分析,从分析情景开始,确定要解决的问题、媒体种类、表现手法以及要达到的目标。分析情景包括分析待解决的问题、用户的特征、表现的内容、演示的时间和场合,确定作品的目标的同时也要提出表达作品的模型。

(2)结构设计:即概要设计。对作品的整体结构给出概要描述。包括确定作品的逻辑组织、划分功能模块、确定媒体的应用方式等。有时对作品的结构设计就是列出作品的大纲,表达清楚创作概念,让开发组的各方面设计人员理解未来产品的信息表现流程。

(3)脚本编写:属于详细设计。通常分为文字脚本和制作脚本两部分。首先按照结构设计的要求,将作品内容用详尽的文字表达出来,并标注好所需要的媒体和表现的方式。形成文字脚本。在文字脚本基础上设计的、能够用多媒体信息表现的创作脚本,是软件制作的直接依据。制作脚本应首先勾画出软件系统的结构流程图,划定层次与模块,然后就每一模块的具体内容选择使用多媒体的最佳时机,并给出各种媒体信息的表现形式和控制方法,包括正文、图片、动画、视频影像及必要的配音,以及对背景画面与背景音乐的要求等,最后以帧为单位制作成脚本卡片。

(4)素材准备:也称多媒体作品的前期制作,包括文字的录入、图表的绘制、照片的拍摄、声音的录制以及活动影像的拍摄与编辑等;也包括对现有图片的扫描及从光盘中获取素材。素材的制作要依据脚本进行,素材的好坏直接影响到后期的制作与系统的效果。

(5)媒体集成:多媒体作品的生成阶段,也称程序设计阶段或后期制作阶段。这一阶段的主要任务是使用合适的多媒体创作工具,按照制作脚本的具体要求,把准备好的各种素材有机地组织到相应的信息单元中,形成一个具有特定功能的完整作品。

(6)作品测试:从使用者角度测试与检验系统运行的正确性及系统功能的完备性,看其是否实现了系统设计预定目标。在此过程中,一般是将被测试作品交给部分用户使用,对于使用中发现的问题,再由作品设计研制者返回前面步骤重复进行,直到完成一个用户满意的多媒体产品。

(7)作品发布:作品制作完成以后,必须打包才能发行。所谓“打包”就是制作发行包,形成一个可以脱离具体的制作环境而在操作系统下直接运行的系统。这一点对作品的推广应用非常重要,因为不可能要求用户在使用该作品的时候都具有同样的制作环境。有时,还需要预制光盘母盘、制作供大量复制用的光盘母盘以及复制光盘。

6.5.2 多媒体作品的设计方法

1. 多媒体作品的结构设计

多媒体作品的结构根据媒体的呈现和管理方式,可分为以下 6 种模式。

(1)幻灯呈现模式:即顺序组织结构。把媒体素材按照一定的逻辑顺序组织在类似幻灯片的界面中,观看的效果也是像放映幻灯片一样,逐个呈现。

(2)层次组织模式:按功能模块分层次地组织和管理媒体素材,可实现有选择地呈现作品的某一部分。

(3)书页组织模式:把媒体素材按照一定的逻辑顺序组织在类似书页的界面中,属于顺序组织结构,但通过导航,观看的效果像看书一样,既可以逐页浏览,也可以直接跳转到某一页,还可以查询其中某些页面的内容。

(4)窗口组织模式:用户界面沿用常见的窗口模式,把媒体素材按照一定的逻辑顺序组织在窗口界面中,其中可以包含一些如输入、拖动、选择等交互元素。

(5)时基组织模式:把媒体素材按照一定的逻辑顺序布局在时间轴上,媒体之间存在严格的同步关系,控制播放头按照某种逻辑顺序播放。

(6)网络组织模式:媒体素材存放在远程服务器上,通过网页来组织和管理媒体素材,通过脚本语言实现基本的交互功能。

2. 多媒体作品的界面设计

根据人类美感的共同性,多媒体作品的界面设计应遵循10个方面的美学原则,即连续、渐变、对称、对比、比例、平衡、调和、律动、统一和完整。

多数作品的版面设计常遵循的原则有对比原则、平衡原则、乐趣原则以及调和原则等。它们用来加强版面的气氛、增加吸引力、突出重心、提升美感。

这里给出的 9 项原则是多媒体作品的界面设计需要参考的基本准则。

(1)面向用户原则。不显示与用户需要无关的信息,以免增加用户记忆负担;反馈信息应该能够被用户正确阅读、理解和使用;使用用户熟悉的术语来解释程序,帮助用户尽快适应和熟悉作品的环境;处理过程要有提示信息,尽量把主动权让给用户。

(2)一致性原则。指任务和信息的表达、界面的控制操作等应该与用户理解熟悉的模式尽量保持一致。如在显示相同类型的信息时,那么在作品运行的不同阶段应该在显示风格、界面布局、排列位置、所用颜色等方面保持一致的相似方式显示。

(3)简洁性原则。做到准确和简洁,准确就是要求表达意思明确,不使用意义含混。

(4)适当性原则。屏幕显示和布局应美观、清楚、合理,改善反馈信息的可阅读性、可理解性，并使用户能够快速查找到有用信息。显示内容尽量恰当，不过多、不过快、不使屏幕过分拥挤；提供必要的空白，因为空行及空格会使结构合理，利于阅读和寻找方便。

(5)顺序性原则。合理安排信息在屏幕上的显示顺序。可选择按照使用顺序、习惯用法顺序、信息重要性顺序、信息的使用频度、信息的一般性和专用性、字母顺序或时间顺序等方式显示。

(6)结构性原则。多媒体作品的界面设计应该是结构化的，以减少其复杂度，结构化应该与用户知识结构相兼容。

(7)文本和图形选择原则。对于多媒体应用系统运行结果的输出信息而言，若重点是要对其值做详细分析或获取准确数据，则应使用字符、数字方式显示；若重点是要了解数据总特性或变化趋势，则使用图形方式更有效。

(8)输出显示原则。充分利用计算机系统的软硬件资源，采用图形和多窗口显示，可以在交互输出中改善人机界面的输出显示能力。

(9)色彩使用原则。合理使用色彩显示，可以美化人机界面外观、改善人的视觉印象，同时加快有用信息的查找速度，并减少错误。

3. 界面设计过程

界面设计过程包括界面设计分析和确定界面类型。

(1)界面设计分析。

界面设计分析，即收集到有关用户及其应用环境信息之后，进行用户任务分析及用户特性分析等。用户任务分析旨在按照界面规范说明设计界面，选择界面设计类型，并确定设计的主要组成部分。用户特性分析旨在弄清楚使用该界面的用户类型，要了解用户使用系统的频率、用途，并对用户综合知识和技能进行测试。

(2)确定界面类型。

目前有多种界面设计类型，如问答型、菜单按钮型、图标型、表格填写型、命令语言型，自然语言型等。选择类型时，要从用户状况出发，决定对话应提供的支持级别和复杂程度，要匹配界面任务和系统需要，对交互形式进行分类。

4. 界面设计的内容

界面设计的内容包括界面对话设计、数据输入界面设计、屏幕显示设计和控制界面设计。

(1)界面对话设计。以任务顺序为基础，但需要考虑以下信息项的设计原则。

①反馈。随时将正在做什么的信息告诉用户，尤其是在响应时间长的情况下。

②状态。提示用户当前的位置，避免用户在错误环境下发出语法正确命令脱离。允许用户终止一种操作，并且能脱离该选择，避免用户死锁发生。

③默认值。只要能够预知答案，尽可能设置为默认值，以节省用户的工作时间。

④简化。尽量使用缩略语或代码来减少用户击键的次数，尽可能简化操作步骤。

⑤求助。尽可能提供联机在线帮助，若能提供细节操作帮助，则更受用户欢迎。

⑥复原。在用户操作出错时，可以返回并重新开始。

(2)数据输入界面设计。目标是简化用户工作，降低输入出错率，且能容忍用户错误，包括如下策略。

①采用列表选择等方式，尽可能减少用户的记忆工作。

②使界面具有预见性和一致性，用户应能控制数据输入顺序并使操作明确。

③设置条件和限制,防止用户出错。

④提供反馈,使用户能看到自己已输入的内容并提示有效输入回答或数值的范围。

⑤用户应能控制数据输入速度,并能对输入的数据进行自动格式化。

(3)屏幕显示设计。计算机屏幕显示空间有限,应使其发挥最大效用,并使用户感到赏心悦目。屏幕布局因其功能不同,所考虑的侧重点也应不同,各个功能区域要重点突出、功能明显。需遵循如下原则。

①平衡原则。要求屏幕上下左右平衡,不要堆挤数据。

②预期原则。屏幕上的所有对象处理应该一致,使对象的动作可预期。

③经济原则。在提供足够信息量的同时,还要注意简明、清晰。

④顺序原则。对象显示的顺序应依需要排列。

⑤规则化。画面应对称,显示命令、对话及提示行在设计中尽量统一规范。

文字用语除了作为正文显示媒体出现外,还在设计标题、提示信息、控制命令、会话用语等功能时展现。应做到以下几点。

①用语简洁。避免使用专业术语。

②格式安排。在屏幕显示设计中,一屏中的文字尽量不要太多。

③信息内容。显示的信息内容要尽量简洁、清楚。

颜色调配对屏幕显示也是一项重要的设计。应做到以下几点。

①限制同时显示的颜色数。一般同一画面不宜超过 5 种颜色。

②画面中的活动对象颜色应该鲜明,而非活动对象颜色应该暗淡。

③如果使用颜色表示某种信息或对象属性,则要让用户懂得这种表示。

(4)控制界面设计。人机交互控制界面遵循“为用户提供尽可能大的控制权,使其易于访问系统的设备和进行人机对话”的原则。控制界面设计包括以下几种。

①命令语言界面设计。使用人机会话方式,其优点是直接对目标和功能进行存取。

②操作界面设计。能看到并直接操作对象,绘制逼真的“虚拟世界”,支持用户任务窗口设计。窗口把屏幕分成几个部分,在屏幕上可同时进行不同的操作图标和按钮设计。图标尽量逼真,具有清晰轮廓,给出操作说明。

③菜单设计。将功能项与可选项分组,安排用户导航,键盘、鼠标均可用选项控制会话设计。在设计时,要注意每次只有一个提问。

5. 多媒体素材的设计要求

采集和制作的多媒体素材要围绕作品目标,有效地表达作品主题。文字图表要简洁明确,突出重点。图形图像要清晰鲜明,富有感染力。影像和动画要生动逼真,具有趣味性。配音和音乐要高度清晰,悦耳动听。

6. 多媒体作品的交互设计

人机界面是指用户与计算机系统的接口,它是联系用户和计算机硬件、软件的一个综合环境。在多媒体作品中,通过用户界面设置交互方式来实现交互控制。

在用户界面上放置的类型可以是文本输入区域、按钮、下拉菜单、热区域、热对象、拖动的目标区域等。一般地,交互方式是通过键盘和鼠标进行的,可按键盘上指定的键或任意键,单击、双击或拖动鼠标来激活交互信息的显示。通过程序设计,能对条件判断、限定时间和限定输入次数等进行控制,实现对反抗信息的激活显示。超文本和超媒体链接也常用到交互设计中。

习　　题

一、选择题

1.(　　)属于静态图像文件格式。

A. MPG 文件格式　B. DAT 文件格式　C. JPG 文件格式　D. AVI 文件格式

2. 音频卡完成声音数据的功能包括(　　)。

(1)采集　(2)模/数转换或者数/模转换　(3)音频过滤　(4)音频播放

A.(1)　　B.(1),(2),(3),(4)

C.(2)　　D.(1),(2)

3. 多媒体计算机(MPC)是在传统意义的 PC 机上增加(　　)。

A. 光驱、鼠标、声卡　　B. 光驱、声卡、音箱

C. 光驱、图形加速卡、显示器　　D. 硬盘、声卡、音箱

4. 在 RGB 色彩模式中,R = G = B = 255 的颜色是(　　)。

A. 白色　B. 黑色　C. 红色　D. 蓝色

5. 下面关于数字视频质量、数据量、压缩比的关系的论述,正确的是(　)。

①数字视频质量越高数据量越大

②随着压缩比的增大,解压后数字视频质量开始下降

③压缩比越大数据量越小

④数据量与压缩比无关

A. ①②③　B. ②③　C. 仅①　D. 全部

6. 多媒体技术的主要特性有(　)。

(1)多样性　(2)集成性　(3)交互性　(4)可扩充性

A.(1)　　B.(1),(2)

C.(1),(2),(3)　　D. 全部

7. Photoshop 专用图像文件的扩展名是(　)。

A. JPG　B. tif　C. BMP　D. PSD

8. 数据压缩算法中,属于无损压缩的是(　)。

A. 霍夫曼编码　B. 全频带编码　C. 矢量量化编码　D. 子带编码

二、简答题

1. 简述“媒体”“多媒体”的概念。

2. 什么是动画？它与视频有什么异同？

3. 简单叙述声音文件的数字化过程,并指出每个步骤的功能。

4. 促进多媒体技术发展的关键技术有哪些？

部分参考答案

第一章

1. B　2. C　3. A　4. D　5. A　6. A　7. A　8. C

第二章

1. C　2. C　3. A　4. B　5. D　6. B　7. D　8. D

第三章

1. A　2. A　3. A　4. D

第四章

1. B　2. B　3. C　4. B　5. B　6. A　7. B　8. C

第五章

1. A　2. B　3. A　4. C　5. B　6. B　7. A　8. D

第六章

1. C　2. B　3. B　4. A　5. A　6. C　7. D　8. A

参考文献

[1]余清江,江红.网络实用技术[M].北京:北京交通大学出版社,2006.
[2]李丕贤,孙美乔.大学计算机概论[M].北京:科学出版社,2014.
[3]房爱莲,塔维娜.多媒体作品设计与制作[M].北京:清华大学出版社,2013.
[4]张尧学,史美林.计算机操作系统教程[M].北京:清华大学出版社,2000.
[5]谢希仁.计算机网络[M].6版.北京:电子工业出版社,2014.
[6]张琼声.计算机应用技术[M].北京:机械工业出版社,2016.
[7]刘卫国,杨长兴.大学计算机[M].3版.北京:高等教育出版社,2014.
[8]毛红梅,严云洋.编译原理[M].北京:清华大学出版社,2011.

计算机应用技术考试大纲

Ⅰ 课程性质与课程目标

一、课程性质和特点

"计算机应用技术"是高等教育自学考试计算机信息管理专业(专科)的考试计划中一门必考的课程,是为满足信息管理领域的人才的需要而设置的专业基础课。其特点是知识面宽泛,基础知识与应用技术并重,综合性强。

二、课程目标

设置本课程的目的是要求考生对计算机的软/硬件体系结构、工作原理和几种主流应用开发平台(开发方法、开发工具)的使用有较全面的理解,掌握其中共性的、通用的方法,为后续课程的学习,以及进一步掌握计算机应用及开发技术打下基础。通过本课程的学习,应达到的目标为:

(1)掌握电子计算机的硬件构成、软件构成、信息表示。

(2)理解基本输入输出系统(BIOS)、操作系统、编译系统、数据库管理系统等计算机系统软件的构成、主要功能及其在计算机系统中的地位。

(3)了解计算机在社会生产和生活中的应用领域。

(4)了解 Android 系统的构成,掌握 Android 平台上开发简单的智能手机应用程序的过程。

(5)理解计算机程序与计算机硬件的关系;了解机器语言程序、汇编语言程序与高级语言程序的差别,掌握高级语言的构成和高级语言程序开发的一般步骤;学会在图形用户界面的 Windows 环境下开发一个简单的应用;掌握 Linux 的常用命令,能应用 VI 编辑器、GCC 编译器、GDB 调试工具和软件版本控制管理软件 Git。

(6)了解计算机网络的发展、分类、体系结构、传输介质、连接设备、常用服务,了解无线网相关技术,理解网络协议的作用。

(7)理解网络安全的重要性,了解几种系统攻击技术和防御手段。

(8)掌握多媒体技术的基本概念,了解多媒体计算机的硬件和软件构成、多媒体技术的发展过程、多媒体技术的应用领域。

(9)理解声音、图像、视频、动画等典型多媒体元素在计算机中的信息表示形式,这些多媒体的自然信息如何转换成计算机能处理的二进制信息以及这些信息在计算机中存放的常用格式。

(10)了解图形、图像处理软件 Photoshop 的功能、用户界面,学会 Photoshop 的基本应用。

三、与相关课程的联系与区别

本课程是学习计算机应用技术的入门课程，主要目的是使用学生对计算机有浅显但全面的认识，为 C 语言程序设计、数据库原理等专业课程做铺垫。与其他专业课相比，其内容宽泛、通用、知识面广但容易掌握。

四、课程的重点和难点

本课程的重点包括计算机的硬件结构和主要硬件的功能、计算机软件的作用、计算机系统软件的主要构成及各系统软件的功能、二进制编码规则和数制的转换、计算机中数的表示、计算机中指令的作用和指令的表示、如何在 Android 系统中开发简单的手机应用、程序设计语言的特点和作用、几种高级语言的特点、应用软件开发工具 Visual Studio2010 的应用、Linux 的常用命令、使用 VI 编辑器、GCC 编译器、GDB 调试工具和软件版本控制管理软件 Git 的功能和应用、计算机网络的拓扑结构、传输介质、连接设备、网络的常用服务、计算机网络的 OSI 模型、TCP/IP 模型、IP 地址、网络系统的攻击和防御、多媒体信息的表示与存储格式、PhotoShop 的应用。

本章的难点包括：如何在 Android 系统中开发简单的的手机应用、Visual Studio2010 的应用、应用 GCC 编译器、GDB 调试工具和软件版本控制管理软件 Git 的功能和应用、OSI 模型、TCP/IP 模型、多媒体信息的表示方法、多媒体信号的采集和转换、PhotoShop 的应用。

Ⅱ 考核目标

本大纲在考核目标中，按照识记、领会、简单应用和统合应用四个层次规定其应达到的能力层次要求。四个能力层次是递增的，后者必须建立在前者的基础上。各能力层次的含义如下。

识记：要求考生能够识别和记忆本课程中有关的概念性内容，并能够根据考核的不同要求做出正确的表述、选择和判断。

领会：要求考生能够理解计算机是如何工作的，为什么采用二进制、软件与硬件有什么关系、编程语言有什么共性、应用程序开发的一般过程是什么等基本原理方面的内容。

简单应用：要求考生能够根据已知的计算机基本概念、基本原理等基础知识，分析和解决一般性应用问题，如进位计数制的转换、多媒体信息表示等。

综合应用问题：要求考生能够综合运用计算机的原理、方法、技术等，分析或解决较为复杂的应用问题。如在 Android 系统中开发简单的手机应用；在 Visual Studio2010 中完成程序的建立、编译、链接、调试、运行；在 Linux 中应用 VI、GCC、Git 分别建立、编译、链接、调试、运行程序，对程序进行版本管理；应用 PhotoShop 对图像进行处理等。

Ⅲ 课程内容与考核要求

第1章 计算机及其应用概述

(一)课程内容

1. 计算机的发展历史

2. 计算机系统的组成

3. 计算机中信息的表示

4. 计算机技术的应用

(二)学习目的与要求

本章的学习目的是要求考生理解计算的含义,了解计算工具及电子计算机发展的原因和过程,理解计算机系统的硬件组成和软件组成,掌握计算机中数值型信息的表示,了解电子计算机的用途及发展趋势。

本章重点是掌握冯·诺依曼机的结构和功能、现代计算机的硬件构成和各功能部件的作用、计算机软件的作用、计算机中数值型和非数值型数据的表示。难点是数值型数据的表示,不同进制数据的转换,原码、反码、补码的表示和三者的转换关系。

(三)考核知识点与考核要求

1. 计算机的发展历史,要求达到"识记"层次

(1)计算、算法的概念。

(2)冯·诺依曼机的结构及主要功能。

(3)不同时代计算机采用的电子器件。

2. 计算机系统组成

(1)计算机的六个特点、三个基本功能,要求达到"识记"层次。

(2)计算机硬件的基本组成、中央处理器组成和各部分的功能、存储器的功能、存储器分类、外部设备的功能,要求达到"领会"层次。

(3)计算机软件的含义、系统软件的含义、系统软件的主要特征、应用软件的含义、应用软件的分类、程序设计语言的作用、程序开发的过程与运行的过程,要求达到"领会"层次。

3. 计算机中信息的表示

(1)信息、数据的概念,要求达到"领会"层次。

(2)计算机中数值数据的表示要解决的三个问题、数制的概念、数值型数据的表示、十进制与二进制的转换、十六进制与二进制的转换、二进制数的编码表示、浮点数的表示,要求达到"简单应用"层次。

(3)非数值型数据表示的对象、西文的表示、汉字的表示、图像的表示、声音的表示,要求达到"领会"层次。

(4)指令的结构、操作码的作用,地址码和操作数的作用,要求达到"领会"层次。

第2章　计算机系统软件概述

（一）课程内容

1. 基本输入输出系统（BIOS）

2. 操作系统概述

3. 编译系统概述

4. 数据库管理系统（DBMS）

5. Android 操作系统概述

（二）学习目的与要求

本章的学习目的是要求考生理解系统软件在计算机系统中的地位与作用，系统软件与硬件、应用程序的关系；熟悉基本输入输出系统组成、基本功能，微型计算机启动的一般过程；掌握操作系统的定义、特征、分类，了解常用的操作系统产品；理解编译系统的作用和高级语言程序的编译过程；熟悉数据库管理系统的主要功能，了解常用的数据库管理系统产品。

本章重点是理解基本输入输出系统、操作系统、编译系统、数据库管理系统的构成、功能；难点是理解基本输入输出系统的构成、功能和微机系统的启动过程，编译系统的工作过程。

（三）考核知识点与考核要求

1. 基本输入输出系统（BIOS）

（1）BIOS 的基本概念、存在形式、组成及基本功能，要求达到“识记”层次。

（2）计算机启动的一般过程，要求达到“领会”层次。

2. 操作系统概述，要求达到“识记”层次

（1）操作系统的定义。

（2）操作系统的特征。

（3）操作系统的功能。

（4）操作系统的分类，批处理系统、单道批处理系统、多道批处理系统、分时系统、实时系统的定义和特征，分布式操作系统的定义。

3. 编译系统概述

（1）编译、解释的概念，将高级语言程序翻译成机器语言程序的必要性，要求达到“识记”层次。

（2）编译过程分几个阶段，编译的每一个阶段需要完成的功能，要求达到“领会”层次。

（3）编译系统的定义、编译器的分类，要求达到“识记”层次。

4. 数据库管理系统

（1）数据处理技术的发展经历的三个阶段，要求达到“识记”层次。

（2）数据库系统的组成结构、数据库的定义，要求达到“识记”层次。

（3）数据库管理系统的概念、数据库管理系统的工作模式、数据库管理系统的三个基本组成部分，数据库管理系统的基本功能，要求达到“领会”层次。

（4）常用数据库管理系统，要求达到“识记”层次。

5. Android 操作系统概述

（1）Android 操作系统的应用领域、主要特征、系统架构，要求达到“识记”层次。

(2)Android 开发环境的搭建,创建一个简单的 Android 应用程序,要求达到“综合应用”层次。

第3章　应用软件开发工具介绍

(一)课程内容

1. 程序设计语言

2. 软件开发工具简介

3. Visual Studio2010 简介

4. Linux 编程环境

5. 版本控制工具

(二)学习目的与要求

本章的学习目的是要求考生理解应用程序开发的一般过程:编辑、编译、调试、运行,理解应用程序开发环境构成的共性。要求考生了解不同程序设计语言的特点和应用范围,理解软件开发的过程和主要步骤,熟悉在 Visual Studio2010 中建立、编译、链接、调试和运行程序的过程,熟悉 Linux 的常用命令以及 VI 编辑器、GCC、GDB 以及版本控制工具 Git 的使用,领会不同软件开发工具的共性。

本章的重点上应用软件开发的一般过程、高级程序设计语言的特点,在 Visual Studio2010 中建立、编译、链接、调试和运行程序的过程,VI 编辑器、GCC、GDB 以及版本控制工具 Git 的使用。

(三)考核知识点与考核要求

1. 程序设计语言概述,要求达到“识记”层次

(1)程序设计语言的发展、机器语言、汇编语言、高级程序设计语言的概念。

(2)机器语言、汇编语言的特点和应用领域。

(3)高级程序设计语言的特点、构成要素和应用领域。

(4)面向对象的基本概念:类、对象、封装、继承、多态性。

(5)程序设计语言 C、C + + 、Java 的特点和应用领域。

2. 软件开发工具简介,要求达到“识记”层次

(1)程序编辑完成的功能、常用的程序编辑工具。

(2)程序编译、解释的任务。

(3)程序调试器的功能。

3. Visual Studio2010 介绍,要求达到“综合应用”层次

(1)Visual Studio2010 开发环境的构成和使用方法。

(2)创建一个新的项目,在其中建立一个简单的 C 语言程序。

(3)编译、链接、运行程序。

(4)在 Visual Studio2010 中设置断点、调试程序。

4. Linux 编程环境,要求达到“综合应用”层次

(1)Linux 中的常用命令、命令格式、选项和参数的含义。

(2)VI 编辑器的应用,VI 编辑器建立一个文件。

(3)应用 GCC 完成一个简单的 C 语言程序的编译、链接。

(4)应用 GDB 完成一个简单的 C 语言程序的调试。

(5)软件版本管理软件 Git 概述和应用。

第4章 计算机网络

(一)课程内容

1. 计算机网络的形成与发展

2. 计算机网络的定义与分类

3. 计算机网络的拓扑结构

4. 计算机网络的体系结构

5. 计算机网络的传输介质

6. 计算机网络的连接设备

7. 计算机网络的常用服务

(二)学习目的与要求

本章的学习目的是要求考生了解计算机网络的基本原理,了解计算机网络的形成与发展,理解分组交换技术的原理,掌握计算机网络的定义、分类和计算机网络的拓扑结构,理解计算机网络协议、OSI 参考模型、TCP/IP 模型及其各对应层次和功能,了解双绞线、同轴电缆、光纤、无线网卡的标准及特点,理解集线器、交换机、路由器等网络连接设备的基本功能,工作层次、匿名 FTP 传输、域名层次划分和域名格式的含义。

本章的重点是计算机网络的定义、分类,计算机网络的拓扑结构,OSI 参考模型及层次功能,TCP/IP 模型以及常用网络连接设备的功能对比。

本章的难点是 OSI 参考模型、TCP/IP 模型、网络连接设备的功能对比。

(三)考核知识点与考核要求

1. 计算机网络的形成与发展,要求达到“领会”层次

(1)计算机网络的的形成。

(2)计算机网络发展的四个阶段及具体内涵,分组交换技术原理。

2. 计算机网络的定义与分类

(1)计算机网络的定义,计算机网络的两个基本特征。

(2)计算机网络的分类。

3. 计算机网络的拓扑结构,要求达到“领会”层次

(1)计算机网络的拓扑的概念。

(2)计算机网络的拓扑的分类方法及基本拓扑类别。

4. 计算机网络的体系结构,要求达到“领会”层次

(1)计算机网络协议的定义、作用,常见的几种网络协议。

(2)OSI 参考模型的目标和概念、OSI 参考模型的七层模型以及各层的功能、OSI 参考模型下数据信息的传输过程。

(3)TCP/IP 模型的概念和四层模型、与 OSI 参考模型相对应的实际使用的四层协议模型及其相应各层次包括的具体协议。

5. 计算机网络的传输介质,要求达到“识记”层次

(1)双绞线的基本结构,屏蔽双绞线、非屏蔽双绞线的分类方法。

(2)同轴电缆的基本结构和分类方法。

(3)光纤的基本结构及完全内部全反射原理、光纤的突出优点、单模和多模光纤的分类

及其特性比较。

(4)无线电磁波谱及其在通信中的应用。

6. 计算机网络的连接设备,要求达到“识记”层次

(1)网卡的基本功能、网卡物理地址(MAC 地址)及特点、网卡的分类、无线局域网的标准和特点。

(2)集线器的基本功能、工作原理、层次及其特点。

(3)交换机的基本功能、工作原理、层次及其特点。

(4)路由器的基本功能、层次及其特点。

7. 计算机网络的常用服务,要求达到“领会”层次

(1)WWW 服务的基本功能、URL 的基本格式、常见的 WWW 服务端软件和客户端软件。

(2)电子邮件服务的基本功能、电子邮件的基本格式,POP3、SMTP、IMAP4 协议的功能和作用。

(3)文件传输协议的基本功能、文件传输协议中的文件传输方式:“上传”“下载”的概念,匿名 FTP 传输的用途、帐号和密码登陆方式。

(4)域名系统的概念和功能、域名系统的层次划分、顶级域的几种不同类别、域名命名的基本格式。

第 5 章　信息系统安全

(一)课程内容

1. 信息系统安全概述

2. 系统攻击技术

3. 系统防御手段

(二)学习目的与要求

本章的学习目的是要求考生理解信息系统安全的概念、范畴,掌握信息系统安全的基本要素,理解信息系统安全的发展方向、评价准则与等级保护,了解计算机攻击的基本概念和常见攻击技术,了解系统防御技术。

本章的重点是信息系统安全的概念、基本要素、信息系统安全评价准则与等级保护、计算机病毒的基本特征、蠕虫与计算机病毒的区别、黑客攻击的基本步骤与攻击手段,常用系统防御手段的概念、功能及局限性。本章的难点是信息系统安全评价准则与等级保护。

(三)考核知识点与考核要求

1. 信息系统安全概述

(1)信息系统安全的概念、范畴、系统安全的五个基本要素,要求达到“识记”层次。

(2)信息系统安全技术发展的五个阶段,要求达到“识记”层次。

(3)国内外信息系统安全评价准则与等级保护的标准、美国可信计算机系统评价准则的安全等级划分及含义、我国计算机信息系统安全保护等级划分准则的安全等级划分及含义,要求达到“领会”层次。

2. 系统攻击技术 ,要求达到“领会”层次

(1)计算机病毒的基本概念和发展历程、计算机病毒的基本特征和分类方法 。

(2)蠕虫的概念和发展历程、蠕虫与计算机病毒的区别。

(3)木马的概念、木马的工作方式和分类方法。

(4)黑客概念的演化,黑客攻击的基本步骤、常见黑客攻击手段。

3. 系统防御手段,要求达到“领会”层次

(1)防火墙的概念、功能及其局限性,防火墙技术的发展过程。

(2)入侵检测系统的概念、功能及其局限性,入侵检测技术的发展过程、入侵检测系统的检测技术分类及其特点。

(3)入侵容忍系统的概念和功能、常见的入侵容忍技术。

(4)蜜罐技术的概念、功能及其局限性,蜜罐技术的发展和分类。

第6章　多媒体技术

(一)课程内容

1. 多媒体技术概述

2. 多媒体计算机的信息表示

3. 多媒体元素处理软件简介

4. 图像处理软件 Photoshop CS6

5. 多媒体作品开发概述

(二)学习目的与要求

本章的学习目的是要求考生熟悉媒体、多媒体、多媒体技术、数字化等概念的含义;了解多媒体技术的发展历程与应用领域;理解声音、图像和视频的数字化过程,采样、量化、编码的方法;掌握动画的原理及其描述参数、应用领域;熟悉各种媒体的存储文件格式;了解常用的各类多媒体处理软件及多媒体作品的设计原则与开发流程;熟练掌握平面图像处理软件 Photoshop CS6 的主要功能及操作方法。

本章的重点是多媒体、多媒体技术的定义,声音、图像和视频的数字化过程,动画与视频的区别,声音、图像、视频和动画的多种文件格式及其适用范围,平面图像处理软件 Photoshop CS6 的使用。本章的难点是声音、图像和视频的数字化过程,平面图像处理软件 Photoshop CS6 的使用。

(三)考核知识点与考核要求

1. 多媒体技术概述,要求达到“识记”层次

(1)媒体、多媒体、多媒体技术的概念,多媒体技术特性。

(2)多媒体计算机系统的组成,常用的输入输出接口和存储设备。

(3)多媒体技术的发展历程、多媒体技术的应用领域。

2. 声音的信息表示

(1)声音的定义、声音的基本属性、声音的物理学和心理学特性,要求达到“领会”层次。

(2)音频信号的数字化过程,理解采样、量化和编码的过程,要求达到“简单应用”层次。

(3)计算音频数据量的方法,要求达到“简单应用”层次。

(4)声音文件格式、不同声音文件格式的含义和应用范围,要求达到“识记”层次。

(5)常用数字音频处理软件及其功能、特点,要求达到“识记”层次。

3. 图像的信息表示

(1)图形的概念、图像的概念、矢量图与位图的区别、图像的基本属性、色彩与颜色模

型,要求达到“领会”层次。

(2)图像的采样、量化和编码过程,要求达到“简单应用”层次。

(3)图像文件格式的含义和应用范围,要求达到“识记”层次。

(4)常用图像处理软件及其特点,要求达到“识记”层次。

4. 视频的信息表示

(1)视频的定义、分类,要求达到“识记”层次。

(2)视频信息获取、视频信号的采样、视频文件的格式、就任范围,要求达到“领会”层次。

(3)常用视频处理软件工具的主要功能和特点,要求达到“识记”层次。

5. 动画,要求达到“领会”层次

(1)动画的定义,动画原理、动画与视频的区别、动画的技术指标。

(2)动画文件格式的含义和应用范围。

(3)常用的二维动画和三维动画制作软件工具的主要功能和特点。

6. 平面图像处理软件 Photoshop CS6,要求达到“综合应用”层次

(1)Photoshop CS6 主界面的基本操作。

(2)Photoshop CS6 的图像处理功能:新建图像、画笔、绘图工具、图像尺寸缩放、几何变形、旋转、图像色彩调整(色阶调整、曲线调整)、滤镜、图层、蒙版和路径功能。

7. 多媒体作品开始概述,要求达到“领会”层次

(1)多媒体作品的特点、多媒体作品的基本模式、多媒体作品的界面和设计原则,多媒体作品评价标准。

(2)多媒体作品的开发流程。